Sven Kubin

Spannung für Unterwegs

Mobile Energieversorgung für die Eventbranche

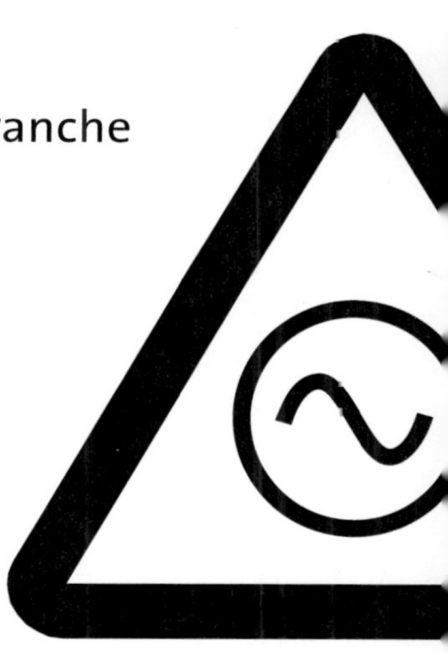

AF557686

Bibliografische Information der Deutschen Bibliothek: Die Deutsche Bibliothek verzeichnet diese Publikation in der Deutschen Nationalbibliografie; detaillierte bibliografische Daten sind im Internet über http://dnb.ddb.de abrufbar.
Die Deutsche Bibliothek stellt auf Anfrage einen Titeldatensatz für diese Publikation zur Verfügung.

1. Auflage 2020
ISBN 978-3-938862-27-8

© xEMP 2020

xEMP extra Entertainment Media Publishing oHG, Berlin

Das Urheberrecht liegt beim Autor. Nachdruck und Veröffentlichung, auch auszugsweise, nur mit ausdrücklicher schriftlicher Genehmigung von xEMP bzw. deren Repräsentanten. Die gewerbliche Nutzung dieses Produkts, auch auszugsweise, ist in jeglicher Form nicht zulässig.

Bei der Zusammenstellung von Texten und Abbildungen wurde mit größter Sorgfalt vorgegangen. Trotzdem können Fehler nicht vollständig ausgeschlossen werden. Sofern in dieser Publikation auf DIN-Normen, DGUV Vorschriften, Verordnungen oder andere Regelwerke verwiesen wird, handelt es sich um die bei Redaktionsschluss vorliegenden Ausgaben. Für den Anwender einer Norm, Vorschrift, Verordnung oder anderer Regelwerke ist jedoch nur das Regelwerk selbst in der neuesten Ausgabe maßgebend. Verlag und Autor können für fehlerhafte Angaben und deren Folgen weder eine juristische Verantwortung noch eine Haftung übernehmen.
Eine Rechtberatung wird durch diese Publikation ausdrücklich ausgeschlossen.

Art Direction: adfacts . integrierte Kommunikation KG
Layout & Satz: Steffi Scherer
Grafiken: eigene Darstellungen, falls nicht anders vermerkt; Bearbeitung: Alex Witzlau
Fotografien: Sven Kubin; Abb. 4 DGUV; Abb. 8 Ralf Stroetmann; Abb. 16, 35, 37, 39, 75, 140, 147 Fabian Schmidtke; Abb. 30, 33 Leif Neethen; Abb. 66 Niels Maier; Abb. 67 Axel Berger; Abb. 74 Benjamin Erdenberger; Abb. 91, 92 Connex GmbH; Abb. 141 Herbert Bernstädt
Redaktionelle Betreuung: Harald Scherer, Christian A. Buschhoff

Alle Rechte vorbehalten
Printed in Germany, dbusiness.de eine Marke der e-dox GmbH Berlin

Inhaltsverzeichnis

Über den Autor

Sven Kubin ist Meister für Veranstaltungstechnik, Elektromeister und Fachkraft für Arbeitssicherheit. Nach über 30 Jahren Praxiserfahrung in allen Segmenten der Veranstaltungstechnik ist er im DGUV Sachgebiet "Bühnen und Studios" bei der VBG tätig. Sven Kubin ist als Dozent und Trainer für Sicherheit und Gesundheit in der Veranstaltungstechnik unterwegs, Autor des Fachbuchs "Strom zum Anfassen“ und Mitautor des Tabellenbuchs Veranstaltungstechnik sowie zahlreicher Artikel in diversen Fachzeitschriften.

Nachdem ich in meinem ersten Buch „Strom zum Anfassen“ bevorzugt die Grundlagen der Elektrotechnik besprochen und alle erforderlichen theoretischen Aspekte abgehandelt habe, folgt nun ein praxisorientierter Teil für elektrotechnische Besonderheiten der Veranstaltungstechnik, daher spreche ich oft von „unserer“ Branche und und meine damit Bühnen und Studios, genauso wie Theater, Fernsehproduktionen und Rock´n Roll. Ich setze daher alle Grundlagen aus dem ersten Buch voraus und verwende die dort eingeführten Begriffe, Tatsachen und Erklärungen ganz selbstverständlich.

Das vorliegende Werk soll die Brücke zwischen Theorie und Praxis schlagen und das fachlich korrekte Handeln mit den notwendigen rechtlichen Hintergründen und normativen Anforderungen verknüpfen.

Problematisch und generell verwerflich finde ich schematische Ansätze, die einen dazu ermutigen, das Gehirn auszuschalten bzw. ausgeschaltet zu lassen, deshalb wird man auch in diesem Werk vergeblich danach suchen. Jede elektrotechnische Situation (und das nicht nur im Bereich der Veranstaltungstechnik) hat Ihre Besonderheiten und Spezialitäten, so dass ich ausdrücklich darauf hinweise, dass auch jede Situation individuell eingeschätzt und behandelt werden muss. Das passende Stichwort, was mittlerweile im täglichen Sprachgebrauch des verantwortungsvollen Veranstaltungstechnikers zu finden ist, lautet „Gefährdungsbeurteilung“. Hintergründe, Rechtsgrundlagen und Beispiele findet man in den zugehörigen Kapiteln.

Genauso wenig soll und darf dieses Buch dazu verleiten, dass Nichtelektrofachkräfte elektrische Anlagen errichten und betreiben.

Durch die Lektüre dieses Buch mag man mehr wissen, trotz allem ist und bleibt man Laie – sofern man nicht eine der mannigfaltigen Möglichkeiten genutzt hat und die Kompetenzen und eine entsprechende Qualifikation erworben hat, mit deren Hilfe man zur Elektrofachkraft benannt werden kann. Zum eigenen Schutz, zum Schutz anderer und zum Schutz von Sachwerten hat man unbedingt zu respektieren, dass das Arbeiten an und das Errichten von elektrischen Anlagen und Betriebsmitteln ausschließlich der Elektrofachkraft vorbehalten ist!

Dieses Buch soll sich bewusst nicht in die Reihe „zugeschaut und mitgebaut“ einordnen. Ich unterstütze nicht nur in meinen Seminaren, sondern auch hier voll und ganz die gemeinsame Erklärung zum sicheren Umgang mit Elektrizität (siehe Anhang). Der Vollständigkeit halber weise ich darauf hin, dass ich zu Rechtssystem und Regelwerk ausdrücklich keine Rechtsberatung anbiete.

Sven Kubin
Hamburg, im Dezember 2020

Kapitel

1

Rechtsgrundlagen

Ich möchte dieses Kapitel mit einem Zitat beginnen, welches in unserer Branche extrem verbreitet und leider immer noch ernst gemeint ist: *„Das haben wir schon immer so gemacht!“* Diese Floskel ist unerreicht auf Platz 1 meiner persönlichen Top 12. Gleich danach folgt auf Platz 2 in meinen Charts der spektakulärsten Phrasen (Top 12): *„Das wird schon schiefgehen ...!“* (s.h. Anhang). Wenn man die Kernaussage dieser beiden Aussagen rechtswissenschaftlich hinterfragt, stellt man schnell fest, dass man sich schon auf dem besten Weg in Richtung vorsätzliches Handeln befindet. Im übertragenen Sinne untermauert der folgende Absatz aus einem Gerichtsurteil (OVG Münster, 11.12.1987, 10A 363/86) die Absurdität einer solchen Denkweise recht anschaulich:

"Es entspricht der Lebenserfahrung, dass mit der Entstehung eines Brandes praktisch jederzeit gerechnet werden muss. Der Umstand, dass in vielen Gebäuden jahrzehntelang kein Brand ausbricht, beweist nicht, dass keine Gefahr besteht, sondern stellt für die Betroffenen einen Glücksfall dar, mit dessen Ende jederzeit gerechnet werden muss."

Deshalb folgt hier zunächst eine kurze Abhandlung zu unserem Rechtssystem und der gesetzlichen Unfallversicherung im Allgemeinen. Anschließend widme ich mich den in diesem Zusammenhang relevanten Inhalten des Bürgerlichen Gesetzbuchs (BGB), des Strafgesetzbuchs (StGB) und weiteren wichtigen Rechtsnormen wie dem Arbeitsschutzgesetz (ArbSchG) oder dem Gesetz über Ordnungswidrigkeiten (OWiG) im Besonderen.

Das alles passiert im Hinblick auf die Veranstaltungstechnik, insbesondere fokussiert auf den Bereich der elektrischen Anlagen und Betriebsmittel. Die Praxis zeigt, dass die Verantwortung in diesem Bereich häufig unterschätzt wird. Und obwohl sich die Situation in den letzten Jahren meiner Meinung nach deutlich verbessert hat, wird sie vor allem vom Unternehmer immer wieder völlig falsch eingeschätzt. Man sollte sich – egal ob als Unternehmer, Führungskraft (z. B. technischer Leiter) oder ausführende „Elektrofachkraft“ – mit diesem Thema beschäftigen.

Ich werde viele Originalzitate aus den entsprechenden Rechtsnormen anführen. Dafür gibt es mehrere wichtige Gründe: Zum einen möchte ich dem geneigten und interessierten Leser die zum Teil wunderbaren Formulierungen nicht vorenthalten. Zum Zweiten kann man nur anhand des Originaltextes die Bandbreite und Unschärfe der Vorschriften erkennen. Und letztendlich wäre es fatal, schon im Voraus eine persönliche Interpretation zu geben und dadurch in eine gewisse Richtung zu steuern. Eine exakt eindeutige Interpretation in Bezug auf einen speziellen Anwendungsfall wird es vermutlich nie geben – oder, wie Juristen gerne zu sagen pflegen: *“Das kommt drauf an ..."*

1.1 Das deutsche Rechtssystem

In Deutschland wird das Recht im Allgemeinen in zwei verschiedene Bereiche unterteilt:

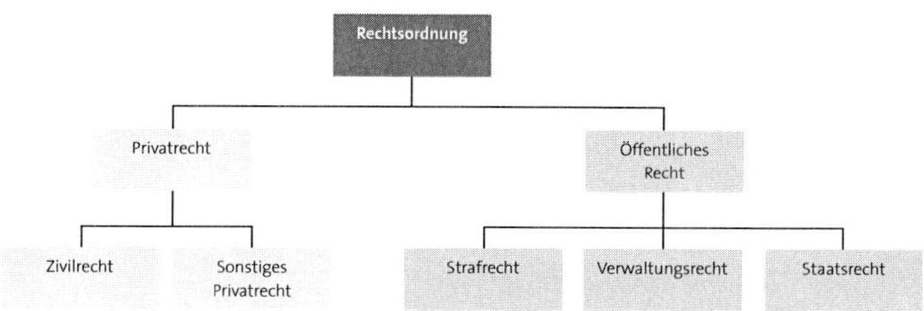

Abbildung 1: Das deutsche Rechtssystem

Privatrecht

Das „Privatrecht" als eins der beiden Rechtsgebiete regelt das Verhältnis zwischen den Bürgern; der Jurist nennt dies „Rechtsbeziehungen zwischen gleichberechtigten Rechtssubjekten". Häufig wird das „Privatrecht" auch als „Zivilrecht" oder „Bürgerliches Recht" bezeichnet. Dies ist zwar nicht verkehrt, aber streng genommen sind diese nur Teile des Privatrechts. Laut Privatrecht ist es Privatpersonen grundsätzlich gestattet, mit anderen Personen in eine Rechtsbeziehung zu treten bzw. auf diese zu verzichten.

Unterteilt ist das Privatrecht in:
- Allgemeines Privatrecht (Bürgerliches Recht oder Zivilrecht)
- Sonstiges Privatrecht (z. B. Handelsrecht, Arbeitsrecht)

Die gesetzliche Regelung des Privatrechts findet sich im BGB, welches in die folgenden fünf Bücher aufgeteilt ist:
- Allgemeiner Teil
- Recht der Schuldverhältnisse
- Sachenrecht
- Familienrecht
- Erbrecht

Im Januar 2002 ist aufgrund einer umfassenden Reform des Schuldrechts das BGB neu erschienen. In diesem Zusammenhang wurde es zwar an die neue deutsche Rechtsschreibung angepasst, aber einige Formulierungen muten zum Teil immer noch sehr historisch an.

Öffentliches Recht

Das „Öffentliche Recht“ regelt das Verhältnis zwischen Staat und Bürgern. Es handelt sich um „Rechtsbeziehungen zwischen Hoheitsträgern und Rechtsunterworfenen“. Daneben umfasst das Öffentliche Recht alle Rechtsgebiete, die die Organisation und Funktionalität des Staates betreffen.

Das Öffentliche Recht kann man grob in die folgenden Bereiche (Materien) unterteilen:

- Völkerrecht (international)
- Staatsrecht (Verfassungsrecht)
- Verwaltungsrecht
- Strafrecht (ist als Öffentliches Recht anzusehen, wird jedoch meistens eigenständig behandelt)

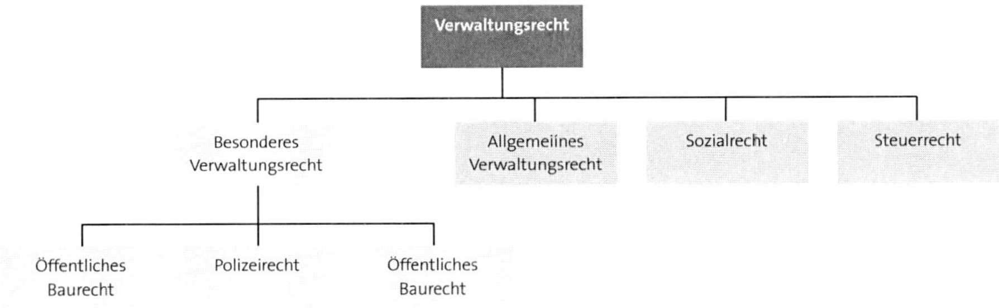

Abbildung 2: Das Verwaltungsrecht

Das Verwaltungsrecht wiederum unterteilt sich in:

- Allgemeines Verwaltungsrecht (z. B. Verwaltungsverfahrensrecht)
- Besonderes Verwaltungsrecht (z. B. Öffentliches Baurecht, Polizeirecht)
- Sozialrecht
- Steuerrecht

1.2 Hierarchie der Gesetze, Verordnungen und Normen

Aus Gründen der Übersichtlichkeit beziehe ich mich hier nur auf das deutsche System. Natürlich hat die EU großen Einfluss auf Gesetze, Verordnungen und Normen. EU-Richtlinien sind verbindlich und werden in den Mitgliedsländern, also auch bei uns, in nationales Recht umgesetzt. Beispiele dafür sind z. B. die Europäische Maschinenrichtlinie (2006/42/EG) oder die Europäische Niederspannungsrichtlinie (2014/35/EU), welche beide in entsprechenden Verordnungen (erste bzw. neunte Verordnung) zum Produktsicherheitsgesetz der Bundesrepublik Deutschland wiederzufinden sind.

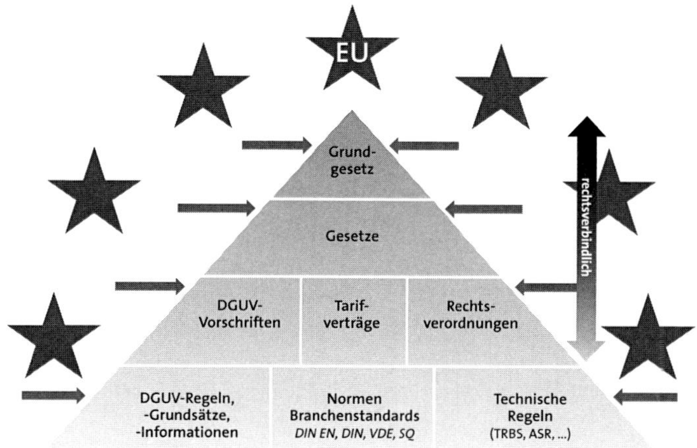

Abbildung 3: Hierarchie des Regelwerks in Deutschland

An der Spitze der Pyramide findet man als höchste Rechtsnorm das Grundgesetz der Bundesrepublik Deutschland. Und da ich mich in diesem Buch auf die Sicherheit von Personen und Sachwerten beziehe, möchte ich zwei Artikel herausgreifen, aus denen sich letztendlich alle später folgenden Gesetze, Vorschriften, Verordnungen und Normen entwickeln:

- **GG Artikel 2, Absatz 2, Satz 1:**
  Jeder hat das Recht auf Leben und körperliche Unversehrtheit.

- **GG Artikel 14, Absatz 1, Satz 1:**
  Das Eigentum und das Erbrecht werden gewährleistet.

Betrachtet man die Weltbevölkerung, so zählen wir in Deutschland übrigens zu der deutlichen Minderheit, die sich glücklich schätzen darf, diese Werte in der Verfassung verankert zu wissen.

Im innerstaatlichen Recht bildet sowohl im Bundesrecht als auch im Landesrecht jeweils die Verfassung (Grundgesetz, Landesverfassungen) die oberste Stufe. Danach folgen die Gesetze im formellen Sinn und danach dann die Rechtsverordnungen.
Im Verhältnis zwischen Bundesrecht und Landesrecht hat das Bundesrecht immer Vorrang vor dem Landesrecht ("Bundesrecht bricht Landesrecht"). Widersprechen sich Bundesrecht und Landesrecht, so schließt das Bundesrecht das Landesrecht grundsätzlich aus. Dabei ist Bundesrecht jeder Stufe vorrangig gegenüber Landesrecht.

Unter dem Grundgesetz sind demnach alle anderen Gesetze des Bundes und der Länder angeordnet. Diese werden als „formelles Recht“ bezeichnet, da sie in einem förmlichen Gesetzgebungsverfahren vom Deutschen Bundestag verabschiedet werden (Legislative). Auf dieser Ebene findet man z. B. das Arbeitsschutzgesetz, das Produktsicherheitsgesetz, das Energiewirtschaftsgesetz wie auch das Bürgerliche Gesetzbuch, das Strafgesetzbuch oder die Sozialgesetzbücher, welche in den folgenden Kapiteln behandelt und teilweise erläutert werden.

Die Ebene unterhalb der Gesetze teile ich in drei Sachgebiete auf:

- Die **Unfallverhütungsvorschriften** (DGUV Vorschriften), die aufgrund des Siebten Buch Sozialgesetzbuch (Gesetzliche Unfallversicherung – SGB VII) § 15 erlassen werden,
- die **Tarifverträge** der Sozialpartner, die sich aus dem Tarifvertragsgesetz (TVG) ergeben, und
- die **Rechtsverordnungen**, die von der Exekutive aufgrund von Verordnungsermächtigungen in formellen Gesetzen erlassen werden.

Verordnungen zählen zum „materiellen Recht“, da sie zwar genauso wie Gesetze für alle sich in Deutschland aufhaltenden Personen gelten, aber nicht in einem förmlichen Gesetzgebungsverfahren beraten und verabschiedet wurden. Damit eine Rechtsverordnung erlassen werden kann, muss allerdings in dem betreffenden Gesetz eine Verordnungsermächtigung vom Gesetzgeber vorgesehen sein, so zum Beispiel im Arbeitsschutzgesetz:

> ***ArbSchG § 18 Verordnungsermächtigungen***
> *(1) Die Bundesregierung wird ermächtigt, durch Rechtsverordnung mit Zustimmung des Bundesrates vorzuschreiben, welche Maßnahmen der Arbeitgeber und die sonstigen verantwortlichen Personen zu treffen haben und wie sich die Beschäftigten zu verhalten haben, um ihre jeweiligen Pflichten, die sich aus diesem Gesetz ergeben, zu erfüllen. In diesen Rechtsverordnungen kann auch bestimmt werden, dass bestimmte Vorschriften des Gesetzes zum Schutz anderer als in § 2 Abs. 2 genannter Personen anzuwenden sind.*

Beispiele für Verordnungen sind
- die Niederspannungsanschlussverordnung (NAV)
- die Arbeitsstättenverordnung (ArbStättV)
- die Betriebssicherheitsverordnung (BetrSichV)

Im Fundament der Pyramide (auf der untersten Stufe) finden wir ganz konkrete Zahlen, Daten, Fakten und Empfehlungen in unübersichtlich großer Anzahl und Qualität. Die hier aufgeführten Normen, Schriften, Regeln, Richtlinien und Bestimmungen sind rechtlich nicht bindend und deren Anwendung ist zunächst freiwillig. Allerdings können alle Bestimmungen dieser Stufe durch vertragliche Vereinbarungen eine gewisse indirekte Verbindlichkeit erhalten. Auch werden sie immer dann verbindlich, wenn der Gesetzgeber ihre Einhaltung zwingend vorschreibt. Im Falle eines Unfalls gelten sie darüber hinaus als Maßstab für korrektes Verhalten. Das vollständige Einhalten dieser Bestimmungen stellt aber im Haftungsfall auch keinen Freibrief dar. Aber die Situation ist in diesem Fall natürlich deutlich komfortabler, weil ein korrektes Verhalten einfacher nachzuweisen ist.

Auslegungsregeln und Anwendungsregeln

Wenn Rechtsnormen derselben Rangstufe kollidieren, gelten besondere Prinzipien, die den nachfolgenden Regeln zu entnehmen sind:

1. Lex specialis derogat legi generali – das speziellere Gesetz verdrängt die allgemeinen Gesetze – ist eine wichtige Auslegungsregel und Anwendungsregel für Rechtsnormen. Sie besagt, dass eine speziell für einen bestimmten Sachverhalt geltende Regel (lex specialis) eine allgemeinere Regel (lex generalis) ausschließt.
Kein Anwendungsfall des lex specialis-Grundsatzes ist es hingegen, wenn zwei Vorschriften verschiedene Tatbestände haben, die eine gemeinsame Schnittmenge aufweisen. In diesen Fällen kann keine der beiden Rechtsnormen als das generellere oder speziellere Gesetz angesehen werden, so dass der Normkonflikt in diesem Fall nicht aufgelöst werden kann.

2. Lex posterior derogat legi priori – die spätere Norm geht der früheren vor. Nach dieser Kollisionsregel kann eine Norm durch eine nachträglich entstandene Norm gleichen oder höheren Ranges ihre Geltung verlieren. Diese Kollisionsregel gilt jedoch nicht, wenn die ältere Regelung spezieller ist als die jüngere.

3. Lex superior derogat legi inferiori – die höhere Norm geht der niederen vor.

4. Lex generalis posterior non derogat legi speciali priori – eine später ergangene allgemeine Norm ersetzt nicht die frühere spezielle Norm.

1.3 Die deutsche gesetzliche Unfallversicherung

Die gesetzliche Unfallversicherung ist ein Teil des Sozialversicherungssystems der Bundesrepublik Deutschland. Ihr Zweck besteht darin, Arbeitsunfälle, Berufskrankheiten und arbeitsbedingte Gesundheitsgefahren „mit allen geeigneten Mitteln“ zu verhüten bzw. nach dem Eintritt dieser Versicherungsfälle die Gesundheit und die berufliche Leistungsfähigkeit der Versicherten „mit allen geeigneten Mitteln“ wiederherzustellen. Rechtliche Grundlage ist das SGB VII. Zwei wichtige und immer mehr in den Vordergrund rückende Aufgaben sind die Prävention und Beratung in Bezug auf Arbeitsschutz, Unfallverhütung, Sicherheit und Gesundheit. Die unter staatlicher Aufsicht stehenden Berufsgenossenschaften und die öffentlichen Unfallversicherungsträger sind Körperschaften des öffentlichen Rechts und selbstverwaltet. Daher werden die Vorschriften der DGUV auch als autonomes Recht bezeichnet.

Seit 2007 gibt es den gemeinsamen Spitzenverband aller Berufsgenossenschaften und Unfallkassen bzw. Gemeindeunfallversicherungen, die Deutsche Gesetzliche Unfallversicherung (DGUV).

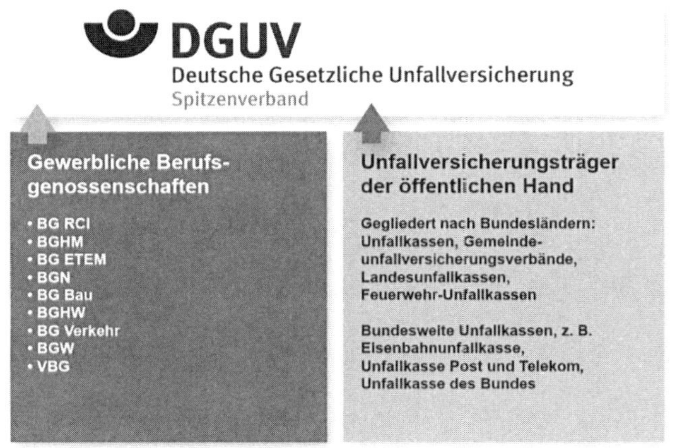

Abbildung 4: Die Deutsche Gesetzliche Unfallversicherung

Den Unfallversicherungsträgern sind umfangreiche Aufgaben per Gesetz auferlegt worden. Dazu werden Unfallverhütungsvorschriften (UVV) erlassen, deren Umsetzung bzw. Einhaltung von Aufsichtspersonen der Unfallversicherungsträger kontrolliert werden. Das Nichtbefolgen oder Zuwiderhandeln bei Anordnungen der Aufsichtspersonen ist gemäß SGB VII § 209 ebenso eine Ordnungswidrigkeit wie die Nichtbeachtung von Unfallverhütungsvorschriften und kann mit einem Bußgeld von bis zu 10.000 Euro geahndet werden.

SGB VII § 14 Grundsatz
(1) Die Unfallversicherungsträger haben mit allen geeigneten Mitteln für die Verhütung von Arbeitsunfällen, Berufskrankheiten und arbeitsbedingten Gesundheitsgefahren und für eine wirksame Erste Hilfe zu sorgen. Sie sollen dabei auch den Ursachen von arbeitsbedingten Gefahren für Leben und Gesundheit nachgehen.

SGB VII § 15 Unfallverhütungsvorschriften
(1) Die Unfallversicherungsträger können unter Mitwirkung der Deutschen Gesetzlichen Unfallversicherung e. V. als autonomes Recht Unfallverhütungsvorschriften über Maßnahmen zur Verhütung von Arbeitsunfällen, Berufskrankheiten und arbeitsbedingten Gesundheitsgefahren oder für eine wirksame Erste Hilfe erlassen, soweit dies zur Prävention geeignet und erforderlich ist und staatliche Arbeitsschutzvorschriften hierüber keine Regelung treffen.

SGB VII § 209 Bußgeldvorschriften
(1) Ordnungswidrig handelt, wer vorsätzlich oder fahrlässig
1. einer Unfallverhütungsvorschrift nach § 15 Abs. 1 oder 2 zuwiderhandelt, soweit sie für einen bestimmten Tatbestand auf diese Bußgeldvorschrift verweist,
2. einer vollziehbaren Anordnung nach § 19 Abs. 1 zuwiderhandelt.

Unfallverhütungsvorschriften

Die Unfallverhütungsvorschriften haben übrigens Gesetzescharakter für alle Personen, die gemeinsam in einer Betriebsstätte oder an Arbeitsplätzen, z. B. auf Baustellen oder bei Veranstaltungen, tätig werden, auch wenn einzelne Personen nicht zu den Mitgliedern und Versicherten der deutschen Unfallversicherungsträger zählen. Dieses ist dem weitestgehend unbekannten bzw. häufig ignorierten §16 SGB VII zu entnehmen:

SGB VII § 16 Geltung bei Zuständigkeit anderer Unfallversicherungsträger und für ausländische Unternehmen

(1) Die Unfallverhütungsvorschriften eines Unfallversicherungsträgers gelten auch, soweit in dem oder für das Unternehmen Versicherte tätig werden, für die ein anderer Unfallversicherungsträger zuständig ist.

(2) Die Unfallverhütungsvorschriften eines Unfallversicherungsträgers gelten auch für Unternehmer und Beschäftigte von ausländischen Unternehmen, die eine Tätigkeit im Inland ausüben, ohne einem Unfallversicherungsträger anzugehören.

In diesem Zusammenhang sehr wichtig zu erwähnen ist noch die Tatsache, dass der Unfallversicherungsschutz nicht durch irgendeine Art von Fehlverhalten des Versicherten einfach erlischt – auch wenn dieser Punkt oft als Drohung missbraucht wird!

> ***SGB VII § 7 Begriff***
> *(1) Versicherungsfälle sind Arbeitsunfälle und Berufskrankheiten.*
> *(2) Verbotswidriges Handeln schließt einen Versicherungsfall nicht aus.*

Unterhalb der verpflichtenden Unfallverhütungsvorschriften gibt es zudem ein umfassendes Regelwerk zur Unterstützung der Unternehmer und Versicherten bei der Wahrnehmung ihrer Pflichten im Bereich Sicherheit und Gesundheitsschutz.
Im Mai 2014 haben sich sowohl die Systematik als auch die Nummerierung des Regelwerks maßgeblich geändert – seitdem gibt es die folgenden vier einheitlichen Kategorien sowie Fachinformationen einzelner Berufsgenossenschaften:
Seit dieser Neugliederung erhalten die Unfallverhütungsvorschriften, die nun DGUV Vorschriften heißen, in der Regel ein- bis zweistellige Ziffern, während alle anderen Publikationen (Regeln, Informationen und Grundsätze) eine sechsstellige Kennzahl erhalten. Auf der Homepage der DGUV kann man sich eine Transferliste downloaden, aus der sämtliche Umbenennungen hervorgehen.

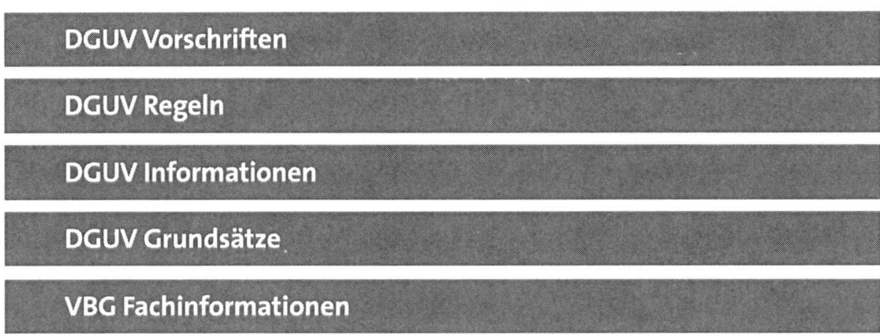

Abbildung 5: Das Regelwerk der DGUV

Beispiele für DGUV Vorschriften, die für uns relevant sind:
- DGUV Vorschrift 1: Grundsätze der Prävention
- DGUV Vorschrift 3/4: Elektrische Anlagen und Betriebsmittel
- DGUV Vorschrift 17/18: Veranstaltungs- und Produktionsstätten für szenische Darstellung

DGUV Fachbereiche

Um eine gewisse Übersichtlichkeit und inhaltliche Zuordnung zu erreichen, werden den Fachbereichen der DGUV die folgenden Kennziffern zugeordnet:

Fachbereich	Kennziffer
Keinem Fachbereich zugeordnet, fachbereichsübergreifend	**00**
Bauwesen	**01**
Bildungseinrichtungen	**02**
Energie, Textil, Elektro, Medienerzeugnisse (ETEM)	**03**
Erste Hilfe	**04**
Feuerwehren, Hilfeleistungen, Brandschutz	**05**
Gesundheit im Betrieb	**06**
Gesundheitsdienst und Wohlfahrtspflege	**07**
Handel und Logistik	**08**
Holz und Metall	**09**
Nahrungsmittel	**10**
Organisation des Arbeitsschutzes	**11**
Persönliche Schutzeinrichtungen	**12**
Rohstoffe und chemische Industrie	**13**
Verkehr und Landschaft	**14**
Verwaltung	**15**

Tabelle 1: Fachbereiche der DGUV

DGUV Regeln stellen bereichs-, arbeitsverfahrens- oder arbeitsplatzbezogene Inhalte zusammen. Sie erläutern, mit welchen konkreten Präventionsmaßnahmen Pflichten zur Verhütung von Arbeitsunfällen, Berufskrankheiten und arbeitsbedingten Gesundheitsgefahren erfüllt werden können. Sie geben ebenfalls Hinweise, wie die Schutzziele der Unfallverhütungsvorschriften erreicht werden können.
DGUV Regeln sind fachliche Empfehlungen zur Gewährleistung von Sicherheit und Gesundheit. Sie haben einen hohen Praxisbezug und Erkenntniswert. Einen Gesetzescharakter haben sie aber nicht. DGUV Regeln beginnen immer mit einer 1, gefolgt von der zweistelligen Kennziffer des zugehörigen Fachbereichs. Nach einem Bindestrich erfolgt eine fortlaufende Nummerierung.

Beispiele für DGUV Regeln, die für uns relevant sind:

- DGUV Regel 100-001: Grundsätze der Prävention
- DGUV Regel 115-002: Veranstaltungs- und Produktionsstätten für szenische Darstellung
- DGUV Regel 112-198: Benutzung von persönlichen Schutzausrüstungen gegen Absturz

DGUV Informationen geben Tipps, Hinweise und Empfehlungen zur Arbeitssicherheit. Sie enthalten beispielsweise technische Lösungen, schließen andere, mindestens ebenso sichere Lösungen aber nicht aus. Sie ergänzen somit die Unfallverhütungsvorschriften, die DGUV Regeln und Grundsätze. Sie haben keinen Gesetzescharakter. DGUV Informationen beginnen immer mit einer 2, gefolgt von der zweistelligen Kennziffer des zugehörigen Fachbereichs. Nach einem Bindestrich folgt eine fortlaufende Nummerierung.

Beispiele für DGUV Informationen, die für uns relevant sind:

- DGUV Information 203-001: Sicherheit bei Arbeiten an elektrischen Anlagen
- DGUV Information 203-002: Elektrofachkräfte
- DGUV Information 215-310: Sicherheit bei Veranstaltungen und Produktionen – Leitfaden; Fernsehen, Hörfunk, Film, Theater, Veranstaltungen

DGUV Grundsätze sind Maßstäbe für bestimmte Verfahrensfragen, z. B. hinsichtlich der Durchführung von Prüfungen. Auch werden Prüfgrundsätze z. B. für arbeitsmedizinische Vorsorgeuntersuchungen oder die Prüfung von Arbeitsplatzgrenzwerten konkretisiert. Die Inhalte sind für die jeweiligen Messungen oder Untersuchungen als verbindlich anzusehen. DGUV Grundsätze ergänzen die Unfallverhütungsvorschriften. DGUV Grundsätze beginnen immer mit einer 3, gefolgt von der zweistelligen Kennziffer des zugehörigen Fachbereichs. Nach einem Bindestrich folgt eine fortlaufende Nummerierung.

Beispiele für DGUV Grundsätze, die für uns relevant sind:

- DGUV Grundsatz 303-001: Ausbildungskriterien für festgelegte Tätigkeiten im Sinne der Durchführungsanweisungen zur Unfallverhütungsvorschrift Elektrische Anlage und Betriebsmittel
- DGUV Grundsatz 303-003: Bestätigung nach § 5 Abs. 4 der Unfallverhütungsvorschrift „Elektrische Anlagen und Betriebsmittel"
- DGUV Grundsatz 315-390: Grundsätze für die Prüfung maschinentechnischer Einrichtungen in Bühnen und Studios

VBG Fachinformationen/Fachwissen sind speziell für unsere Branche entwickelte Schriften der Verwaltungs-Berufsgenossenschaft (VBG). Sie enthalten detaillierte Informationen zur Gestaltung der Arbeit und helfen dabei, die Anforderungen aus dem Branchenleitfaden Sicherheit bei Veranstaltungen und Produktionen (DGUV Information 215-310) und den Arbeitsschutzvorschriften umzusetzen. Bisher wurden auch diese Schriften als Berufsgenossenschaftliche Informationen (BGI) geführt. Leider sind einige der Schriften im Zuge der Neustrukturierung (noch) nicht in das DGUV Regelwerk überführt worden. Diese findet man nun unter der Rubrik Präventionsfachinformationen bei der VBG.

Beispiele für Schriften aus der Reihe VBG-Fachwissen:

- Scheinwerfer
- Arbeitssicherheit in Übertragungsfahrzeugen
- Sicherheit bei Veranstaltungen und Produktionen – Prüfung elektrischer Anlagen und Geräte

Auch die Berufsgenossenschaft Energie, Textil, Elektro und Medienerzeugnisse (BG ETEM) veröffentlicht Informationen in übersichtlichen und verständlich geschriebenen Broschüren. So stehen zahlreiche Arbeitshilfen für den Elektrobereich (z. B. Auswahl von Multimetern) oder Vorlagen für Gefährdungsbeurteilungen zum Downloaden zur Verfügung. Für unsere Branche wäre als wichtiges Beispiel die Broschüre „Praxis – Sicherheit am Set“ zu nennen.

1.4 Technische Regeln

Technische Regeln und Richtlinien geben den Stand der Technik, Arbeitsmedizin und Arbeitshygiene sowie gesicherte arbeitswissenschaftliche Erkenntnisse wieder. Sie sind keine Rechtsnormen und haben zunächst auch keinen verbindlichen Charakter. Der Jurist sagt: „Die Anwendung der Technischen Regeln entfaltet Vermutungswirkung.“ Das bedeutet, dass man davon ausgehen kann, dass man, wenn man diese Regeln befolgt hat, die entsprechenden Anforderungen von Gesetzen und Verordnungen erfüllt. Darüber hinaus liegt bei einem trotzdem eingetretenen Schaden die Beweislast zunächst beim Geschädigten und nicht beim Verursacher (Beweislastumkehr).
Richtlinien oder Regeln mit Vermutungswirkung konkretisieren die Anforderungen der Arbeitsschutzverordnungen. Technische Regeln beziehen sich üblicherweise auf eine übergeordnete Rechtsverordnung.

Beispiele:
- Die Technischen Regeln zur Betriebssicherheit (TRBS) konkretisieren die Betriebssicherheitsverordnung (BetrSichV).
- Die Technischen Regeln zur Arbeitsschutzverordnung zu künstlicher optischer Strahlung (TROS IOS) konkretisieren die Anforderungen der Arbeitsschutzverordnung zu künstlicher optischer Strahlung (OStrV) und der Verordnung zur Arbeitsmedizinischen Vorsorge (ArbMedVV).
- Die Technischen Regeln für Gefahrstoffe (TRGS) konkretisieren die Anforderungen der Gefahrstoffverordnung (GefStoffV).
- Die Technischen Regeln für Arbeitsstätten (ASR) konkretisieren die Anforderungen der Verordnung über Arbeitsstätten (ArbStättV).

1.5 DIN-Normen, VDE-Bestimmungen und Branchenstandards

Es folgt ein kleiner Exkurs über Normen und Vorschriften, die zunächst keine rechtliche Bedeutung genießen. Im Gegensatz zu Gesetzen und Verordnungen, die die „unangenehme“ Eigenschaft haben, für alle sich in Deutschland aufhaltenden Menschen unabhängig davon zu gelten, ob man sie überhaupt kennt oder ob man deren Inhalt missbilligt, fehlt den privaten Regelungswerken die Legitimierung durch die Staatsgewalt. Denn sowohl DIN, VDE als auch IGVW sind allesamt eingetragene Vereine. Die von Vereinen aufgestellten Bestimmungen können niemals aus sich heraus zwingend Geltung beanspruchen. Diese privaten Regelungswerke können somit nur über eine staatliche Ermächtigung in einem Gesetz oder einer Verordnung allgemeine Geltung erlangen oder durch vertragliche Vereinbarung privatrechtliche wirksam werden.

Zu diesen Regelungen gehören neben den DIN-Normen und VDE-Bestimmungen z. B. auch Branchenstandards. Die wichtigsten bzw. bekanntesten Organisationen möchte ich hier kurz vorstellen.

IEC – International Electrotechnical Commission
Die Internationale Elektrotechnische Kommission zählt derzeit 84 Länder als Mitglieder, weitere 86 Länder nehmen am sogenannten Affiliate Country Program teil (Stand Januar 2019). Sie ist somit von globaler Bedeutung. Die IEC wurde bereits 1906 gegründet und hat ihren Sitz in Genf. Die Aufgaben der IEC sind elektrotechnische Normung sowie die Sicherheit elektrischer Betriebsmittel und deren Kompatibilität zu gewährleisten.

CENELEC – Comité Européen de Normalisation Electrotechnique
Das Europäische Komitee für elektrotechnische Normung mit Sitz in Brüssel hat 34 Mit-

glieder und zwölf angeschlossene Mitglieder (Stand Januar 2019) und dadurch eine große Bedeutung in Europa. Die Hauptaufgabe besteht in der Vereinheitlichung aller bereits vorhandenen nationalen Normen und dem Erstellen von harmonisierten Normen, durch die die nationalen Normen sukzessive ersetzt werden sollen.

ETSI – European Telecommunications Standards Institute
Das Europäische Institut für Telekommunikationsnormen mit Sitz in Sophia Antipolis ist verantwortlich für die Normung der europäischen Telekommunikationsinfrastruktur inkl. Rundfunk und Informationstechnik. Sie hat über 800 Mitglieder in 67 Ländern.

ISO – International Organization for Standardization
Die internationale Organisation für Normung hat ihren Sitz in Genf und kümmert sich um die nichtelektrotechnische internationale Normung. Sie verfügt weltweit über 163 Mitgliedsländer.

CEN – Comité Européen de Normalisation
Das Europäische Komitee für Normung hat seinen Sitz in Brüssel und die Länder als Mitglieder, die auch im Europäischen Komitee für Elektrotechnische Normung (CENELEC) sind. Die Aufgabe besteht in der nichtelektrotechnischen europäischen Normung.

DKE – Deutsche Kommission Elektrotechnik Elektronik Informationstechnik in DIN und VDE
Die DKE ist ein Organ des DIN und gleichzeitig ein Geschäftsbereich des VDE und wird auch von diesem getragen. Sie wurde 1970 von VDE und DIN gegründet und arbeitet auf der Basis eines Vertrages von 1975 zwischen der Bundesrepublik Deutschland und DIN. Der Sitz ist in Frankfurt. Die von der DKE herausgegebenen Normen sind Bestandteil des deutschen Normenwerks. Sofern es sich um elektrotechnische Sicherheitsbestimmungen handelt, werden diese gleichzeitig in das VDE-Vorschriftenwerk aufgenommen. Die DKE vertritt die nationalen Interessen bei IEC, CENELEC und ETSI. Die Ergebnisse der Normungsarbeit der IEC, des CENELEC und des ETSI wiederum werden durch die DKE in Deutschland veröffentlicht.

DIN – Deutsches Institut für Normung e. V.
DIN (ganz wichtig: ohne Artikel zu schreiben und zu bezeichnen!) ist Dienstleister für Normung und Standardisierung. Unter dem Dach des privatwirtschaftlich organisierten, gemeinnützigen Vereins mit Sitz in Berlin werden Normen und Standards aus allen technischen und naturwissenschaftlichen Bereichen erarbeitet. DIN ist als die nationale Normungsorganisation der Bundesrepublik Deutschland anerkannt und vertritt die deutschen Interessen europa- und weltweit.

VDE – Verband der Elektrotechnik Elektronik Informationstechnik e. V.
Der VDE wurde bereits 1893 gegründet und hat seinen Sitz in Frankfurt. Mit über 34.000 persönlichen und 1.300 korporativen Mitgliedern ist er einer der größten technisch-wissenschaftlichen Vereine Europas. Er bietet neben einer internationalen Expertenplattform für Wissenschaft und Normung ein unabhängiges und neutrales Prüf- und Zertifizierungsinstitut, welches national und international auf dem Gebiet der Prüfung und Zertifizierung von elektrotechnischen Geräten, Komponenten und Systemen akkreditiert ist und diese Produkte in Hinblick auf Sicherheit, elektromagnetische Verträglichkeit und allgemeine Produkteigenschaften prüft.

IGVW - Interessengemeinschaft Veranstaltungswirtschaft e. V.
Die IGVW gibt bereits seit einigen Jahren und begann damals als lockere Kooperation – der Verein wurde erst im Herbst 2018 gegründet. Und schon kann man ihr bereits jetzt viele Erfolge zusprechen.
Die IGVW wird von den folgenden Verbänden getragen:
- Verband für Medien- und Veranstaltungstechnik (VPLT)
- FAMAB Kommunikationsverband e.V.
- Europäischer Verband der Veranstaltungs-Centren (EVVC)
- Deutsche Theatertechnische Gesellschaft (DTHG)
- Ausstellungs- und Messeausschuss der deutschen Wirtschaft (AUMA)
- Interessensgemeinschaft der selbständigen DienstleisterInnen der Veranstaltungswirtschaft (ISDV)
- Bundesverband Beleuchtung und Bühne (BVB)
- Association of Professional Wireless Production Technologies (APWPT)
- Deutscher Bühnenverein
- Interessengemeinschaft der Personaldienstleister der Veranstaltungswirtschaft (IgPV)
- Interessengemeinschaft der Städte mit Theatergastspielen (INTHEGA)
- Bundesverband Veranstaltungssicherheit (bvvs)
- LiveMusikKommission e. V. (Livekomm)
- Verband Deutscher Tonmeister e. V. (VdT)

Ziel der IGVW ist die Förderung der Qualität und Sicherheit in der Veranstaltungsbranche durch die Etablierung von Qualitätsstandards für Praxis, Ausbildung und Organisation.

Rechtliche Bedeutung von VDE-Bestimmungen
Niemand kann aufgrund der schlichten Nichteinhaltung einer VDE-Bestimmung geahndet, verfolgt oder gar verurteilt werden. Allerdings nimmt das Gesetz über die Elektrizitäts- und Gasversorgung (Energiewirtschaftsgesetz – EnWG) konkret Bezug auf das VDE-Vorschriftenwerk und somit erlangt es eine ganz besondere Bedeutung. Eine ziemlich einzigartige Konstellation im deutschen Rechtssystem, wie ich anmerken möchte.

> ***EnWG § 49 Anforderungen an Energieanlagen***
> *(1) Energieanlagen sind so zu errichten und zu betreiben, dass die technische Sicherheit gewährleistet ist. Dabei sind vorbehaltlich sonstiger Rechtsvorschriften die allgemein anerkannten Regeln der Technik zu beachten.*
> *(2) Die Einhaltung der allgemein anerkannten Regeln der Technik wird vermutet, wenn bei Anlagen zur Erzeugung, Fortleitung und Abgabe von Elektrizität die technischen Regeln des Verbandes der Elektrotechnik Elektronik Informationstechnik e. V. [...] eingehalten worden sind. [...]*

Es handelt sich hierbei jedoch nicht um einen Anwendungsbefehl nach dem Motto „Wenn du elektrische Anlagen zur Erzeugung, Fortleitung oder Abgabe von Elektrizität baust, musst du die Bestimmungen des VDE einhalten“, sondern um die Vermutungswirkung und damit einhergehende Beweislastregel.
Man geht zunächst davon aus, dass jemand richtig gehandelt hat, wenn er die VDE-Bestimmungen angewendet hat. Das Gegenteil müsste erst (durch die Gegenseite) bewiesen werden.
Nicht nur das EnWG, sondern auch die untergeordneten Rechtsvorschriften bis hin zum technischen Regelwerk verweisen auf die anerkannten Regeln der Technik, zu denen DIN bzw. DIN VDE-Bestimmungen gehören. Zum Beispiel ist der NAV zu entnehmen:

> ***NAV § 13 Elektrische Anlage***
> *(2) Unzulässige Rückwirkungen der Anlage sind auszuschließen. Um dies zu gewährleisten, darf die Anlage nur nach den Vorschriften dieser Verordnung, nach anderen anzuwendenden Rechtsvorschriften und behördlichen Bestimmungen sowie nach den allgemein anerkannten Regeln der Technik errichtet, erweitert, geändert und instand gehalten werden. In Bezug auf die allgemein anerkannten Regeln der Technik gilt § 49 Abs. 2 Nr. 1 des Energiewirtschaftsgesetzes entsprechend. [...]*

Und selbst auf der untersten Stufe unserer Pyramide finden wir noch entsprechende Querverweise auf Normen, VDE-Bestimmungen und -Anschlussregeln, z. B. in den Technischen Anschlussbedingungen (TAB). Als Beispiel führe ich hier den Bundesmusterwortlaut der Technischen Anschlussbedingungen Niederspannung 2019 an.

> ***TAB 2019, 10.1 Elektrische Verbrauchsgeräte und Anlagen, Allgemeines***
> *(1) Die elektrischen Betriebsmittel sind so zu planen, zu errichten und zu betreiben, dass Rückwirkungen auf das Niederspannungsnetz des Netzbetreibers oder Kundenanlagen auf ein zulässiges Maß begrenzt werden. Die Bewertung erfolgt nach den Vorgaben der VDE-AR-N 4100 (Abschnitt 5.4). Treten störende Einflüsse auf, hat der Betreiber diese zu beseitigen.*

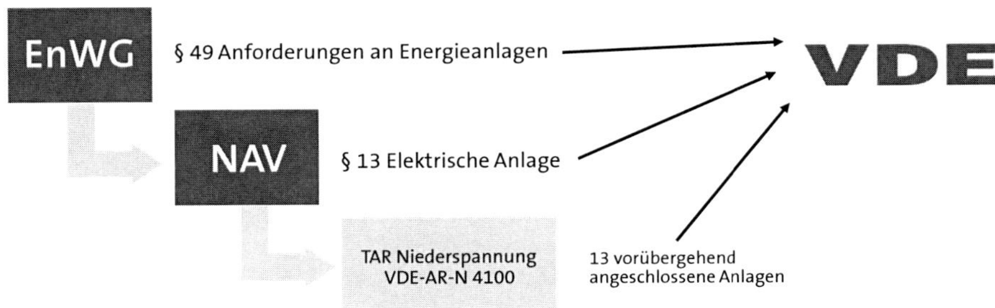

Abbildung 6: Verweis auf anerkannte Regeln der Technik

Einheitliches Regelwerk für die Niederspannung
Hier hat sich im April 2019 eine gravierende Änderung ergeben. Die Energiewende führt zu einem grundlegenden Umbau der Energieversorgung. Die hierfür notwendigen Anforderungen werden in den jeweiligen Technischen Anschlussregeln (TAR) für alle vier Spannungsebenen (Nieder-, Mittel-, Hoch- und Höchstspannung) definiert.
Für den Anschluss und den Betrieb von Anlagen am Niederspannungsnetz sind seit April 2019 nur noch die folgenden Dokumente gültig:

- TAR Niederspannung (VDE-AR-N 4100)
- Erzeugungsanlagen am Niederspannungsnetz (VDE-AR-N 4105)
- Technische Bestimmungen des jeweiligen Netzbetreibers

Im Gegenzug wurden u. a. die folgenden Unterlagen außer Kraft gesetzt:

- Anforderungen an Zählerplätze in der Niederspannung (VDE-AR-N 4101)
- Anschlussschränke im Freien (VDE-AR-N 4102)
- VDN-Richtlinie Notstromaggregate (2004)
- Hausanschlüsse in öffentlichen Kabelnetzen (DIN VDE 0100-732)
- VDN-Richtlinie Überspannungs-Schutzeinrichtungen Typ 1

In der VDE-AR-N 4100 gibt es endlich auch eine Definition des Begriffs "vorübergehend angeschlossene Anlage":

VDE-AR-N 4100 13 Vorübergehend angeschlossene Anlagen
Als vorübergehend angeschlossene Anlagen gelten elektrische Anlagen
– auf Baustellen nach DIN VDE 0100-704 (VDE 0100-704);
– von Schaustellerbetrieben ohne ständige Einrichtung einer Festplatzinstallation nach DIN VDE 0100-740 (VDE 0100-740);

– für Ausstellungen, Shows und Stände nach DIN VDE 0100-711 (VDE 0100-711);
– für Festbeleuchtung usw.
Vorübergehend angeschlossene Anlagen dürfen maximal 12 Monate betrieben werden. Ist geplant, diese Anlagen länger als 12 Monate zu betreiben, sind grundsätzlich fest installierte Anlagen in Anschlussschränken im Freien nach Abschnitt 12 oder speziell zugeordnete und geschützte Stromkreise in Gebäuden vorzusehen. Eine Verlängerung des 12-Monats-Zeitraums bedarf der Zustimmung des Netzbetreibers.

1.6 Definition und Abgrenzung wichtiger Begriffe

1.6.1 Die kontinuierliche technische Weiterentwicklung

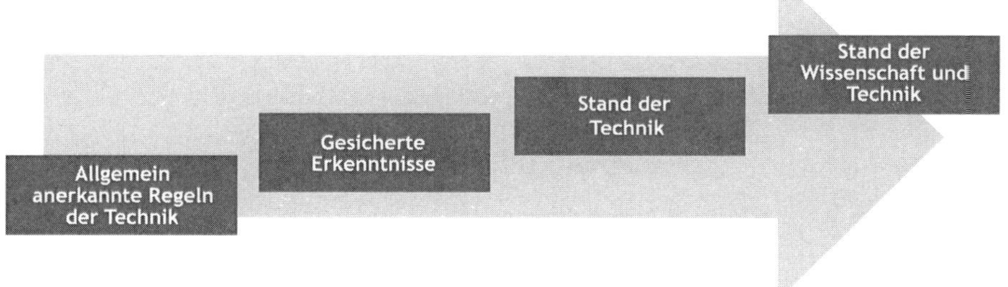

Abbildung 7: Technische Entwicklung

Stand der Wissenschaft und Technik beschreibt Regeln, die wissenschaftlich richtig und unanfechtbar sind. Meistens sind sie jedoch so neu und theoretisch, dass sie in der Praxis noch nicht Einzug gehalten haben. Es handelt sich um den aktuellsten Stand wissenschaftlich-technischer Erkenntnisse, der durch Forschung und Experimente erprobt ist.

Stand der Technik ist der fortschrittliche Entwicklungsstand und bildet das „derzeit technisch Machbare" ab. Darunter fallen Regeln, die dem Großteil der Fachleute bekannt sind und die natürlich auch wissenschaftlich richtig und unanfechtbar sind. Die praktische Eignung erscheint gesichert. Ein Konsens ist nicht erforderlich. Der Stand der Technik ist von großer Bedeutung, weil u. a. das ArbSchG und die BetrSichV den Unternehmer ganz konkret auffordern, diesen zu berücksichtigen. Der Unternehmer muss also in Bezug auf die Arbeitssicherheit immer aktuell und zeitgemäß sein. Als Beispiel für den Stand der Technik können die Technischen Regeln dienen.

Gesicherte Erkenntnisse beschreiben empirisch und methodisch abgesichertes Wissen, welches nach überwiegender Meinung der Fachleute geeignet erscheint.

Allgemein anerkannte Regeln der Technik sind praxiserprobte Regeln, die sich über einen längeren Zeitraum bewährt haben. Es herrscht breiter Konsens der Fachleute und die Regeln sind bei geschultem Personal generell bekannt. Sie beschreiben den einzuhaltenden Mindeststandard. Zu den anerkannten Regeln der Technik zählen z. B. DIN-Normen und VDE-Bestimmungen. Die Einhaltung bzw. Berücksichtigung werden in einigen Gesetzen und Verordnungen konkret gefordert. Also sind diese Werke nicht einfach zu ignorieren, denn sie stellen einen Maßstab zum sorgfältigen Handeln dar und haben vor Gericht den Status eines Sachverständigengutachtens (OLG Koblenz, 06.09.1991, 1Ss265/9; BayOLG, 30.07.2002, 1ObOWi 15/02; OLG Hamm, 01.07.2008, 2Ss OWi 494/08). Durch diese Regeln kann die Grenze zwischen korrektem, fahrlässigem oder gar vorsätzlichem Handeln detaillierter gezogen werden.

1.6.2 Bestandsschutz

Obwohl der Begriff „Bestandsschutz“ im Baurecht verankert ist und für elektrische Anlagen keine Anwendung findet, wird er immer wieder angesprochen und diskutiert. Jedoch gibt es im gesamten Vorschriftenwerk der Elektrotechnik keine Definition des Begriffs „Bestandsschutz einer elektrischen Anlage“.

Im Baurecht unterscheidet man zwischen passivem und aktivem Bestandsschutz. Der passive Bestandsschutz schützt den Eigentümer eines vorhandenen Bauwerks vor Änderungswünschen seitens der Behörden. Der aktive Bestandsschutz regelt die Frage, ob der Eigentümer das Recht hat, baurechtlich relevante Änderungen vorzunehmen. Während der passive Bestandsschutz dem Eigentümer Abwehrrechte gegenüber den Behörden gibt, erlangt der Eigentümer durch den aktiven Bestandsschutz eine Anspruchsgrundlage zur Sicherung, Änderung oder Erweiterung seines Eigentums.
Die Frage nach dem baurechtlichen Bestandsschutz lässt sich nicht immer eindeutig beantworten, da verschiedene Interessen kollidieren können. So gibt es zum einen den Eigentumsschutz, der dem Eigentümer eines bestehenden Gebäudes das Recht zur Modernisierung und Erhaltung der Bausubstanz einräumt. Gleichzeitig existieren aber behördliche Forderungen, dass ein Gebäude in einem funktionsgerecht nutzbaren Zustand sein muss. Generell endet der baurechtliche Bestandsschutz automatisch bei dauerhafter Nutzungsänderung eines Gebäudes oder auch eines Gebäudeteils (trifft auch für einzelne Räume zu) oder bei endgültiger Nutzungsaufgabe. In Ausnahmefällen kann auch eine Gefahrenabwehr den Bestandsschutz aufheben: So kann für ein einsturzgefährdetes Gebäude eine Abrissverfügung seitens der Behörde erlassen werden, obwohl Bestandsschutz gilt.

Ein „Bestandsschutz von elektrischen Anlagen“ wird, wie bereits dargestellt, in keiner Norm erwähnt – es gibt höchstens eine nicht vorhandene Pflicht zur Anpassung oder Nachrüstung. So gilt eine bestehende elektrische Anlage als sicher („sie hat Bestand“), wenn diese nach den (damaligen) gültigen allgemein anerkannten Regeln der Technik errichtet wurde. Vorausgesetzt, die Anlage wird immer noch unter den zum Zeitpunkt der Errichtung bestehenden Betriebs- und Umgebungsbedingungen betrieben. Erfahrungsgemäß entspricht aber längst nicht alles, was man in alten elektrischen Anlagen vorfindet, uneingeschränkt den damaligen Regelwerken. Für solche Installationen gibt es somit auch keinen Anspruch auf irgendeine Art von Bestandsschutz.

Wenn nach der ersten Errichtung einer elektrischen Anlage neue Normen oder Regelwerke veröffentlicht werden, die eine Anpassung an den aktuellen Stand der Technik nicht explizit fordern, ist diese zunächst auch nicht erforderlich. Selbstverständlich ist eine Anpassung aber immer dann durchzuführen, wenn Mängel bemerkt werden, die eine Gefahr für Menschen, Tiere oder Sachen darstellen.
Unabhängig von den allgemein anerkannten Regeln der Technik sind in Hinblick auf Mitarbeiter („Beschäftigte“) jedoch weitere Rechtsnormen zu berücksichtigen. Das ArbSchG fordert ausdrücklich, dass eine Gefährdung für das Leben bzw. die Gesundheit möglichst vermieden und die verbleibende Gefährdung möglichst geringgehalten werden muss. Schutzmaßnahmen sind auf ihre Wirksamkeit zu überprüfen und gegebenenfalls an sich ändernde Gegebenheiten anzupassen. Der Unternehmer muss eine Verbesserung von Sicherheit und Gesundheitsschutz der Beschäftigten anstreben und soll dabei den Stand der Technik, Arbeitsmedizin und Hygiene sowie sonstige gesicherte arbeitswissenschaftliche Erkenntnisse berücksichtigen.

Auch in der ArbStättV ist keine Rede von Bestandsschutz. Sie gibt vor, dass Anlagen, die der Versorgung der Arbeitsstätte mit Energie dienen, so ausgewählt, installiert und betrieben werden müssen, dass die Beschäftigten vor Unfallgefahren durch direktes oder indirektes Berühren spannungsführender Teile geschützt sind und dass von den Anlagen keine Brand- oder Explosionsgefahr ausgeht.
Die Notwendigkeit, geeignete Maßnahmen festzulegen und diese auch an die technische Entwicklung anzupassen, ist also eindeutig gegeben. Um zu einem praxisnahen und rechtskonformen Ergebnis zu kommen, ist die systematische Beurteilung der Arbeitsbedingungen durch eine Elektrofachkraft erforderlich. Nur diese kann konkret beurteilen, ob eine elektrische Anlage – nach den seinerzeit geltenden Normen errichtet – nach heutigen Gesichtspunkten noch sicher genug ist oder ob sie nicht mehr den allgemein anerkannten Regeln der Technik bzw. dem Stand der Technik entspricht. Aufgrund ihrer Garantenstellung hat eine Elektrofachkraft immer eine Hinweispflicht, was eventuelle Anpassungen angeht. Der Betreiber der Anlage hat dann zu entscheiden, ob er dieser Empfehlung zur Anpassung folgt.

Die Anpassung einer elektrischen Anlage geht immer vor Bestandsschutz, denn Sicherheit und Zuverlässigkeit haben Vorrang.

1.6.3 Verantwortung

Allzu oft werden die Begriffe „Verantwortung", „Schuld" und „Haftung" in einen Topf geworfen, vertauscht oder als Synonyme verwendet. Leider ist dies nicht so einfach möglich und dazu auch nicht ganz richtig und führt in letzter Konsequenz zu Unklarheiten und Missverständnissen.

Beginnen möchte ich daher mit einem Definitionsversuch von dem Begriff „Verantwortung". Das Wort „verantworten" stammt ursprünglich aus der mittelalterlichen Gerichtssprache und bedeutet so viel wie gegenüber einer Instanz (z. B. dem Richter) für sein Tun Rechenschaft abzulegen und dieses Tun begründen zu können.
Wenn man das Ganze nun auf den heutigen Sprachgebrauch überträgt, hat man es bei diesem Begriff mit unterschiedlichen Ausprägungen zu tun, da er nicht nur in juristischem, sondern auch in ethischem, moralischem, religiösem, philosophischem oder gar politischem Kontext verwendet wird. Auf all die unterschiedlichen Bedeutungen einzugehen, würde den Rahmen dieses Fachbuchs gewiss sprengen. Somit will ich mich auf die juristische Verantwortung beschränken.

Wenn wir zunächst einen pragmatischen Ansatz wählen, sollten wir die Verantwortung als eine Verpflichtung verstehen, dafür Sorge zu tragen, dass möglichst alles Erforderliche und Richtige getan wird, damit das Ergebnis ein voller Erfolg wird. Eine großartige Lightshow, eine gelungene Inszenierung, ein eindrucksvolles Sounddesign oder auch eine perfekt organisierte Stromversorgung sind nur einige Beispiele. Antoine de Saint-Exupéry hat es in seinem Buch „Der kleine Prinz" perfekt auf den Punkt gebracht: „Du bist zeitlebens für das verantwortlich, was du dir vertraut gemacht hast."

Wie bekommen wir nun diese Verantwortung? Entweder erhält man sie aus der Stellung der eigenen Person heraus bzw. per Gesetz (Eltern haben Verantwortung für ihre Kinder, Unternehmer haben Verantwortung für die Beschäftigten ...) oder aus der Übernahme einer Aufgabe heraus (ein Babysitter hat die Verantwortung für das Kind während der Abwesenheit der Eltern). An diesen Beispielen wird bereits klar, dass die Tragweite der Verantwortung zeitlich und räumlich begrenzt werden muss, indem der Rahmen für diese Verantwortung in gegenseitigem Einvernehmen abgesteckt werden muss. Niemand kann zu der Übernahme einer Aufgabe und damit zu der Verantwortung für diese Aufgabe gezwungen werden. Verantwortung kann nicht angeordnet werden! Nur wer die Freiheit hat, „Nein" zu sagen, oder die Möglichkeit, gestaltend bei den zu verhandelnden Rahmenbedingungen mitwirken zu können, kann eine Verantwortung ruhigen Gewissens übernehmen.

Rechenschaftsverantwortung
Durch die bereits angedeutete Tatsache, dass wir Menschen (leider) automatisch die Verknüpfung „Verantwortung – Haftung" herstellen und somit gleich den Schuldbegriff und folgerichtig dann auch Strafe im Hinterkopf haben, sind wir in der Regel eher ungern bereit, Verantwortung zu übernehmen (siehe Platz 4 meiner Top 12).

Verantwortung bedeutet, dass man für etwas, das man getan hat, „Rede und Antwort stehen muss". Das gilt insbesondere natürlich auch für die positiven Aspekte und sollte nicht immer nur mit der Angst vor Haftung einhergehen. Sind wir doch in erster Linie verantwortlich für ein tolles Ereignis, für den perfekten Augenblick, für die sichere Durchführung, für das Einhalten von Vorschriften, für eine gelungene Show, für die stressfreie Stromversorgung oder die kompetente Beratung.

Nur in sehr wenigen Ausnahmefällen haben wir es mit einem Schaden oder Unfall zu tun. Eben weil wir verantwortlich handeln! Und selbst wenn dieser unglückliche Einzelfall (z. B. Unfall, Sach- oder Personenschaden) eintritt, muss es erst zu einer schuldhaften Verletzung einer übernommenen Verantwortung kommen, bevor man über Haftung diskutiert.

Entscheidungsverantwortung
Verantwortung bedeutet aber auch, dass man in Hinblick auf eine Situation in der Zukunft eine Entscheidung fällen muss, ohne zu wissen, was genau in der Zukunft passiert. Wir müssen uns in der täglichen Praxis häufig aus einem Potpourri von Alternativen eine Möglichkeit auswählen, ohne zu wissen, ob es die richtige Entscheidung ist – wir müssen also bereit sein, die Folgen einer Entscheidung zu verantworten, ohne diese zu kennen: Wir müssen ein Stück weit risikobereit sein. Eine derartige Risikobereitschaft gehen wir bereits in ganz gewöhnlichen Alltagssituationen ein, z. B. bei der Entscheidung, was wir zubereiten sollen, wenn wir jemanden zum Essen einladen.

Entweder fragen wir den Gast vorher, was er essen möchte, wodurch wir dann die Verantwortung abgewälzt hätten und keine Entscheidung mehr treffen müssten – und wir müssten hinterher auch nicht für etwas geradestehen, denn der Gast hat es ja so gewollt. Oder aber wir übernehmen Verantwortung und kochen ein Gericht, welches wir aus Millionen von Möglichkeiten frei und selbstbestimmt ausgewählt haben. Im gleichen Zuge gehen wir damit aber auch das Risiko ein, dass der Gast das Essen nicht mag. Wenn dies passieren sollte, dann haben wir uns in dem Fall vielleicht falsch entschieden, aber wir haben es nach bestem Wissen und Gewissen gemacht – nur eben leider nicht den Geschmack des Gastes getroffen.

Das ist die wichtige Freiheit der Verantwortung, um die es im Grunde geht. Und damit landen wir bei der Gefährdungsbeurteilung, die uns dabei helfen soll, das evtl. auftauchende außerplanmäßige Ereignis besser einschätzen, bewerten und den Weg dorthin vertreten zu können.

1.6.4 Haftung

Führen wir den Gedankengang aus dem vorigen Abschnitt fort, dann kommen wir zum nächsten Begriff: Haftung.

Wenn man Verantwortung übernommen hat, dann kann es möglicherweise nach dem Eintritt des angesprochenen Ereignisses dazu kommen, dass man Rechenschaft ablegen muss. Die Folge, die aus einer Pflichtverletzung (an der man natürlich auch Schuld haben muss) aufgrund der eigenen Verantwortung entsteht, ist dann die Haftung. Je nach Art und Weise der schuldhaften Pflichtverletzung gibt es auch bei der Haftung mehrere Dimensionen, nämlich die strafrechtliche, die zivilrechtliche, die arbeitsrechtliche oder auch die moralische Haftung, um nur einige zu nennen.
Unabhängig von der Verschuldenshaftung gibt es noch die Gefährdungshaftung, die sich z. B. aus dem Produkthaftungsgesetz ergibt. Diese soll an dieser Stelle nur der Vollständigkeit halber erwähnt, aber nicht weiter betrachtet werden.

1.6.5 Fahrlässigkeit

Im Zivilrecht ist Fahrlässigkeit in § 276 des BGB definiert als „Außer Acht lassen der im Verkehr erforderlichen Sorgfalt“. Bei der Fahrlässigkeit werden immer Vorhersehbarkeit und Vermeidbarkeit vorausgesetzt. Je nach Schwere der Fahrlässigkeit wird noch abgestuft:

1. Unbewusste Fahrlässigkeit bedeutet, dass der Schaden (Juristen spricht hier auch oft von „Erfolg“) vom Handelnden nicht vorausgesehen wurde, er aber bei Anwendung der verkehrsüblichen Sorgfalt hätte vorausgesehen werden müssen.
2. Bewusste Fahrlässigkeit liegt vor, wenn der Handelnde den Schaden zwar voraussieht, aber hofft, er werde nicht eintreten.
3. Von grober Fahrlässigkeit spricht man, wenn die Sorgfaltspflicht in besonders hohem Maße missachtet worden ist.

Die angesprochene Sorgfaltspflicht wird im Zivilrecht anhand eines objektiven Maßstabs beurteilt, d. h., von dem Handelnden kann ohne Rücksicht auf seine individuellen Fähigkeiten erwartet werden, dass er mit der Sorgfalt vorgeht, die jede andere besonnene und gewissenhafte Person des betroffenen Personenkreises an den Tag gelegt hätte. Tut er das nicht, handelt er fahrlässig. Seine persönlichen wirtschaftlichen Verhältnisse oder sein Geschick bzw. Unvermögen spielen keine Rolle. Man kann einen Fahrlässigkeitsvorwurf nicht dadurch ausräumen, dass man sich auf fehlende Kenntnisse, Geschicklichkeit oder Körperkraft beruft, wenn diese objektiv erwartet werden können. Besondere individuelle Kenntnisse und Fähigkeiten können den anzulegenden Sorgfaltsmaßstab sogar erhöhen. Dies trifft in besonderem Maße auf Ausbildung und Qualifikation zu.

Bei einer Elektrofachkraft muss selbstverständlich davon ausgegangen werden, dass einschlägige Kenntnisse vorliegen, welche auf dem aktuellen Stand der Technik, den allgemein anerkannten Regeln der Technik, den Gesetzen, Normen und Vorschriften der Elektrotechnik beruhen. Das ist nämlich genau das, wofür Elektrofachkräfte stehen!

Dieser beschriebene zivilrechtliche Begriff der Fahrlässigkeit unterscheidet sich allerdings erheblich vom strafrechtlichen Verständnis, denn anders als im Zivilrecht wird im Strafrecht die Beurteilung immer auf die individuelle Person des Täters bezogen. Fahrlässig handelt demnach, wer eine objektive Pflichtwidrigkeit begeht, die er jedoch nach seinen eigenen Kenntnissen und Fähigkeiten hätte vorhersehen und vermeiden können. Dazu bedarf es der Verletzung einer Pflicht, welche sich aus einem Vertrag oder dem Gesetz ergibt, und der Vorhersehbarkeit des strafbaren Ereignisses. Auch hier ist wieder der Hinweis auf die Qualifikation der Elektrofachkraft anzuführen. Fahrlässiges Handeln ist laut § 15 des StGB allerdings nur dann strafbar, wenn es ausdrücklich im Gesetz mit Strafe bedroht ist.

StGB § 15 Vorsätzliches und fahrlässiges Handeln
Strafbar ist nur vorsätzliches Handeln, wenn nicht das Gesetz fahrlässiges Handeln ausdrücklich mit Strafe bedroht.

Zum Beispiel sind „fahrlässige Brandstiftung“ (§ 306 d StGB) oder „Herbeiführen einer Brandgefahr“ (§ 306 f StGB) genauso wie „fahrlässige Körperverletzung“ (§ 229 StGB) Straftatbestände, während hingegen die „fahrlässige Sachbeschädigung“ mangels ausdrücklicher Strafandrohung nicht strafbar ist.

Insbesondere dürfte aber das Thema Baugefährdung im StGB für uns von großem Interesse sein. Deshalb möchte ich an dieser Stelle das StGB, 28. Abschnitt „Gemeingefährliche Straftaten“, zitieren:

StGB § 319 Baugefährdung
(1) Wer bei der Planung, Leitung oder Ausführung eines Baues oder des Abbruchs eines Bauwerks gegen die allgemein anerkannten Regeln der Technik verstößt und dadurch Leib oder Leben eines anderen Menschen gefährdet, wird mit Freiheitsstrafe bis zu fünf Jahren oder mit Geldstrafe bestraft.

(2) Ebenso wird bestraft, wer in Ausübung eines Berufs oder Gewerbes bei der Planung, Leitung oder Ausführung eines Vorhabens, technische Einrichtungen in ein Bauwerk einzubauen oder eingebaute Einrichtungen dieser Art zu ändern, gegen die allgemein anerkannten Regeln der Technik verstößt und dadurch Leib oder Leben eines anderen Menschen gefährdet.

(3) Wer die Gefahr fahrlässig verursacht, wird mit Freiheitsstrafe bis zu drei Jahren oder mit Geldstrafe bestraft.

(4) Wer in den Fällen der Absätze 1 und 2 fahrlässig handelt und die Gefahr fahrlässig verursacht, wird mit Freiheitsstrafe bis zu zwei Jahren oder mit Geldstrafe bestraft.
Wir können unsere Tätigkeiten sehr gut in Absatz 2 wiederfinden. Sehr interessant ist in diesem Zusammenhang auch die Tatsache, dass bereits die fahrlässige Planung für den Einbau technischer Einrichtungen in ein Bauwerk als Straftat bewertet wird, wenn durch die Missachtung der allgemein anerkannten Regeln der Technik Menschen gefährdet werden.

1.6.6 Vorsatz

Von der Fahrlässigkeit zu unterscheiden ist der Vorsatz. Dieser wird formuliert als „Wissen und Wollen des rechtswidrigen Erfolgs“. Wer die Folgen seines Handelns kennt oder zumindest ahnt, dass diese Folgen eintreten können, und diese Folgen bewusst herbeiführt oder akzeptiert, dass sie eintreten werden, handelt vorsätzlich. Unterschieden werden drei verschiedene Erscheinungsformen:

Eventualvorsatz („dolus eventualis“) bedeutet, der Täter hält es für möglich („nimmt billigend in Kauf“) und findet sich ggf. damit ab, dass sein Verhalten zur Verwirklichung des gesetzlichen Tatbestandes führt, auch wenn der Eintritt des Erfolgs unerwünscht ist.

Direkter Vorsatz ist dann gegeben, wenn der Täter weiß oder als sicher voraussieht, dass sein Handeln zur Verwirklichung des gesetzlichen Tatbestandes führt.

Absicht liegt dann vor, wenn es dem Täter genau darauf ankommt, den Eintritt des tatbestandlichen Erfolges herbeizuführen.

Zunächst einmal sollte man bei üblicher Geschäftstätigkeit – insbesondere in unserer Branche – davon ausgehen, dass nicht vorsätzlich gehandelt wird, allerdings... Um mit meinen Top 12 fortzufahren, käme an dieser Stelle Platz 3: „Es passiert schon nichts! Und wenn schon...“

Allein dieser letzte Satz reicht meiner Einschätzung nach aus, um zu erkennen, dass man bereits vorsätzlich handelt und nicht mehr fahrlässig. Und wir erinnern uns nochmal an StGB § 15, nach dem vorsätzliches Handeln immer strafbar ist.

1.7 Verantwortung und Haftung der Elektrofachkraft

Die Frage, wer haftet bzw. wer Verantwortung trägt, ist sicher eine der heikelsten in Bezug auf die Elektrofachkraft. Allzu schnell werden Schuldzuweisungen geäußert, die vielleicht dem persönlichen Rechtsempfinden entsprechen, aber nicht selten völlig haltlos sind. In der Regel treffen die Schuldzuweisungen nach einem Elektrounfall die Person, welche den betreffenden elektrischen Anlagenteil errichtet bzw. zuletzt erweitert, instandgesetzt oder geprüft hat. Nicht nur aus diesem Grund herrscht in vielen Betrieben insbesondere bei den Elektrofachkräften eine große Verunsicherung über die Tragweite der eigenen Verantwortung. Aber auch die Unternehmer scheinen ihre zum Teil immense Verantwortung völlig zu unterschätzen. Ich möchte daher versuchen, Strukturen und Denkweisen bei bzw. nach einem Elektrounfall zu verdeutlichen. Dazu ist es erforderlich, Abstecher in diverse Rechtsgebiete zu machen.

1.7.1 Wer ist eigentlich Elektrofachkraft?

Dieses Thema wird seit Generationen äußerst kontrovers diskutiert. Mir selbst wird diese Frage oder entsprechende Abwandlungen davon (z. B.: „Bin ich denn jetzt Elektrofachkraft?") mindestens einmal pro Monat gestellt. Man kann über diese Thematik sicherlich stundenlang diskutieren, ohne je zu einem Konsens zu kommen. Genau genommen muss die Frage nach der Elektrofachkraft erst im schlimmsten Fall beantwortet werden, wenn nämlich

- ein Elektrounfall mit Sach- oder Personenschaden aufgetreten ist oder
- Schadensersatzforderungen wegen fehlerhafter Installation, Ausfall von elektrischen Anlagen (-teilen) oder mangelnder Betriebssicherheit geltend gemacht werden.

Dann jedoch wird diese Fragestellung üblicherweise von bzw. vor einem Richter erörtert werden müssen. Daher empfehle ich, dass man sich dem Thema frühzeitig nicht nur von der fachlichen, sondern auch von der juristischen Seite nähern sollte. Dabei muss man immer im Hinterkopf haben, dass Juristen in der Regel elektrotechnische Laien sind, die nicht mit den einschlägigen Regeln wie den DGUV Vorschriften, TRBS oder DIN/VDE-Bestimmungen vertraut sind.

Ist es zu einem Elektrounfall oder Schaden gekommen, wird man sich vermutlich mit zwei Themenkomplexen auseinandersetzen müssen:

1. Zivilrechtlich in Bezug auf den entstandenen Schaden und somit mit Schadensersatz- und möglicherweise Schmerzensgeldforderungen

2. Strafrechtlich in Bezug auf beispielsweise fahrlässige Körperverletzung oder gar fahrlässige Tötung, fahrlässige Brandstiftung oder auch Baugefährdung

Der erste Ansprechpartner im Schadensfall ist immer das Unternehmen, das den Schaden mutmaßlich verursacht hat. Wenn der Unternehmer nicht selbst gehandelt hat, was häufig der Fall sein dürfte, wurde die Tätigkeit durch einen beauftragten Angestellten, einen Subunternehmer oder eine extern beauftragte Firma durchgeführt. Es ist also ein Erfüllungsgehilfe eingesetzt worden. Somit verbleibt die Haftung zunächst beim Unternehmer und er kann sich in diesem Falle auch nicht exkulpieren (siehe auch Kapitel 1.7.5). Und jetzt kommt der kritische Punkt des Organisations- bzw. Auswahlverschuldens: Wurde die richtige Person für die Ausführung der elektrotechnischen Arbeiten ausgewählt? Nun muss dargelegt werden, wie sorgfältig die „fachkundige Person" in Bezug auf die Tätigkeit ausgewählt wurde. Dazu geben uns sowohl das ArbSchG als auch die DGUV Vorschriften eindeutige Hinweise:

ArbSchG § 3 Grundpflichten des Arbeitgebers
(1) Der Arbeitgeber ist verpflichtet, die erforderlichen Maßnahmen des Arbeitsschutzes unter Berücksichtigung der Umstände zu treffen, die Sicherheit und Gesundheit der Beschäftigten bei der Arbeit beeinflussen. Er hat die Maßnahmen auf ihre Wirksamkeit zu überprüfen und erforderlichenfalls sich ändernden Gegebenheiten anzupassen. Dabei hat er eine Verbesserung von Sicherheit und Gesundheitsschutz der Beschäftigten anzustreben.

(2) Zur Planung und Durchführung der Maßnahmen nach Absatz 1 hat der Arbeitgeber unter Berücksichtigung der Art der Tätigkeiten und der Zahl der Beschäftigten
1. für eine geeignete Organisation zu sorgen und die erforderlichen Mittel bereitzustellen sowie
2. Vorkehrungen zu treffen, dass die Maßnahmen erforderlichenfalls bei allen Tätigkeiten und eingebunden in die betrieblichen Führungsstrukturen beachtet werden und die Beschäftigten ihren Mitwirkungspflichten nachkommen können.

ArbSchG § 7 Übertragung von Aufgaben
Bei der Übertragung von Aufgaben auf Beschäftigte hat der Arbeitgeber je nach Art der Tätigkeiten zu berücksichtigen, ob die Beschäftigten befähigt sind, die für die Sicherheit und den Gesundheitsschutz bei der Aufgabenerfüllung zu beachtenden Bestimmungen und Maßnahmen einzuhalten.

DGUV Vorschrift 1 § 7 Befähigung für Tätigkeiten
(1) Bei der Übertragung von Aufgaben auf Versicherte hat der Unternehmer je nach Art der Tätigkeiten zu berücksichtigen, ob die Versicherten befähigt sind, die für die Sicherheit und den Gesundheitsschutz bei der Aufgabenerfüllung zu beachtenden Bestimmungen und Maßnahmen einzuhalten. Der Unternehmer hat die für bestimmte Tätigkeiten festgelegten Qualifizierungsanforderungen zu berücksichtigen.

(2) Der Unternehmer darf Versicherte, die erkennbar nicht in der Lage sind, eine Arbeit ohne Gefahr für sich oder andere auszuführen, mit dieser Arbeit nicht beschäftigen.

DGUV Vorschrift 1 § 8 Gefährliche Arbeiten
(1) Wenn eine gefährliche Arbeit von mehreren Personen gemeinschaftlich ausgeführt wird und sie zur Vermeidung von Gefahren eine gegenseitige Verständigung erfordert, hat der Unternehmer dafür zu sorgen, dass eine zuverlässige, mit der Arbeit vertraute Person die Aufsicht führt.

(2) Wird eine gefährliche Arbeit von einer Person allein ausgeführt, so hat der Unternehmer über die allgemeinen Schutzmaßnahmen hinaus für geeignete technische oder organisatorische Personenschutzmaßnahmen zu sorgen.

ArbSchG § 9 Besondere Gefahren
(1) Der Arbeitgeber hat Maßnahmen zu treffen, damit nur Beschäftigte Zugang zu besonders gefährlichen Arbeitsbereichen haben, die zuvor geeignete Anweisungen erhalten haben.

(2) Der Arbeitgeber hat Vorkehrungen zu treffen, dass alle Beschäftigten, die einer unmittelbaren erheblichen Gefahr ausgesetzt sind oder sein können, möglichst frühzeitig über diese Gefahr und die getroffenen oder zu treffenden Schutzmaßnahmen unterrichtet sind. Bei unmittelbarer erheblicher Gefahr für die eigene Sicherheit oder die Sicherheit anderer Personen müssen die Beschäftigten die geeigneten Maßnahmen zur Gefahrenabwehr und Schadensbegrenzung selbst treffen können, wenn der zuständige Vorgesetzte nicht erreichbar ist; dabei sind die Kenntnisse der Beschäftigten und die vorhandenen technischen Mittel zu berücksichtigen. Den Beschäftigten dürfen aus ihrem Handeln keine Nachteile entstehen, es sei denn, sie haben vorsätzlich oder grob fahrlässig ungeeignete Maßnahmen getroffen.

Zweifelsohne handelt es sich bei zu übertragenden Aufgaben im Bereich Elektrotechnik um Aufgaben mit besonderen Gefahren, so dass der Unternehmer besonders sorgfältig überprüfen muss, ob der zu beauftragende Mitarbeiter dazu befähigt ist. An dieser Stelle würden jetzt die Juristen vermutlich nach einem Sachverständigen fragen. Und spätestens dieser Sachverständige würde nun die Unfallverhütungsvorschriften, die technischen Regeln und Normen ins Spiel bringen. Da wäre zuerst die DGUV Vorschrift 3 zu zitieren, und zwar in zweierlei Hinsicht:

DGUV Vorschrift 3 § 3 Grundsätze
(1) Der Unternehmer hat dafür zu sorgen, dass elektrische Anlagen und Betriebsmittel nur von einer Elektrofachkraft oder unter Leitung und Aufsicht einer Elektrofachkraft den elektrotechnischen Regeln entsprechend errichtet, geändert und instandgehalten werden. Der Unternehmer hat ferner dafür zu sorgen, dass die elektrischen Anlagen und Betriebsmittel den elektrotechnischen Regeln entsprechend betrieben werden.

Hier wird der Unternehmer verpflichtet, Elektrofachkräfte einzusetzen. Nun muss aber auch definiert werden, was darunter zu verstehen ist, und das findet man im Regelwerk im Abschnitt darüber:

DGUV Vorschrift 3 § 2 Begriffe
(3) Als Elektrofachkraft im Sinne dieser Unfallverhütungsvorschrift gilt, wer auf Grund seiner fachlichen Ausbildung, Kenntnisse und Erfahrungen sowie Kenntnis der einschlägigen Bestimmungen die ihm übertragenen Arbeiten beurteilen und mögliche Gefahren erkennen kann.

Der Unternehmer darf also als Erfüllungsgehilfen im Bereich Elektrotechnik nur Personen einsetzen, die

1. eine elektrotechnische Ausbildung absolviert haben,
2. Kenntnisse und Erfahrungen in dem Bereich der Elektrotechnik haben, in dem sie eingesetzt werden, und
3. Kenntnisse der einschlägigen Bestimmungen haben.

Während der erste Punkt noch relativ einfach beispielsweise anhand eines Gesellen- oder Meisterbriefs zu überprüfen ist, ist das bei dem zweiten und dritten Punkt schon deutlich schwieriger. Insbesondere wenn der Unternehmer nicht selbst eine elektrotechnische

Ausbildung bzw. ein Studium der Elektrotechnik absolviert hat, ist es ihm fast unmöglich, diese Punkte ohne fremde Hilfe zu klären. Er muss sich faktisch auf die Aussagen des Betreffenden verlassen. Dann ist aber eine Kontrolle wiederum nicht mehr sinnvoll möglich und wir bewegen uns in Richtung Organisationsverschulden. Oftmals ist diese Situation (Der Unternehmer ist keine Elektrofachkraft) auch in unserer Branche anzutreffen. Daraus ergibt sich die problematische Lage, dass der Unternehmer zwar generell die Verantwortung für die Arbeitssicherheit trägt, diese Verantwortung aber im Elektrobereich mangels eigener Kompetenz nicht ausüben kann. Dieser Widerspruch kann nur durch Übertragung des Bereichs auf eine Fachkraft gelöst werden. Die fachliche Verantwortung liegt dann bei der Fachkraft, während die restliche Verantwortung (Organisations-, Aufsichts- und Auswahlverantwortung) beim Unternehmer verbleibt. Genau diese Definitionslücke wird von der VDE-Bestimmung VDE 1000-10 geschlossen, deren Hilfe sich der Sachverständige vermutlich als Nächstes bedienen würde.

DIN VDE 1000-10 Anforderungen an die im Bereich der Elektrotechnik tätigen Personen

3.1 Verantwortliche Elektrofachkraft
Person, die als Elektrofachkraft nach 3.2 die Fach- und Aufsichtsverantwortung übernimmt und vom Unternehmer dafür beauftragt ist.

3.2. Elektrofachkraft
Person, die aufgrund ihrer fachlichen Ausbildung, Kenntnisse und Erfahrungen sowie Kenntnis der einschlägigen Normen die ihr übertragenen Arbeiten beurteilen und mögliche Gefahren erkennen kann.

5.2 Die Anforderung nach der fachlichen Ausbildung für bestimmte Tätigkeiten auf dem Gebiet der Elektrotechnik zur Elektrofachkraft ist in der Regel durch den Abschluss einer der nachstehend genannten Ausbildungsgänge des jeweiligen Arbeitsgebietes der Elektrotechnik erfüllt:
a) Ausbildung in einem anerkannten Ausbildungsberuf zum Gesellen/zur Gesellin oder zum Facharbeiter/ zur Facharbeiterin;

b) Ausbildung zum Staatlich geprüften Techniker/zur Staatlich geprüften Technikerin;

c) Ausbildung zum Industriemeister/zur Industriemeisterin;

d) Ausbildung zum Handwerksmeister/zur Handwerksmeisterin;

e) Ausbildung zum Diplomingenieur/zur Diplomingenieurin, Bachelor oder Master.

5.3 Für die verantwortliche fachliche Leitung eines elektrotechnischen Betriebes oder Betriebsteiles ist eine verantwortliche Elektrofachkraft nach 3.1 erforderlich und grundsätzlich eine Ausbildung nach 5.2 b) oder c) oder d) oder e) Voraussetzung.

Die Definition der Elektrofachkraft ist identisch mit der Formulierung aus der DGUV Vorschrift 3 und der DIN VDE 0105-100. Sie bezieht sich auf Ausbildung und Erfahrung, wobei zur Beurteilung auch eine mehrjährige Tätigkeit in dem betreffenden Arbeitsgebiet herangezogen werden kann. Übrigens sieht die höchstrichterliche Rechtsprechung bereits einen Zeitraum von zwei Jahren als mehrjährig an (BAG 23.1.1980; 4 AZR 105/78).
Unter dem Begriff der „einschlägigen Normen" sind nicht nur DIN-Normen oder DIN VDE-Bestimmungen zu verstehen, sondern auch die Gesamtheit der relevanten Rechtsnormen für den entsprechenden Bereich. Dazu gehören auf jeden Fall mindestens die BetrSichV, die dazugehörigen TRBS und die DGUV Publikationen.

Elektrofachkraft oder verantwortliche Elektrofachkraft?
Ein Punkt, der regelmäßig zu Verwirrung und Missverständnissen führt, ist der von der DIN VDE 1000-10 verwendete Begriff der „verantwortlichen Elektrofachkraft". In keinem anderen Regelwerk ist dieser Begriff so zu finden. Nach dem bisher besprochenen Sachverhalt ist eine Elektrofachkraft schon aufgrund ihrer Kompetenzen und Qualifikation immer irgendwie verantwortlich – das geht schon allein aus der DGUV Vorschrift 3 zweifelsfrei hervor.

Die „normale" Elektrofachkraft kann aufgrund einer besonderen Beauftragung (der Pflichtenübertragung) durch den Unternehmer mit unternehmerischen Befugnissen auf dem elektrotechnischen Fachgebiet ausgestattet werden.
Deshalb wird in der DIN VDE 1000-10 ausdrücklich zwischen einer „normalen" Elektrofachkraft und einer verantwortlichen Elektrofachkraft unterschieden.

Die verantwortliche Elektrofachkraft muss Meister, staatlich geprüfter Techniker oder Ingenieur/Bachelor/Master im Bereich der Elektrotechnik sein. Ein zeitnaher Einsatz und die Kenntnisse der aktuellen Normen und Vorschriften sind unabdingbare Voraussetzungen für die Übernahme der Aufgaben als verantwortliche Elektrofachkraft in einem Unternehmen. Die verantwortliche Elektrofachkraft trägt die Verantwortung für die Erfüllung von Unternehmeraufgaben im zugewiesenen Rahmen (Pflichtenübertragung in Schriftform mit einer transparenten und präzisen Aufgaben- und Kompetenzzuweisung!). Sie muss also nicht nur fachlich richtig handeln (wie alle Elektrofachkräfte), sondern hat darüber hinaus zum einen die Garantenstellung und zum anderen noch dazu unternehmerische Entscheidungen zu treffen und Anordnungen auf dem elektrotechnischen Fachgebiet zu geben.

Der Umfang der Entscheidungsbefugnis ist durch die schriftliche Bestellung festgelegt. Mit dieser Pflichtenübertragung ist die „normale“ Elektrofachkraft vom Erfüllungsgehilfen zu einem „Mini-Teilbereichs-Unternehmer“ aufgestiegen und somit auch direkt haftbar zu machen – ganz anders als in der Position als Erfüllungs- oder Verrichtungsgehilfe. Wie zur Bekräftigung der rechtlich beschriebenen Situation wird auch die DIN VDE 1000-10 mit dem Punkt 6 passend abgeschlossen.

DIN VDE 1000-10 Anforderungen an die im Bereich der Elektrotechnik tätigen Personen, 6 Einhaltung der Sicherheitsfestlegungen
Die für die Einhaltung der elektrotechnischen Sicherheitsfestlegungen verantwortliche Elektrofachkraft darf, soweit hierfür nicht besondere gesetzliche Vorschriften gelten, hinsichtlich deren Einhaltung keiner Weisung von Personen, die nicht entsprechend dieser Norm als verantwortliche Elektrofachkraft gelten, unterliegen.

Wann wird eine verantwortliche Elektrofachkraft benötigt?
Die DIN VDE 1000-10 fordert eine verantwortliche Elektrofachkraft für die verantwortliche fachliche Leitung eines elektrotechnischen Betriebes oder Betriebsteiles. Aber ab wann ist ein Betrieb oder Betriebsteil ein elektrotechnischer Betrieb oder Betriebsteil? Auch dieser Punkt scheint in der Realität eine willkommene Angriffsfläche für Diskussionen zu bieten, obwohl man unter Berufung auf zwei bis drei Vorschriften zu einer eindeutigen Antwort kommen sollte. Zunächst betrachten wir wieder die DGUV Vorschrift 3 § 3, die die Forderung formuliert, dass elektrische Anlagen und Betriebsmittel nur von einer Elektrofachkraft (bzw. unter Leitung und Aufsicht) den elektrotechnischen Regeln entsprechend errichtet, geändert und instandgehalten werden müssen. Wenn wir dann nochmal einen Blick in die VDE-Bestimmungen werfen, finden wir weiterhin folgende Definition:

DIN VDE 0105 – 100 Betrieb elektrischer Anlagen
3.4.2 Elektrotechnische Arbeiten
Arbeiten an, mit oder in der Nähe einer elektrischen Anlage, z. B. Erproben und Messen, Instandsetzen, Auswechseln, Ändern, Erweitern, Errichten und Prüfen.

Und da wir gerade bei der DIN VDE 0105-100 angekommen sind, möchte ich noch auf einen wichtigen Umstand diesbezüglich hinweisen:

> ***DGUV Vorschrift 3 § 2 Begriffe***
> *(2) Elektrotechnische Regeln im Sinne dieser Unfallverhütungsvorschrift sind die allgemein anerkannten Regeln der Elektrotechnik, die in den VDE-Bestimmungen enthalten sind, auf die die Berufsgenossenschaft in ihrem Mitteilungsblatt verwiesen hat. Eine elektrotechnische Regel gilt als eingehalten, wenn eine ebenso wirksame andere Maßnahme getroffen wird; der Berufsgenossenschaft ist auf Verlangen nachzuweisen, dass die Maßnahme ebenso wirksam ist.*

Dem hier zitierten Mitteilungsblatt ist zu entnehmen, dass unter anderem auf die DIN VDE 0105-100 verwiesen wird. Dort sind die generellen Bestimmungen zum Betrieb elektrischer Anlagen zu finden. Von besonderer Bedeutung erscheint mir hier die folgende Passage mit dem Verweis auf die Errichtungsnorm DIN VDE 0100.

> ***DIN VDE 0105-100, 4.1.101***
> *Elektrische Anlagen sind den Errichtungsnormen entsprechend in ordnungsgemäßem Zustand zu erhalten. Bei Änderungen der Betriebsbedingungen, z. B. Art der Betriebsstätte (trocken, feucht, feuer- oder explosionsgefährdet), müssen die bestehenden Anlagen den jeweils gültigen Errichtungsnormen angepasst werden.*

Auch werden weitere Verantwortlichkeiten definiert:

> ***DIN VDE 0105-100, 3.2.1 Anlagenbetreiber***
> *Person mit der Gesamtverantwortung für den sicheren Betrieb der elektrischen Anlage, die Regeln und Randbedingungen der Organisation vorgibt. Diese Person kann Eigentümer, Unternehmer, Besitzer oder eine beauftragte Person sein, die Unternehmerpflichten wahrnimmt.*
>
> ***DIN VDE 0105-100, 3.2.2 Anlagenverantwortlicher***
> *Eine Person, die beauftragt ist, während der Durchführung von Arbeiten die unmittelbare Verantwortung für den sicheren Betrieb der elektrischen Anlage zu tragen, die zur Arbeitsstelle gehört. Der Anlagenverantwortliche hat die möglichen Auswirkungen*

der Arbeiten auf die elektrische Anlage oder Teile davon, die in seiner Verantwortung stehen, sowie die Auswirkungen der elektrischen Anlage auf die Arbeitsstelle und die arbeitenden Personen zu beurteilen.

DIN VDE 0105-100, 3.2.3 Arbeitsverantwortlicher
Eine Person, die beauftragt ist, die unmittelbare Verantwortung für die Durchführung der Arbeit an der Arbeitsstelle zu tragen.

Wenn man dann noch den Anhang der DIN VDE 1000-10 hinzuzieht, findet man die folgende Erläuterung:

DIN VDE 1000-10 Anforderungen an die im Bereich der Elektrotechnik tätigen Personen, Anhang zu 5.3
Unter einem elektrotechnischen Betrieb oder einem Betriebsteil wird derjenige Bereich eines Betriebes verstanden, der sich mit den elektrotechnisch relevanten Sicherheitsaufgaben befassen muss. Die verantwortliche fachliche Leitung braucht nicht der Inhaber oder Leiter des Gesamtbetriebes innezuhaben.

Führt man eine der hier aufgeführten Arbeiten durch, hat man offensichtlich zumindest einen elektrotechnischen Betriebsteil, für den man eine Elektrofachkraft beschäftigen muss. Wenn nicht der Unternehmer selbst die verantwortliche Elektrofachkraft ist und dementsprechend die Verantwortung übernehmen darf, muss eine dementsprechend ausgebildete und qualifizierte Person als verantwortliche Elektrofachkraft eingesetzt werden.

Kenntnisse und Erfahrungen
Schon sind wir beim nächsten Streitpunkt: Der Begriff Elektrofachkraft kann als eine Art Stellung oder Position im Betrieb verstanden werden, die man erlangen und auch wieder verlieren kann, und ist keine Berufsbezeichnung! Es gibt keinen Beruf „Elektrofachkraft" und der Begriff taucht auch nicht auf einem Gesellenbrief oder in einem Arbeitsvertrag als Tätigkeitsbeschreibung auf. Es handelt sich um einen Status, der gemäß DGUV Vorschrift 3 vom Unternehmer festgestellt wird.
Es gibt Tätigkeiten, für die der Unternehmer nur Elektrofachkräfte einsetzen darf, daher werden eher diese Tätigkeiten beschrieben als der erforderliche Status. Zum Beispiel könnte in einem Vertrag der Passus auftauchen: Erstellen mobiler elektrischer Anlagen. Damit ist die Tätigkeit beschrieben und der erforderliche Status (nämlich Elektrofachkraft) der betreffenden Person wird durch die Auswahlverantwortung des Unter-

nehmers festgelegt bzw. bestätigt, ohne dass der Begriff Elektrofachkraft wortwörtlich auftauchen müsste.

Es gibt etliche Berufe, mit deren Abschluss der jeweilige Absolvent die Kompetenzen erhalten hat, um als Elektrofachkraft eingesetzt werden zu können, ohne dass dieser Sachverhalt explizit erwähnt wird. Neben der bereits zitierten DIN VDE 1000-10 gibt es dazu eine beispielhafte Aufzählung in der TRBS 1203 derjenigen Berufsausbildungen, die eine zur Prüfung befähigte Person im Bereich der elektrischen Gefährdungen absolviert haben sollte (siehe Kapitel 2.2.2).

Die Kompetenzen einer Elektrofachkraft gehen meiner Meinung nach deutlich über den Umfang einer normalen Berufsausbildung hinaus. Eine Universal - Elektrofachkraft für alle Bereiche der Elektrotechnik gibt es nicht und kann es auch nicht geben. Dazu sind die Bereiche der Elektrotechnik zu unterschiedlich und facettenreich. Insofern ist eine nähere Beschreibung unbedingt erforderlich, um das jeweilige Gebiet zu erkennen. Jedem sollte klar sein, dass beispielsweise eine Elektrofachkraft, die in den letzten Jahren ausschließlich in der Gebäudeinstallation tätig war, nicht als Elektrofachkraft im Bereich von Hochspannungsanlagen eingesetzt werden kann. Dazu fehlen ihr definitiv Kenntnisse und Erfahrungen. Diese können aber selbstverständlich durch Schulungen, Fortbildungen oder Seminare, ohne das Absolvieren einer weiteren Ausbildung, erlangt werden. Natürlich muss auch Praxiserfahrung gesammelt werden – zunächst nur unter Aufsicht.

DIN VDE 1000-10 Anforderungen an die im Bereich der Elektrotechnik tätigen Personen, Anhang zu 5.2
Eine Elektrofachkraft, die umfassend für alle elektrotechnischen Arbeitsgebiete ausgebildet und qualifiziert ist, gibt es nicht. So kann nicht ohne Weiteres eine Elektrofachkraft für das Arbeitsgebiet Elektromaschinenbau im Arbeitsgebiet von Hochspannungsanlagen oder eine Fernmeldefachkraft im Arbeitsgebiet der Niederspannungsinstallation tätig werden, weil dazu andere Kenntnisse und Erfahrungen erforderlich sind.

Die Qualifikation einer Elektrofachkraft kann auch erlöschen, wenn eine Person längere Zeit in einem berufsfremden Arbeitsgebiet tätig war, weil durch Fortschritte in der Technik sowie neue Vorschriften und Normen die aktuellen Kenntnisse und Erfahrungen dann nicht mehr vorliegen. Die fachliche Ausbildung oder auch neuerliche Erfahrungen ermöglichen es aber, diese wieder zu erwerben.

Wenn man also eine elektrotechnische Ausbildung abgeschlossen hat, in welcher die erforderlichen Kompetenzen vermittelt wurden, ist man dazu befähigt, sozusagen als „Start-Elektrofachkraft“ benannt zu werden. Dazu gehört auch die abgeschlossene Ausbildung zur Fachkraft für Veranstaltungstechnik (nach der aktuellen Prüfungsordnung vom 03.06.2016)!

Es werden die ersten Kenntnisse und Erfahrungen während der Ausbildung gesammelt und diese können dann unter neuen Bedingungen angewendet und vertieft werden. Zu berücksichtigen ist, dass ein Berufsanfänger nicht alles wissen kann. Vor allem sollte auch jede neu ausgebildete oder frisch qualifizierte Person von sich selbst wissen, dass sie längst nicht alles weiß. Bis ein Unternehmer diese Person tatsächlich und rechtskonform als seinen Erfüllungsgehilfen einsetzen kann, muss er ihr Zeit geben, sich zu entwickeln, Praxiserfahrung zu sammeln und Normen und Vorschriften sowie deren Anwendung kennenzulernen. Dies ist nur möglich, wenn diese Person nicht (allein) ins kalte Wasser geworfen wird. Der Unternehmer muss es ermöglichen, dass diese Person einer erfahrenen Elektrofachkraft „über die Schulter schauen“ darf.
Man kann aber auch ohne Berufsausbildung oder Studium den Status Elektrofachkraft in einem Betrieb erlangen. Ein Beispiel wäre der Besuch einer entsprechenden Qualifizierungsmaßnahme nach dem Branchenstandard SQQ1 mit dem Titel: Kompetenz der Elektrofachkraft für Veranstaltungstechnik.

SQQ1 Kompetenz der Elektrofachkraft für Veranstaltungstechnik – Anwendungsbereich
Dieser Standard definiert die Anforderungen an die Kompetenz der Elektrofachkraft für das Arbeitsgebiet Veranstaltungstechnik sowie die diesbezüglichen Qualifizierungsmaßnahmen.

Elektrofachkräfte für das Arbeitsgebiet Veranstaltungstechnik planen, errichten, betreiben und warten mobile elektrische Anlagen für Veranstaltungstechnik und setzen diese instand. Mobile elektrische Anlagen für Veranstaltungstechnik sind im IGVW Branchenstandard SQP4 „Mobile elektrische Anlagen in der Veranstaltungstechnik“ beschrieben. Dieser Standard richtet sich an die Unternehmer, die Bildungsträger und an die zu qualifizierenden Personen.

Dieser Standard unterstützt den Unternehmer/Auftraggeber bei der Auswahlverantwortung und der Beurteilung der erforderlichen fachlichen Voraussetzungen, insbesondere nach der DGUV Vorschrift 3.

Sowohl in der DGUV Vorschrift 3 als auch in der DIN VDE 1000-10 wird diese Möglichkeit ausdrücklich gegeben:

DGUV Vorschrift 3, Durchführungsanweisung zu § 2 Absatz 3
Die fachliche Qualifikation als Elektrofachkraft wird im Regelfall durch den erfolgreichen Abschluss einer Ausbildung, z. B. als Elektroingenieur, Elektrotechniker, Elektromeister oder Elektrogeselle nachgewiesen. Sie kann auch durch eine mehrjährige Tätigkeit mit Ausbildung in Theorie und Praxis nach Überprüfung durch eine Elektrofachkraft nachgewiesen werden. Der Nachweis ist zu dokumentieren.

DIN VDE 1000-10 Anforderungen an die im Bereich der Elektrotechnik tätigen Personen, 5.4
Für den Einsatz als Elektrofachkraft in einem begrenzten Teilgebiet der Elektrotechnik darf im Ausnahmefall an die Stelle der fachlichen Ausbildung nach 5.2 auch eine mehrjährige Tätigkeit mit entsprechender Qualifizierung in dem betreffenden Arbeitsgebiet treten. Die Beurteilung der Qualifikation muss durch eine verantwortliche Elektrofachkraft erfolgen.

Ständige Fortbildung
Wir sind in einer sehr schnelllebigen Branche unterwegs, häufig ändern sich Techniken, Vorschriften, Normen, Erkenntnisse und Praxisverfahren. Niemand kann ausschließlich per Ausbildung oder Qualifizierungsmaßnahme sofort als Elektrofachkraft eingesetzt werden. Aber auch den „alten Hasen“ – langjährig erfahrenen Elektrofachkräften – kann genau diese Schnelllebigkeit zum Verhängnis werden.

Abbildung 8: Kompetenz, Qualifikation und Funktion

Aus diesem Grunde findet man nicht nur im ArbSchG, in der BetrSichV, in der TRBS 1203 oder in der DGUV Vorschrift 1 die Forderung nach ständiger Fortbildung bzw. Schulung. Auch beim Lesen der DGUV Vorschrift 3, der DIN VDE 0105-100 oder der DIN VDE 1000-10 stößt man immer wieder auf Hinweise, dass Weiterbildung und Praxiserfahrung gefordert werden und notwendig sind. Diese müssen notfalls vom Unternehmer eingefordert werden, damit keiner aufs „Abstellgleis“ gerät.

Abgrenzung zur Elektrofachkraft für festgelegte Tätigkeiten
Diese zuvor beschriebenen Abgrenzungen der unterschiedlichen Arbeitsbereiche von Elektrofachkräften haben nichts mit der sogenannten Elektrofachkraft für festgelegte Tätigkeiten zu tun! Auch ist eine Elektrofachkraft für Veranstaltungstechnik definitiv keine Elektrofachkraft für festgelegte Tätigkeiten!

Diese zugegebenermaßen etwas unglücklich gewählte Begrifflichkeit bzw. Definition schuldet ihre Existenz der Praxis des Handwerks gemäß dem Gesetz zur Ordnung des Handwerks (Handwerksordnung – HWO). Danach dürfen Handwerksbetriebe auch Fremdgewerke ausführen, wenn sie mit dem eigenen Gewerk zusammenhängen oder dieses wirtschaftlich ergänzen.

HWO § 5
Wer ein Handwerk nach § 1 Abs. 1 betreibt, kann hierbei auch Arbeiten in anderen Handwerken nach § 1 Abs. 1 ausführen, wenn sie mit dem Leistungsangebot seines Gewerbes technisch oder fachlich zusammenhängen oder es wirtschaftlich ergänzen.

In Nicht-Elektrobetrieben fallen möglicherweise bei der Inbetriebnahme, Instandhaltung und im Kundendienst geringfügige elektrotechnische Tätigkeiten an, die nach der DGUV Vorschrift 3 bereits Elektrofachkräften vorbehalten sind. Um diese Lücke zu schließen (und nur deswegen!) wurde die Elektrofachkraft für festgelegte Tätigkeiten ins Leben gerufen. Gerne übersehen werden die exakte Definition und die im folgenden aufgeführten Einschränkungen, welchen die Elektrofachkraft für festgelegte Tätigkeiten unterliegt.
Man findet sie einerseits in der Durchführungsanweisung (DA) zu § 2 der DGUV Vorschrift 3, andererseits wurde dafür der DGUV Grundsatz 303-001 mit dem handlichen Titel „Ausbildungskriterien für festgelegte Tätigkeiten im Sinne der Durchführungsanweisungen zur Unfallverhütungsvorschrift Elektrische Anlage und Betriebsmittel“ veröffentlicht.

Festgelegte Tätigkeiten sind demnach gleichartige, sich wiederholende Arbeiten an **elektrischen Betriebsmitteln**, die vom Unternehmer in einer Arbeitsanweisung beschrieben sind. Die festgelegten Tätigkeiten dürfen grundsätzlich nur im freigeschalteten Zustand durchgeführt werden. Unter Spannung sind lediglich Fehlersuche und Feststellen der Spannungsfreiheit erlaubt. **Insbesondere darf an elektrischen Anlagen nicht gearbeitet werden!**

Der Vollständigkeit halber möchte ich kurz noch die **elektrotechnisch unterwiesene Person** vorstellen. Dabei handelt es sich um eine Person, die durch eine Elektrofachkraft über die ihr übertragenen Aufgaben und die möglichen Gefahren bei unsachgemäßem Verhalten unterrichtet und erforderlichenfalls angelernt sowie hinsichtlich der notwendigen Schutzeinrichtungen, persönlichen Schutzausrüstungen und Schutzmaßnahmen unterwiesen wurde. Eine elektrotechnisch unterwiesene Person übernimmt Aufgaben grundsätzlich nur unter Leitung und Aufsicht einer Elektrofachkraft und arbeitet nicht eigenverantwortlich. Die Elektrofachkraft übernimmt die volle Verantwortung für die übertragenen Tätigkeiten.

Unter **Leitung und Aufsicht** versteht man die Wahrnehmung der Fach- und Führungsverantwortung. Das bedeutet nicht zwangsläufig, dass die Leitung und Aufsicht ständig anwesend sein muss. Sie muss sich vielmehr in angemessenen Zeitabschnitten davon überzeugen, ob die erteilten Anweisungen beachtet werden und sicherheitsgerecht gearbeitet wird.

Aufsichtführung im Sinne der VDE 0105-100 ist die ständige Überwachung er erforderlichen Sicherheitsmaßnahmen bei der Durchführung der Arbeiten an der Arbeitsstelle. Der Aufsichtführende darf dabei selbst nur Arbeiten durchführen, die ihn in der Ausübung der Aufsicht nicht beeinträchtigen. Wenn das sichere Arbeiten durch Aufsicht nicht gewährleistet werden kann, ist diese Methode nicht anwendbar.

Im Gegensatz zur Aufsichtführung erfordert die **Beaufsichtigung** die ständige ausschließliche Durchführung der Aufsicht. Daneben dürfen keine weiteren Tätigkeiten vom Beaufsichtigenden durchgeführt werden.

1.7.2. Der Unternehmer bzw. Arbeitgeber

Je nach Vorschrift werden die Begriffe Unternehmer, Arbeitgeber und manchmal auch Betreiber als Synonyme verwendet. Aufgrund der besseren Lesbarkeit verwende ich weitestgehend den Begriff „Unternehmer". In den DGUV Vorschriften findet man durchgängig den Begriff „Unternehmer“, weil damit der angesprochene Kreis der zu berücksichtigenden Personen deutlich größer ist. Es gibt – insbesondere in unserer Branche – eine Vielzahl von selbständigen Einzelunternehmern (SEU), die keine Angestellten haben und somit auch keine Arbeitgeber sind – aber eben Unternehmer. Auch wenn ein Unternehmer generell in der Führung seines Unternehmens frei ist und viele Rechte genießt, hat er eine Fülle von Pflichten zu erfüllen. Wichtige Pflichten ergeben sich z. B. aus dem ArbSchG:

ArbSchG § 4 Allgemeine Grundsätze
Der Arbeitgeber hat bei Maßnahmen des Arbeitsschutzes von folgenden allgemeinen Grundsätzen auszugehen:

1. Die Arbeit ist so zu gestalten, dass eine Gefährdung für das Leben sowie die physische und die psychische Gesundheit möglichst vermieden und die verbleibende Gefährdung möglichst gering gehalten wird;

2. Gefahren sind an ihrer Quelle zu bekämpfen;

3. bei den Maßnahmen sind der Stand von Technik, Arbeitsmedizin und Hygiene sowie sonstige gesicherte arbeitswissenschaftliche Erkenntnisse zu berücksichtigen;

4. Maßnahmen sind mit dem Ziel zu planen, Technik, Arbeitsorganisation, sonstige Arbeitsbedingungen, soziale Beziehungen und Einfluss der Umwelt auf den Arbeitsplatz sachgerecht zu verknüpfen;

5. individuelle Schutzmaßnahmen sind nachrangig zu anderen Maßnahmen;
6. spezielle Gefahren für besonders schutzbedürftige Beschäftigtengruppen sind zu berücksichtigen;

7. den Beschäftigten sind geeignete Anweisungen zu erteilen;

8. mittelbar oder unmittelbar geschlechtsspezifisch wirkende Regelungen sind nur zulässig, wenn dies aus biologischen Gründen zwingend geboten ist.

Die oberste Verantwortung für die Sicherheit in einem beliebigen Betrieb hat demnach immer der Unternehmer. Diese Verantwortlichkeit ist dabei untrennbar mit dem Direktionsrecht oder auch Weisungsrecht nach der Gewerbeordnung (GewO) verbunden.

GewO § 106 Weisungsrecht des Arbeitgebers
Der Arbeitgeber kann Inhalt, Ort und Zeit der Arbeitsleistung nach billigem Ermessen näher bestimmen, soweit diese Arbeitsbedingungen nicht durch den Arbeitsvertrag, Bestimmungen einer Betriebsvereinbarung, eines anwendbaren Tarifvertrages oder gesetzliche Vorschriften festgelegt sind. Dies gilt auch hinsichtlich der Ordnung und des Verhaltens der Arbeitnehmer im Betrieb. Bei der Ausübung des Ermessens hat der Arbeitgeber auch auf Behinderungen des Arbeitnehmers Rücksicht zu nehmen.

Offensichtlich ist der Arbeitgeber nicht auf das Einverständnis des Arbeitnehmers angewiesen. Diese Einseitigkeit ist genau das Besondere am Weisungsrecht. Weisungsgebundenheit ist typisch für Arbeitsverhältnisse. In größeren Betrieben wird das Weisungsrecht üblicherweise „nach unten" delegiert, so dass ein Arbeitnehmer seine konkreten Anweisungen von einem unmittelbaren Vorgesetzten und nicht vom Unternehmer direkt erhält. Allerdings muss dieses Weisungsrecht „nach billigem Ermessen", also gerecht ausgeübt werden. Es soll dabei in angemessener Weise auf die Interessen des Arbeitnehmers Rücksicht genommen werden. Zu diesen zu berücksichtigenden Interessen gehören private Lebensumstände oder individuelle Vorlieben und Abneigungen genauso wie Kenntnisse und Erfahrungen des Arbeitnehmers.

Eine Pflichten- oder Verantwortungsübertragung kann hingegen keineswegs durch dieses Weisungsrecht stattfinden, sondern immer nur im gegenseitigen Einverständnis! Wenn man nicht ausdrücklich schriftlich beauftragt ist, Verantwortung zu übernehmen, kann man auch nicht per Direktionsrecht (und schlimmstenfalls ohne selbst Kenntnis davon zu haben) eine verantwortliche Stellung bekommen oder in eine verantwortliche Position gedrängt werden.

Im Bereich der gesetzlichen Unfallversicherung findet man Forderungen ähnlich denen im staatlichen Arbeitsschutz in der DGUV Vorschrift 1:

DGUV Vorschrift 1 § 2 Grundpflichten des Unternehmers
(1) Der Unternehmer hat die erforderlichen Maßnahmen zur Verhütung von Arbeitsunfällen, Berufskrankheiten und arbeitsbedingten Gesundheitsgefahren sowie für eine

wirksame Erste Hilfe zu treffen. Die zu treffenden Maßnahmen sind insbesondere in staatlichen Arbeitsschutzvorschriften, dieser Unfallverhütungsvorschrift und in weiteren Unfallverhütungsvorschriften näher bestimmt.

(4) Der Unternehmer darf keine sicherheitswidrigen Weisungen erteilen.

Es ist eine wesentliche Aufgabe jedes Unternehmers, eine funktionierende betriebliche Organisation zu schaffen und aufrechtzuerhalten. Ist die Organisation mangelhaft und hat jemand aus diesem Grund einen Schaden erlitten, so kann der Unternehmer unmittelbar wegen eines sogenannten Organisationsverschuldens schadensersatzpflichtig gemacht werden. Das bedeutet, Sicherheit muss immer gewährleistet sein!

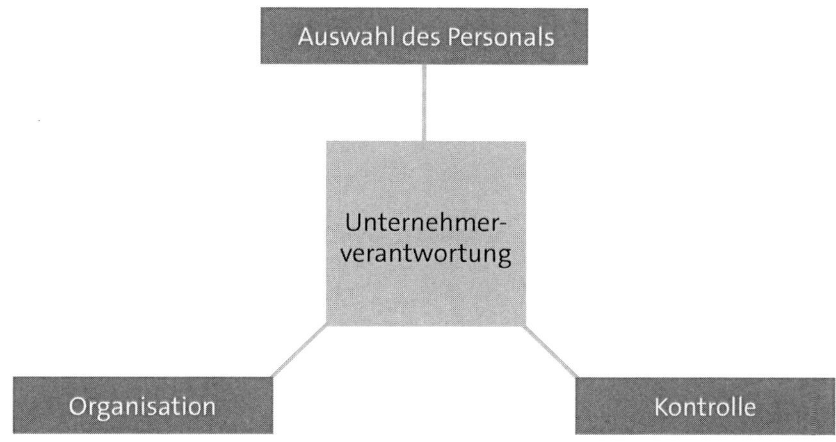

Abbildung 9: Das A-O-K Prinzip

Daraus kann man schnell ableiten, dass eine Unternehmensorganisation nur dann den rechtlichen Anforderungen genügt, wenn der Unternehmensaufbau und die Betriebsabläufe transparent und präzise geregelt und natürlich auch dokumentiert sind. Auch die Durchführung von Kontrollmaßnahmen muss gewährleistet sein – zumindest stichprobenartig. Und diese Verpflichtung besteht selbstverständlich auch dann, wenn die Arbeiten von Subunternehmern bzw. Fremdfirmen durchgeführt werden. Um als verantwortungsvoller Unternehmer sichergehen zu können, dass man Aufgaben und Funktionen sach- und fachgerecht delegiert hat, ist es auf jeden Fall empfehlenswert, sich entsprechend beraten zu lassen. Die Fachkraft für Arbeitssicherheit, die ohnehin nach den Vorgaben des Gesetzes über Betriebsärzte, Sicherheitsingenieure und andere Fachkräfte für Arbeitssicherheit (Arbeitssicherheitsgesetz – ASiG) in jedem Betrieb mit Beschäftigten bestellt sein muss, spielt hier eine wichtige Rolle.

ASiG § 1 Grundsatz
Der Arbeitgeber hat nach Maßgabe dieses Gesetzes Betriebsärzte und Fachkräfte für Arbeitssicherheit zu bestellen. Diese sollen ihn beim Arbeitsschutz und bei der Unfallverhütung unterstützen. Damit soll erreicht werden, dass

1. die dem Arbeitsschutz und der Unfallverhütung dienenden Vorschriften den besonderen Betriebsverhältnissen entsprechend angewandt werden,

2. gesicherte arbeitsmedizinische und sicherheitstechnische Erkenntnisse zur Verbesserung des Arbeitsschutzes und der Unfallverhütung verwirklicht werden können,

3. die dem Arbeitsschutz und der Unfallverhütung dienenden Maßnahmen einen möglichst hohen Wirkungsgrad erreichen.

Auch entsprechende Management- bzw. Qualitätszertifizierungen sind nicht nur werbewirksam, sondern auch extrem hilfreich, um sich von unabhängiger Seite nach entsprechenden Audits bescheinigen zu lassen, dass das Unternehmen rechtskonform strukturiert ist. Damit ist ein weiterer wichtiger Schritt getan, um sich vor einem Organisationsverschulden zu schützen.

Sicherheitsvorschriften wie die BetrSichV und das Haftungsrecht sind, wie bereits erwähnt, getrennte Rechtsgebiete. Die Erfüllung der Anforderungen der BetrSichV ist eine Grundvoraussetzung, um im Haftungsfall ein rechtskonformes Handeln nachweisen zu können.

1.7.3. Delegationsprinzip – Pflichtenübertragung

Der Unternehmer kann gemäß ArbSchG Führungskräfte in seine Gesamtverantwortung einbinden, beispielsweise eine verantwortliche Elektrofachkraft. Durch diese Delegation wird die Unternehmerverantwortung auf die eingesetzte Führungskraft übertragen. Diese Person wird sodann mit in die Unternehmerverantwortung (im zugewiesenen Verantwortungsbereich) einbezogen.

ArbSchG § 13 Verantwortliche Personen
(1) Verantwortlich für die Erfüllung der sich aus diesem Abschnitt ergebenden Pflichten sind neben dem Arbeitgeber
1. sein gesetzlicher Vertreter,
2. das vertretungsberechtigte Organ einer juristischen Person,
3. der vertretungsberechtigte Gesellschafter einer Personenhandelsgesellschaft,
4. Personen, die mit der Leitung eines Unternehmens oder eines Betriebes beauftragt sind, im Rahmen der ihnen übertragenen Aufgaben und Befugnisse,
5. sonstige nach Absatz 2 oder nach einer auf Grund dieses Gesetzes erlassenen Rechtsverordnung oder nach einer Unfallverhütungsvorschrift beauftragte Personen im Rahmen ihrer Aufgaben und Befugnisse.

(2) Der Arbeitgeber kann zuverlässige und fachkundige Personen schriftlich damit beauftragen, ihm obliegende Aufgaben nach diesem Gesetz in eigener Verantwortung wahrzunehmen.

Da die BetrSichV zu großen Teilen aufgrund des ArbSchG erlassen wurde und dieses in wichtigen Bereichen konkretisiert, gilt die Pflichtenübertragung gemäß ArbSchG dementsprechend natürlich auch für die BetrSichV.
Während das ArbSchG die Grundlagen des Arbeitsschutzes sowie die Rechte und Pflichten von Unternehmern und Beschäftigten regelt, legt das SBG VII die von den gesetzlichen Unfallversicherungsträgern geforderten Präventionsmaßnahmen der Unfallverhütung fest.

Die parallele Geltung zweier Rechtsvorschriften ergibt sich ebenfalls aus dem ArbSchG. In den Paragraphen § 20a, § 20b und § 21 wird die gemeinsame deutsche Arbeitsschutzstrategie und die Zusammenarbeit von Bund, Landesbehörden und Unfallversicherungsträgern definiert. Dies nennt man das duale System oder auch den Dualismus im Arbeitsschutz.

Abbildung 10: Das duale System im deutschen Arbeitsschutz

Eine annähernd identische Formulierung wie im ArbSchG § 13 findet man deswegen auch in der DGUV Vorschrift 1.

> ***DGUV Vorschrift 1 § 13 Pflichtenübertragung***
> *Der Unternehmer kann zuverlässige und fachkundige Personen schriftlich damit beauftragen, ihm nach Unfallverhütungsvorschriften obliegende Aufgaben in eigener Verantwortung wahrzunehmen. Die Beauftragung muss den Verantwortungsbereich und Befugnisse festlegen und ist vom Beauftragten zu unterzeichnen. Eine Ausfertigung der Beauftragung ist ihm auszuhändigen.*

Erst wenn der Unternehmer nach § 13 ArbSchG bzw. § 13 DGUV Vorschrift 1 zuverlässige und fachkundige Personen schriftlich mit der Wahrnehmung von Pflichten beauftragt hat, werden diese neben ihm verantwortlich. Auch die in den Unfallverhütungsvorschriften aufgestellten Pflichten treffen überwiegend den Unternehmer. Dieser muss dafür sorgen, dass die übertragenen Pflichten erfüllt werden und sich die Beschäftigten entsprechend verhalten. Nur wenn ausdrücklich Pflichten der Beschäftigten bzw. Versicherten genannt werden, hat die betroffene Personengruppe direkte Pflichten.

Aus dem ArbSchG bzw. der DGUV Vorschrift 1 ergeben sich allerdings auch für Beschäftigte generelle Pflichten, unabhängig von einer Pflichtenübertragung.

ArbSchG § 15 Pflichten der Beschäftigten

(1) Die Beschäftigten sind verpflichtet, nach ihren Möglichkeiten sowie gemäß der Unterweisung und Weisung des Arbeitgebers für ihre Sicherheit und Gesundheit bei der Arbeit Sorge zu tragen. Entsprechend Satz 1 haben die Beschäftigten auch für die Sicherheit und Gesundheit der Personen zu sorgen, die von ihren Handlungen oder Unterlassungen bei der Arbeit betroffen sind.

(2) Im Rahmen des Absatzes 1 haben die Beschäftigten insbesondere Maschinen, Geräte, Werkzeuge, Arbeitsstoffe, Transportmittel und sonstige Arbeitsmittel sowie Schutzvorrichtungen und die ihnen zur Verfügung gestellte persönliche Schutzausrüstung bestimmungsgemäß zu verwenden.

ArbSchG § 16 Besondere Unterstützungspflichten

(1) Die Beschäftigten haben dem Arbeitgeber oder dem zuständigen Vorgesetzten jede von ihnen festgestellte unmittelbare erhebliche Gefahr für die Sicherheit und Gesundheit sowie jeden an den Schutzsystemen festgestellten Defekt unverzüglich zu melden.

(2) Die Beschäftigten haben gemeinsam mit dem Betriebsarzt und der Fachkraft für Arbeitssicherheit den Arbeitgeber darin zu unterstützen, die Sicherheit und den Gesundheitsschutz der Beschäftigten bei der Arbeit zu gewährleisten und seine Pflichten entsprechend den behördlichen Auflagen zu erfüllen. Unbeschadet ihrer Pflicht nach Absatz 1 sollen die Beschäftigten von ihnen festgestellte Gefahren für Sicherheit und Gesundheit und Mängel an den Schutzsystemen auch der Fachkraft für Arbeitssicherheit, dem Betriebsarzt oder dem Sicherheitsbeauftragten nach § 22 des Siebten Buches Sozialgesetzbuch mitteilen.

DGUV Vorschrift 1 § 15 Allgemeine Unterstützungspflichten und Verhalten

(1) Die Versicherten sind verpflichtet, nach ihren Möglichkeiten sowie gemäß der Unterweisung und Weisung des Unternehmers für ihre Sicherheit und Gesundheit bei der Arbeit sowie für Sicherheit und Gesundheitsschutz derjenigen zu sorgen, die von ihren Handlungen oder Unterlassungen betroffen sind. Die Versicherten haben die Maßnahmen zur Verhütung von Arbeitsunfällen, Berufskrankheiten und arbeitsbedingten Gesundheitsgefahren sowie für eine wirksame Erste Hilfe zu unterstützen. Versicherte haben die entsprechenden Anweisungen des Unternehmers zu befolgen. Die Versicherten dürfen erkennbar gegen Sicherheit und Gesundheit gerichtete Weisungen nicht befolgen.

(2) Versicherte dürfen sich durch den Konsum von Alkohol, Drogen oder anderen berauschenden Mitteln nicht in einen Zustand versetzen, durch den sie sich selbst oder andere gefährden können.

(3) Absatz 2 gilt auch für die Einnahme von Medikamenten.

DGUV Vorschrift 1 § 16 Besondere Unterstützungspflichten
(1) Die Versicherten haben dem Unternehmer oder dem zuständigen Vorgesetzten jede von ihnen festgestellte unmittelbare erhebliche Gefahr für die Sicherheit und Gesundheit sowie jeden an den Schutzvorrichtungen und Schutzsystemen festgestellten Defekt unverzüglich zu melden. Unbeschadet dieser Pflicht sollen die Versicherten von ihnen festgestellte Gefahren für Sicherheit und Gesundheit und Mängel an den Schutzvorrichtungen und Schutzsystemen auch der Fachkraft für Arbeitssicherheit, dem Betriebsarzt oder dem Sicherheitsbeauftragten mitteilen.

(2) Stellt ein Versicherter fest, dass im Hinblick auf die Verhütung von Arbeitsunfällen, Berufskrankheiten und arbeitsbedingten Gesundheitsgefahren

- *ein Arbeitsmittel oder eine sonstige Einrichtung einen Mangel aufweist,*

- *Arbeitsstoffe nicht einwandfrei verpackt, gekennzeichnet oder beschaffen sind*

oder
- *ein Arbeitsverfahren oder Arbeitsabläufe Mängel aufweisen,*

hat er, soweit dies zu seiner Arbeitsaufgabe gehört und er über die notwendige Befähigung verfügt, den festgestellten Mangel unverzüglich zu beseitigen. Andernfalls hat er den Mangel dem Vorgesetzten unverzüglich zu melden.

DGUV Vorschrift 1 § 17 Benutzung von Einrichtungen, Arbeitsmitteln und Arbeitsstoffen
Versicherte haben Einrichtungen, Arbeitsmittel und Arbeitsstoffe sowie Schutzvorrichtungen bestimmungsgemäß und im Rahmen der ihnen übertragenen Arbeitsaufgaben zu benutzen.

DGUV Vorschrift 1 § 18 Zutritts- und Aufenthaltsverbote
Versicherte dürfen sich an gefährlichen Stellen nur im Rahmen der ihnen übertragenen Aufgaben aufhalten.

Darüber hinaus wird durch das Gesetz über Ordnungswidrigkeiten (Ordnungswidrigkeitengesetz – OWiG) § 9 die Haftung auf Betriebsleiter und andere beauftragte Personen, denen in Teilbereichen die Unternehmerpflichten wirksam übertragen wurden, ausgeweitet:

OWiG § 9: Handeln für einen anderen
(2) Ist jemand von dem Inhaber eines Betriebes oder einem sonst dazu Befugten

1. beauftragt, den Betrieb ganz oder zum Teil zu leiten, oder

2. ausdrücklich beauftragt, in eigener Verantwortung Aufgaben wahrzunehmen, die dem Inhaber des Betriebes obliegen,

und handelt er auf Grund dieses Auftrages, so ist ein Gesetz, nach dem besondere persönliche Merkmale die Möglichkeit der Ahndung begründen, auch auf den Beauftragten anzuwenden, wenn diese Merkmale zwar nicht bei ihm, aber bei dem Inhaber des Betriebes vorliegen.

Die zu delegierenden Aufgaben und Kompetenzen müssen dementsprechend transparent und präzise festgelegt und abgegrenzt sein, damit die delegierte Verantwortung der betreffenden Führungskraft feststeht. Wenn diese Voraussetzungen fehlen, bleibt die gesamte Verantwortung beim (falsch) delegierenden Unternehmer. In einem gut organisierten Unternehmen muss es für jeden Bereich eine zuständige Führungskraft geben. Alle Verantwortungsbereiche müssen darüber hinaus klar voneinander abgegrenzt sein (räumlich oder inhaltlich). Jeder Mitarbeiter muss wissen, wer sein unmittelbarer Vorgesetzter ist. Fehlt eine solche Regelung, bleibt die umfassende Verantwortung für die Arbeitssicherheit bei der zuständigen übergeordneten Führungskraft, in letzter Instanz also beim Unternehmer. Auch hierzu gibt es einen weiteren wichtigen Tatbestand im OWiG.

OWiG § 130: Verletzung der Aufsichtspflicht in Betrieben und Unternehmen
(1) Wer als Inhaber eines Betriebes oder Unternehmens vorsätzlich oder fahrlässig die Aufsichtsmaßnahmen unterlässt, die erforderlich sind, um in dem Betrieb oder Unternehmen Zuwiderhandlungen gegen Pflichten zu verhindern, die den Inhaber treffen und deren Verletzung mit Strafe oder Geldbuße bedroht ist, handelt ordnungswidrig, wenn eine solche Zuwiderhandlung begangen wird, die durch gehörige

Aufsicht verhindert oder wesentlich erschwert worden wäre. Zu den erforderlichen Aufsichtsmaßnahmen gehören auch die Bestellung, sorgfältige Auswahl und Überwachung von Aufsichtspersonen.

Offensichtlich wird der Unternehmer belangt, falls er erforderliche Aufsichtspflichten verletzt. Hierzu zählt das Gesetz auch die Bestellung, die sorgfältige Auswahl und die Überwachung von Aufsichtspersonen. Klar ist auch, dass der Täter (z. B. der Unternehmer) bei Begehung einer Ordnungswidrigkeit persönlich haftet. Zu den zu übertragenden Aufgaben und Kompetenzen gehört auch die Verantwortung für die Einhaltung der Unfallverhütungsvorschriften, die mit dieser Delegation ebenfalls vom Unternehmer auf den Beauftragten wechselt.

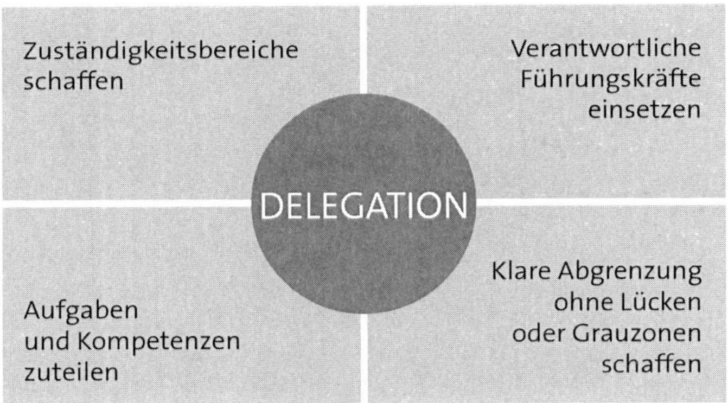

Abbildung 11: Das Delegationsprinzip

Allerdings kann der Unternehmer seine Verantwortung nicht komplett abgeben. Er ist nie völlig frei von Verantwortung, weil bei ihm als Delegierendem auf jeden Fall die Organisations-, Auswahl- und die Aufsichtsverantwortung bleibt.

1.7.4. Verkehrssicherungspflicht und Fürsorgepflicht

Jeder, der Gefahrenquellen schafft oder unterhält, muss sich darum kümmern, die notwendigen und zumutbaren Vorkehrungen zu treffen, um Schäden anderer zu verhindern. Wenn sich allerdings jemand unbefugt in einen Gefahrenbereich begibt, hat er keinen Anspruch auf eine besondere Absicherungspflicht.

So lautet meine pragmatische Definition vom allgemeingültigen Grundgedanken der Verkehrssicherungspflicht.

Erstaunlicherweise hat es dieses Thema nicht bis in ein Gesetz geschafft. Denn die Verkehrssicherungspflicht ist nicht gesetzlich geregelt, sie hat sich gewissermaßen aus der Rechtsprechung heraus entwickelt.

Bei Gewerbebetrieben werden die Verkehrssicherungspflichten durch die Unfallverhütungsvorschriften konkretisiert. Ein Verstoß gegen diese Vorschriften indiziert bereits ein Verschulden. Die Verkehrssicherungspflicht kann übrigens auch auf Dritte übertragen werden. Der ursprünglich Verkehrssicherungspflichtige behält aber eine Kontrollpflicht (BGH 22.01.2008 - VI ZR 126/07).

Und noch ein interessantes Zitat des OLG Koblenz, aus dem durchaus Parallelen zur Veranstaltungstechnik gezogen werden können:

Bei einem auf dem Weihnachtsmarkt verlegten Schlauch ist die Verkehrssicherungspflicht erfüllt, wenn der Schlauch durch eine 5 mm dicke, rechts und links den Schlauch je 60 cm überlappende Gummimatte gesichert ist (OLG Koblenz 24.03.2009 - 5 U 76/09).

Sobald ein Beschäftigungsverhältnis beginnt, entstehen auch zivilrechtliche Pflichten für den Unternehmer. Als wichtigste Pflicht ist sicher die Fürsorgepflicht laut BGB zu nennen, die vertraglich auch nicht aufgehoben oder eingeschränkt werden kann.

BGB § 618 Pflicht zu Schutzmaßnahmen
(1) Der Dienstberechtigte hat Räume, Vorrichtungen oder Gerätschaften, die er zur Verrichtung der Dienste zu beschaffen hat, so einzurichten und zu unterhalten und Dienstleistungen, die unter seiner Anordnung oder seiner Leitung vorzunehmen sind, so zu regeln, dass der Verpflichtete gegen Gefahr für Leben und Gesundheit soweit geschützt ist, als die Natur der Dienstleistung es gestattet.

BGB § 619 Unabdingbarkeit der Fürsorgepflichten
Die dem Dienstberechtigten nach den §§ 617, 618 obliegenden Verpflichtungen können nicht im Voraus durch Vertrag aufgehoben oder beschränkt werden.

Der Unternehmer ist verpflichtet, die Mitarbeiter vor Gefahren für Leib und Leben zu schützen. Dies beinhaltet das Bereithalten, Warten, Prüfen und Instandhalten von erforderlichen Arbeitsmitteln genauso wie das Durchführen von Unterweisungen und Schulungen. Auch muss die bereits angesprochene allgemeine Verkehrssicherungspflicht auf dem Betriebsgelände oder am jeweiligen Produktionsort eingehalten werden. Mitarbeiter (und selbstverständlich auch Kunden oder Besucher) müssen sich gefahrlos und sicher auf dem Gelände fortbewegen können.

1.7.5. Erfüllungsgehilfe oder Verrichtungsgehilfe?

In der Regel bedient sich der Unternehmer zur Erfüllung seiner vertraglichen Pflichten der Hilfe anderer Personen (Arbeitnehmer oder Subunternehmer). Im Sinne des BGB sind diese Personen sogenannte Erfüllungsgehilfen. Der Unternehmer benötigt, falls er nicht selbst Elektrofachkraft ist, insofern auch einen Erfüllungsgehilfen, der für ihn die Verantwortung für den elektrischen Strom übernehmen kann. In Bezug auf die Haftungsfrage ist wichtig zu wissen, dass die Haftung immer beim Unternehmer verbleibt und nicht auf den Erfüllungsgehilfen übergehen kann:

BGB § 278 Verantwortlichkeit des Schuldners für Dritte
Der Schuldner hat ein Verschulden seines gesetzlichen Vertreters und der Personen, deren er sich zur Erfüllung seiner Verbindlichkeit bedient, in gleichem Umfang zu vertreten wie eigenes Verschulden.

Zu unterscheiden vom Erfüllungsgehilfen ist der Verrichtungsgehilfe. Ein Verrichtungsgehilfe ist eine Person, die außerhalb der Vertragspflichten des Unternehmers Aufgaben oder Dienstleistungen für diesen erfüllt und darüber hinaus von dessen Weisungen abhängig ist. Diese Weisungsabhängigkeit ist das entscheidende Merkmal, sozusagen der wichtige Unterschied zum Erfüllungsgehilfen, und grenzt den betreffenden Personenkreis deutlich ein. Selbständige (Sub-) Unternehmer können daher nicht als Verrichtungsgehilfen aufgefasst werden! In diesem Kontext hat der Bundesgerichtshof (BGH) die Frage, ob ein selbständiges Unternehmen Verrichtungsgehilfe sein kann, wie folgt entschieden:

BGH 06.11.2012 – VI ZR 174/11
Der Personenkreis, der nach diesen Grundsätzen „zu einer Verrichtung bestellt" ist, unterscheidet sich von dem Kreis der Erfüllungsgehilfen durch den Mangel an Selbstständigkeit und Eigenverantwortlichkeit. Während selbstständige Unternehmen ohne Weiteres Erfüllungsgehilfen sein können, setzt die Qualifikation als Verrichtungsgehilfe Abhängigkeit und Weisungsgebundenheit voraus (...). Daran fehlt es in der Regel bei

selbstständigen Unternehmen, unabhängig davon, ob sie mit dem Unternehmen, für das sie eine bestimmte Aufgabe wahrnehmen, in einem Konzernverhältnis stehen. Die Übertragung von Aufgaben auf ein bestimmtes Unternehmen innerhalb eines Konzerns dient regelmäßig gerade dem Zweck, durch die selbstständige – nicht weisungsgebundene – Erledigung der Aufgabe andere Teile des Konzerns zu entlasten.

Wenn der Verrichtungsgehilfe während seiner Tätigkeit einen Dritten widerrechtlich und schuldhaft schädigt, kann der Geschädigte gemäß BGB § 831 Schadensersatz vom beauftragenden Unternehmer verlangen. Im Gegensatz zum Erfüllungsgehilfen kann der Unternehmer diesen Schadensersatzanspruch jedoch abwehren (sich exkulpieren – juristisch für: „sich entlasten"), wenn er beweist, dass er bei der Auswahl des Verrichtungsgehilfen die im Verkehr erforderliche Sorgfalt beachtet hat, oder feststeht, dass der Schaden auch bei Beachtung dieser Sorgfaltspflicht eingetreten wäre.

BGB § 831 Haftung für den Verrichtungsgehilfen

(1) Wer einen anderen zu einer Verrichtung bestellt, ist zum Ersatz des Schadens verpflichtet, den der andere in Ausführung der Verrichtung einem Dritten widerrechtlich zufügt. Die Ersatzpflicht tritt nicht ein, wenn der Geschäftsherr bei der Auswahl der bestellten Person und, sofern er Vorrichtungen oder Gerätschaften zu beschaffen oder die Ausführung der Verrichtung zu leiten hat, bei der Beschaffung oder der Leitung die im Verkehr erforderliche Sorgfalt beobachtet oder wenn der Schaden auch bei Anwendung dieser Sorgfalt entstanden sein würde.

(2) Die gleiche Verantwortlichkeit trifft denjenigen, welcher für den Geschäftsherrn die Besorgung eines der im Absatz 1 Satz 2 bezeichneten Geschäfte durch Vertrag übernimmt.

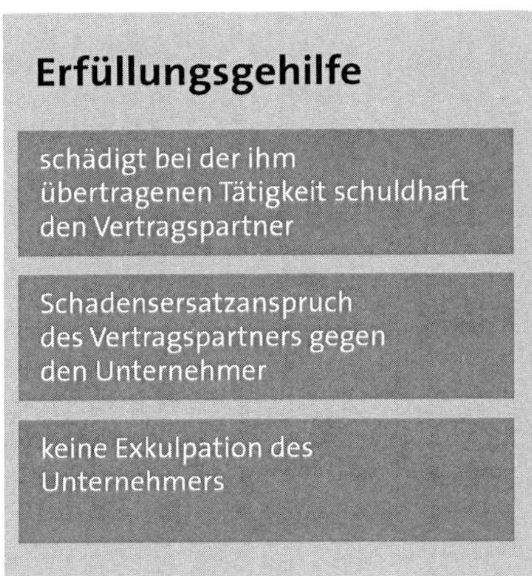

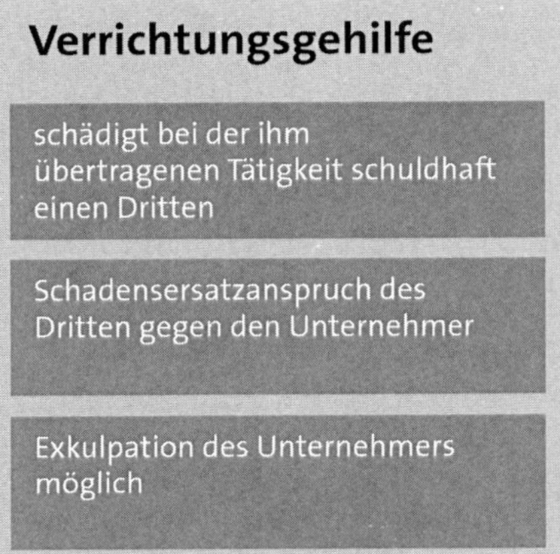

Abbildung 12: Erfüllungsgehilfe und Verrichtungsgehilfe

Die Haftung für den Erfüllungsgehilfen ergibt sich aus dem Schuldrecht des BGB, während sich die Haftung für den Verrichtungsgehilfen auf das Deliktrecht des BGB bezieht. Wie der „an den Haaren herbeigezogene" folgende Fall zeigt, ist es durchaus denkbar, dass ein und dieselbe Person rechtlich gesehen gleichzeitig Verrichtungsgehilfe und Erfüllungsgehilfe sein kann:

Eine Hochschule beauftragt ein Unternehmen der Veranstaltungswirtschaft im Rahmen einer Festlichkeit mit der Installation einer Fassadenillumination. Im Rahmen dieses Vertrags schickt der Unternehmer des Veranstaltungstechnikbetriebs zwei Fachkräfte für Veranstaltungstechnik (Personen A und B) mit den entsprechend erforderlichen Arbeits- und Betriebsmitteln zur Hochschule, um diesen Auftrag zu erledigen.

Beim Installieren eines Scheinwerfers auf einem Vordach rutscht Person A dieser aus den Händen. Der Scheinwerfer pendelt zunächst an seiner Anschlussleitung, wobei er ein Fenster der Hochschule zerstört, dann fällt er vollends zu Boden und trifft und verletzt dabei einen Spaziergänger (Person S), der sich in diesem Moment zufällig auf dem Fußweg vor der Hochschule befindet.

Im Verhältnis zu S ist die Fachkraft A ein Verrichtungsgehilfe des Veranstaltungstechnikunternehmers. S hat nun einen Schadensersatz- und evtl. Schmerzensgeldanspruch gegen den Veranstaltungstechnikunternehmer, wenn sich dieser nicht exkulpieren kann.

Im Verhältnis zur Hochschule ist Fachkraft A gleichzeitig Erfüllungsgehilfe des Veranstaltungstechnikunternehmers, da er im Rahmen eines Vertragsverhältnisses tätig wird. Die Hochschule hat einen Schadensersatzanspruch gegen den Veranstaltungstechnikunternehmer. Eine Exkulpationsmöglichkeit des Unternehmers besteht hier nicht.

1.7.6 Garantenstellung

Die Fachverantwortung der Elektrofachkraft (Verpflichtung zum richtigen Handeln) kann noch erweitert werden, indem der Unternehmer zusätzlich die Verpflichtung überträgt, erforderliche Maßnahmen aus dem Kompetenzbereich des Unternehmers zu ergreifen. Es besteht dann nicht mehr nur die Verpflichtung, das Richtige zu tun, sondern darüber hinaus darf auch keine Handlung unterlassen werden, die zu einer Schadensabwehr erforderlich gewesen wäre.

Diese Elektrofachkraft hat dann eine sogenannte Garantenstellung im Sinne des StGB. Ein Garant ist eine Person, die zum Eingreifen (zum aktiven Handeln) rechtlich verpflichtet ist. Das nennt man Garantenpflicht und bedeutet, dass jemand rechtlich dafür aktiv werden muss, damit ein bestimmter „Erfolg" (den man hier wohl besser als Misserfolg bezeichnen sollte) nicht eintritt. Derartige Garantenpflichten können neben dem Unternehmer auch Vorgesetzte und „ausdrücklich beauftragte Personen" (z. B. eben die Elektrofachkraft) haben. Der Umfang der Verantwortung richtet sich nach den zugewiesenen Aufgaben und Kompetenzen.

Eine Garantenstellung ergibt sich beispielsweise aus den folgenden Situationen:

1. Garantenstellung per Gesetz durch gesetzlich geregelte Verhältnisse zwischen einzelnen Personen, z. B. zwischen Ehegatten oder zwischen Eltern und Kindern
2. **Garantenstellung durch die vertragliche Übernahme von Pflichten**
3. Garantenstellung aus einem besonderen Vertrauensverhältnis zwischen Personen in einer speziellen Lebenssituation (Extrembergtour, Forschungsexpedition)
4. Garantenstellung durch eine besondere Amtsstellung (z. B. Polizei, Feuerwehr)
5. **Garantenstellung aus Verkehrssicherungspflichten**
6. **Garantenstellung durch eine Pflichtenposition, in der dafür einzustehen ist, dass sich die Gefahren, die von einer bestimmten Gefahrenquelle ausgehen, nicht realisieren**

Von Bedeutung sind insbesondere die Garanten, denen aufgrund ihrer Verantwortlichkeit für bestimmte Gefahrenquellen die Verkehrssicherungspflicht obliegt. Genauso haben diese die Pflicht, Personen zu überwachen, die ihnen bezüglich der jeweiligen Gefahrenquelle untergeordnet sind. Werden diese Pflichten verletzt und kommen dadurch

Dritte in Gefahr, so haben sie dafür einzustehen, dass der „Erfolg", den diese Gefahr begründet, nicht eintritt.

StGB § 13 Begehen durch Unterlassen
Wer es unterlässt, einen Erfolg abzuwenden, der zum Tatbestand eines Strafgesetzes gehört, ist nach diesem Gesetz nur dann strafbar, wenn er rechtlich dafür einzustehen hat, dass der Erfolg nicht eintritt, und wenn das Unterlassen der Verwirklichung des gesetzlichen Tatbestandes durch ein Tun entspricht.

An dieser Stelle möchte ich zur Verdeutlichung noch ein eindringliches Beispiel anführen. In einem Betrieb oder bei dem Aufbau einer Veranstaltung kommt ein Mensch aufgrund nicht ausreichender Sicherheitsvorkehrungen zu Tode. Diese Tatsache führt dazu, dass sich der Verantwortliche für die Sicherheitsvorkehrungen einer fahrlässigen Tötung durch Unterlassen strafbar machen könnte (StGB § 222 in Verbindung mit § 13).

StGB § 222 Fahrlässige Tötung
Wer durch Fahrlässigkeit den Tod eines Menschen verursacht, wird mit Freiheitsstrafe bis zu fünf Jahren oder mit Geldstrafe bestraft.

Für den Fall, dass derjenige von den mangelnden Sicherheitsvorkehrungen wusste, könnte er sich sogar eines Totschlags durch Unterlassen strafbar machen (StGB § 212 in Verbindung mit § 13).

StGB § 212 Totschlag
(1) Wer einen Menschen tötet, ohne Mörder zu sein, wird als Totschläger mit Freiheitsstrafe nicht unter fünf Jahren bestraft.

(2) In besonders schweren Fällen ist auf lebenslange Freiheitsstrafe zu erkennen.

Und da wir uns nun bereits mitten im Strafrecht befinden, möchte ich es nicht versäumen, noch auf den § 14 hinzuweisen, welcher fast identisch mit dem bereits zitierten OWiG § 9 ist. Auch in diesem wird die Ahndung unter den gleichen Voraussetzungen auf den dort genannten Personenkreis ausgeweitet.

StGB § 14 Handeln für einen anderen
(1) Handelt jemand
1. als vertretungsberechtigtes Organ einer juristischen Person oder als Mitglied eines solchen Organs,

2. als vertretungsberechtigter Gesellschafter einer rechtsfähigen Personengesellschaft oder

3. als gesetzlicher Vertreter eines anderen,
so ist ein Gesetz, nach dem besondere persönliche Eigenschaften, Verhältnisse oder Umstände (besondere persönliche Merkmale) die Strafbarkeit begründen, auch auf den Vertreter anzuwenden, wenn diese Merkmale zwar nicht bei ihm, aber bei dem Vertretenen vorliegen.

(2) Ist jemand von dem Inhaber eines Betriebs oder einem sonst dazu Befugten
1. beauftragt, den Betrieb ganz oder zum Teil zu leiten, oder

2. ausdrücklich beauftragt, in eigener Verantwortung Aufgaben wahrzunehmen, die dem Inhaber des Betriebs obliegen,

und handelt er auf Grund dieses Auftrags, so ist ein Gesetz, nach dem besondere persönliche Merkmale die Strafbarkeit begründen, auch auf den Beauftragten anzuwenden, wenn diese Merkmale zwar nicht bei ihm, aber bei dem Inhaber des Betriebs vorliegen. Dem Betrieb im Sinne des Satzes 1 steht das Unternehmen gleich. Handelt jemand auf Grund eines entsprechenden Auftrags für eine Stelle, die Aufgaben der öffentlichen Verwaltung wahrnimmt, so ist Satz 1 sinngemäß anzuwenden.

Eine Führungskraft ist ein Garant aufgrund ihrer Position und trägt im Rahmen der delegierten Kompetenzen die Fach-, Personal- und Führungsverantwortung. Das trifft insbesondere auf die (verantwortliche) Elektrofachkraft zu, weil nur sie eben aufgrund ihrer Qualifikation und Kompetenzen die Führungsverantwortung für die Arbeitssicherheit übernehmen kann und elektrotechnische Entscheidungen treffen darf. Somit ist sie auch nicht mehr Erfüllungsgehilfe des Unternehmers, sondern innerhalb des zugewiesenen Aufgaben- und Kompetenzbereichs an die Stelle des Unternehmers gerückt, und steht nun in diesem Bereich sozusagen mit dem Unternehmer auf einer Ebene.

1.7.7 Schadensersatz

Im Zivilrecht können Schadensersatzansprüche aus zwei Bereichen geltend gemacht werden:

1. Aus der vertraglichen Haftung (durch einen Vertrag übernommene oder kraft Gesetzes zu übernehmende Haftung)

2. Aus der deliktischen Haftung (durch verbotene Handlung, es bestehen keinerlei Rechtsbeziehungen zwischen Schädiger und Anspruchsteller, der Geschädigte ist ein „unbeteiligter Dritter")

Damit ein Anspruch auf Schadensersatz entsteht, muss Kausalität zwischen einem Ereignis und dem Schaden bestehen, d. h., es muss zweifelsfrei bewiesen sein, dass ein Ereignis ursächlich für den entstandenen Schaden war.

Geschützte Rechtsgüter sind beispielsweise:
- Gesundheit, Körper, Leben
- Vermögen, Eigentum, Besitz

Gemäß BGB § 249 ist der Schädiger dazu verpflichtet, den Zustand wiederherzustellen, der vor dem schädigenden Einfluss bestanden hat. Die beschädigte Sache muss also repariert werden. Wenn dies nicht möglich ist, muss der Schaden bezahlt werden.

BGB § 249 Art und Umfang des Schadensersatzes
(1) Wer zum Schadensersatz verpflichtet ist, hat den Zustand herzustellen, der bestehen würde, wenn der zum Ersatz verpflichtende Umstand nicht eingetreten wäre.

(2) Ist wegen Verletzung einer Person oder wegen Beschädigung einer Sache Schadensersatz zu leisten, so kann der Gläubiger statt der Herstellung den dazu erforderlichen Geldbetrag verlangen. Bei der Beschädigung einer Sache schließt der nach Satz 1 erforderliche Geldbetrag die Umsatzsteuer nur mit ein, wenn und soweit sie tatsächlich angefallen ist.

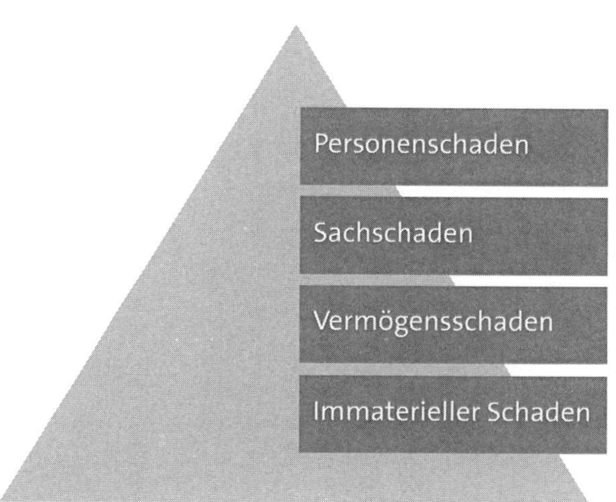

Abbildung 13: Schadensarten

Handelt es sich um einen immateriellen Schaden, so wird anstelle des Schadensersatzes Schmerzensgeld gewährt. Dies ist eine finanzielle Entschädigung z. B. für Verletzungen des Körpers. Für jegliche fahrlässige Pflichtverletzung aus einem Vertrag muss der Schuldner innerhalb eines Schuldverhältnisses grundsätzlich geradestehen.

BGB § 280 Schadensersatz wegen Pflichtverletzung
(1) Verletzt der Schuldner eine Pflicht aus dem Schuldverhältnis, so kann der Gläubiger Ersatz des hierdurch entstehenden Schadens verlangen. Dies gilt nicht, wenn der Schuldner die Pflichtverletzung nicht zu vertreten hat.

Dies betrifft uns insbesondere im Bereich der Arbeitnehmerhaftung. Denn wenn ein Arbeitnehmer einen Schaden verursacht, indem er eine Pflicht aus seinem Arbeitsvertrag verletzt hat (sowohl fahrlässig als auch vorsätzlich), so ist er unter Umständen für den Schadensersatz gegenüber dem eigenen Unternehmen haftbar zu machen. Im Bereich der Elektrotechnik könnte man das Ignorieren oder die Missachtung einer technischen Regel durchaus als Beispiel für eine arbeitsvertragliche Pflichtverletzung anführen.

1.7.8 Berechtigung zum selbständigen Betrieb und Kammerzugehörigkeit

Eine weitere Klarstellung erscheint mir sinnvoll und erforderlich. Die rechtliche Grundlage für die Ausübung eines Handwerks ist in Deutschland generell die Handwerksordnung (HwO). Mit dem „Gesetz zur Änderung der Handwerksordnung und zur Förderung von Kleinunternehmen" und dem parallel dazu in Kraft getretenen „Dritten Gesetz zur Änderung der Handwerksordnung und anderer handwerksrechtlicher Vorschriften" wurde das Handwerksrecht im Dezember 2003 deutlich gelockert, um den Weg in die Selbständigkeit zu erleichtern.

Die HwO enthält in der Anlage A ein Verzeichnis derjenigen Gewerbe, die nur mit entsprechendem Meisterbrief als Handwerk betrieben werden dürfen. Diese Gewerbe sind zulassungspflichtige Handwerke in sogenannten „gefahrgeneigten Berufen". Dazu gehören unstrittig alle elektrotechnischen Arbeiten.
In der Anlage B sind in Abschnitt I die zulassungsfreien Handwerke aufgelistet, die keinen Meisterbrief mehr für die Selbständigkeit erfordern. In Abschnitt II sind handwerksähnliche Gewerbe aufgeführt, für die keine besondere Befähigung zu ihrer Ausübung erforderlich ist.
Die HwO definiert einen Gewerbebetrieb dann als Handwerksbetrieb, wenn er handwerksmäßig betrieben wird und ein Gewerbe vollständig umfasst, das in der Anlage A aufgeführt ist oder Tätigkeiten ausgeübt werden, die für dieses Gewerbe wesentlich sind.

HWO § 1
(1) Der selbständige Betrieb eines zulassungspflichtigen Handwerks als stehendes Gewerbe ist nur den in der Handwerksrolle eingetragenen natürlichen und juristischen Personen und Personengesellschaften gestattet. Personengesellschaften im Sinne dieses Gesetzes sind Personenhandelsgesellschaften und Gesellschaften des bürgerlichen Rechts.

(2) Ein Gewerbebetrieb ist ein Betrieb eines zulassungspflichtigen Handwerks, wenn er handwerksmäßig betrieben wird und ein Gewerbe vollständig umfasst, das in der Anlage A aufgeführt ist, oder Tätigkeiten ausgeübt werden, die für dieses Gewerbe wesentlich sind (wesentliche Tätigkeiten). [...]

Erst wenn ein Gewerbebetrieb weder der Anlage A noch der Anlage B zugeordnet werden kann, wird er nach dem „Gesetz zur vorläufigen Regelung des Rechts der Industrie- und Handelskammern" (IHKG) Mitglied der IHK.

Betriebe, die sowohl IHK-zugehörige Tätigkeiten als auch handwerkliche Tätigkeiten ausüben, werden als Mischbetriebe bezeichnet. Diese Betriebe gehören beiden Kammern an, wobei allerdings eine Beitragspflicht zur IHK erst dann besteht, wenn der Jahresumsatz im nicht handwerklichen Betriebsteil einen festgelegten Betrag übersteigt. Betriebe, die sowohl IHK-zugehörige Tätigkeiten als auch handwerksähnliche Tätigkeiten ausüben, sind nach der Rechtsprechung des Bundesverwaltungsgerichts ausschließlich IHK-zugehörig, sofern der nicht handwerksähnliche Betriebsteil dominiert.

Die Vorschriften der HwO gelten übrigens immer auch für handwerkliche Nebenbetriebe, die mit einem Unternehmen der Industrie verbunden sind.

Und dann gibt es auch noch den sogenannten Hilfsbetrieb. Dieser wird nicht für Dritte, sondern lediglich für den Hauptbetrieb tätig. Er dient ausschließlich der wirtschaftlichen Zweckbestimmung des Hauptbetriebes. Ein Hilfsbetrieb unterliegt nicht der Meisterpflicht bzw. der Eintragung in die Handwerksrolle.

Fazit:
Wer ein zulassungspflichtiges Handwerk als stehendes Gewerbe ausüben will – auch wenn es sich nur um einen Nebenbetrieb handelt – bedarf der Eintragung in die Handwerksrolle. In diese wird in der Regel nur eingetragen, wer in dem entsprechenden Handwerk die Meisterprüfung abgelegt und bestanden hat. Nur für einen Hilfsbetrieb ist keine Eintragung und demnach auch kein Meisterbrief erforderlich.

Branchenfremdes Beispiel:
Jemand eröffnet einen PKW-Handel (Neu- und Gebrauchtwagen). Dieser Betrieb ist in der Regel ein IHK-zugehöriger Betrieb und unterliegt nicht der HwO.

Um die zum Verkauf vorgesehenen Autos in Ordnung zu bringen, gibt es eine KFZ-Werkstatt. Solange in dieser nur die eigenen, zum Verkauf vorgesehenen KFZ gewartet und repariert werden, ist keine Eintragung erforderlich, da es sich um einen **Hilfsbetrieb** handelt. Werden jedoch nicht betriebseigene KFZ von „Dritten“ gewartet und repariert, so wird dieser Betrieb zu einem zulassungspflichtigen **Nebenbetrieb** und es muss einen KFZ-Meister und eine Eintragung in die Handwerksrolle geben.

In dem Fall, dass man zur Versorgung von (potenziellen) Kunden noch eine Bäckerei innerhalb des Autohauses eröffnet, handelt es sich um einen komplett **eigenständigen**

Betrieb, der gemäß HwO ebenfalls der Meisterpflicht unterliegt und in die Handwerksrolle einzutragen ist. Dies ist immer dann der Fall, wenn ein wirtschaftlich-technischer Zusammenhang fehlt.

Beispiel für die Veranstaltungstechnik:
Ein selbständiger Einzelunternehmer in der Veranstaltungstechnik (SEU) ist in der Regel ein IHK-zugehöriger Betrieb. Solange er im Rahmen seiner Tätigkeit als Veranstaltungstechniker elektrotechnische Arbeiten geringen Umfangs durchführt, die seinem Betrieb oder der Erfüllung seines Werkvertrags dienen, unterliegt er nicht der HwO, da es sich um einen Hilfsbetrieb handelt.

Wenn er jedoch elektrotechnische Tätigkeiten oder Dienstleistungen an Dritte anbietet, fällt er sofort unter die HwO und benötigt somit die Eintragung in die Handwerksrolle und dazu in der Regel einen Meisterbrief der Elektrotechnik.

Eine „selbständige Elektrofachkraft“ ohne Eintragung in die Handwerksrolle gibt es nicht!

Wenn dieser Mensch nun seine Selbständigkeit aufgibt und sich in einem Unternehmen für Veranstaltungstechnik sozialversicherungspflichtig beschäftigen lässt, kann er für dieses Unternehmen als Elektrofachkraft tätig werden, sofern er über die dafür erforderlichen Kompetenzen verfügt. Und an dieser Stelle kommt nun der Branchenstandard SQQ1 ins Spiel, denn für elektrotechnische Tätigkeiten sind besondere Kompetenzen erforderlich. Der Mindestumfang der Kompetenzen für den Einsatz als Elektrofachkraft im Arbeitsgebiet Veranstaltungstechnik und der Umfang für diesbezügliche Qualifizierungsmaßnahmen werden im SQQ1 beschrieben. Somit kann der Unternehmer seiner Auswahlverantwortung gerecht werden. Dieses Unternehmen erbringt dann in der Regel technische Dienstleistungen, die auch elektrische Arbeiten (untergeordnet) enthalten, und ist demnach der IHK zuzuordnen. Zum Ausführen dieser Tätigkeiten werden dann benannte Elektrofachkräfte des Unternehmens oder SEU mit entsprechenden Kompetenzen als Erfüllungsgehilfen eingesetzt. Reine elektrotechnische Aufträge in mehr als geringem Umfang dürfen auch von diesem Unternehmen nur dann durchgeführt werden, wenn es in der Handwerksrolle (Meisterpflicht) eingetragen ist. Somit ist eindeutig geregelt, dass man sich als Betrieb „Elektrotechnik für Veranstaltungstechnik“ nur dann selbständig machen kann, wenn man als Elektromeister in der Handwerksrolle eingetragen ist. Auf der anderen Seite darf man als Gewerbebetrieb „Veranstaltungstechnik“ nicht in dem Bereich Elektrotechnik vollumfänglich tätig werden.

1.7.9 Zusammenfassung

Die generelle Verantwortung trägt zunächst immer der Unternehmer. Durch schriftliche Pflichtenübertragung können Verantwortungsbereiche auf andere Personen übertragen werden, so dass eine verantwortliche Elektrofachkraft im übertragenen Verantwortungsbereich neben dem Unternehmer verantwortlich ist. Wird keine verantwortliche Elektrofachkraft bestellt, so trägt der Unternehmer die alleinige Verantwortung auch für den elektrotechnischen Betriebsteil. Wenn er dazu fachlich nicht in der Lage ist, könnte dies ein Organisationsverschulden darstellen.

Ein Organisationsmangel (Organisationsverschulden) liegt auch dann vor, wenn für eine bestimmte Aufgabe beispielsweise niemand vorgesehen ist oder wenn die Zahl sachkundiger Beschäftigter zu gering bemessen wird, so dass im Einzelfall auch unerfahrene Personen mitwirken müssen." (BGB kompakt Dr. Wolfgang Däubler, Deutscher Taschenbuch Verlag, 3. Auflage 2008, Kapitel 27, RN 16)

Zurück zur Praxis und Platz 4 der Top 12: „Als Meister oder Elektrofachkraft stehst du sowieso immer mit einem Bein im Gefängnis!"
Das ist Unsinn und führt nicht gerade zu einem guten Standing in der Branche. Ganz im Gegenteil: Solche Aussagen schaffen Verunsicherung und Angst! Und Angst ist ein sehr schlechter Ratgeber.

Grundsätzlich gilt immer: **Keine Haftung ohne Verschulden!**

Wer über entsprechende Kompetenzen verfügt oder eine Qualifikation hat und sich pflichtgemäß und verantwortungsbewusst verhält, der haftet zunächst auch nicht für einen entstandenen Schaden. Jeder, der eine verantwortliche Position innehat, kann einen eventuellen Schuldvorwurf von vornherein ausschließen oder zumindest extrem reduzieren, wenn er die ihm obliegenden Pflichten erfüllt hat. Dazu gehört als Elektrofachkraft, neben dem Erlangen der erforderlichen Kompetenzen und einer Ausgangsqualifikation, dass man fachgerecht und sicherheitsbewusst handelt. Man muss die gesetzlichen Vorgaben erfüllen, die Unfallverhütungsvorschriften einhalten und die elektrotechnischen Regeln beachten.

In der konkreten Ausführung hat man als Fachmann aber auch große Freiheiten, innerhalb des durch die Gesetze und Normen vorgegebenen Rahmens kreativ und selbstbestimmt zu agieren. Diese Freiheiten nutzen wir, damit die von uns betreuten Events, Veranstaltungen, Konzerte oder Filme genauso so einzigartig werden, wie sie es verdient haben.

Obwohl es bei mobilen elektrischen Anlagen in der Veranstaltungstechnik im Prinzip „nur“ darum geht, elektrische Energie von A nach B zu bringen, sieht die Praxis ganz anders aus. Und nur aufgrund der erlangten Kompetenzen und der Erfahrung sind wir in der Lage, besondere Anforderungen innerhalb knapper zeitlicher Grenzen und unter dem ständigen Hinarbeiten auf eine Deadline (Top 12, Platz 5: „Um 20:00 Uhr geht der Vorhang auf!“) zu erfüllen. Jede Veranstaltung und jede Messe haben ihre eigenen Herausforderungen, die von uns tagtäglich gemeistert werden! Und wir haben die Verantwortung für die Sicherheit und Funktion der elektrischen Anlagen, dafür aber auch das Erfolgserlebnis, dass durch unsere Kompetenz und Erfahrung ein Projekt erfolgreich und sicher über die Bühne gegangen ist. Natürlich sollte man sich in dem entsprechenden Gebiet sicher fühlen und auch regelmäßig an Fortbildungen teilnehmen.

Die Gefahr, eingesperrt zu werden – um nochmal auf Platz 4 meiner Top 12 zurückzukommen – taucht erst dann auf, wenn man im Bereich des Strafrechts fahrlässig oder vorsätzlich handelt – und das lässt sich in den meisten Fällen verhindern. Insbesondere wenn man sich Gedanken macht, Schlussfolgerungen zieht und diese dokumentiert, ist der Vorwurf der Fahrlässigkeit oder gar des Vorsatzes leicht auszuräumen.

Der gesunde Menschenverstand in Zusammenhang mit einem guten Bauchgefühl ist ein deutlich besserer Berater als Angst oder Hoffnung. Und wenn einen schon das Gefühl beschleicht, dass etwas nicht so ist, wie man es gerne hätte oder wie es sein sollte, dann muss man auf dieses Gefühl hören und eine Entscheidung treffen – auch wenn sie unter Umständen bei anderen nicht gut ankommt oder unbequem ist. Einfach nur zu hoffen oder auf eine höhere Macht zu vertrauen, dass schon alles gut werden wird, ist falsch und mindestens grob fahrlässig. Erst wenn wir das berücksichtigen, handeln wir verantwortungsvoll.

Vor allem sollte man jedoch die Finger von Sachen lassen, von denen man keine Ahnung hat oder bei denen man sich nicht sicher ist. Hierzu kann man eine häufig gestellte Frage aus der Praxis als Beispiel anführen:

Wenn eine elektrotechnisch gut ausgebildete Fachkraft für Veranstaltungstechnik in einem Betrieb angestellt ist, der nie mit mobilen Stromerzeugungsaggregaten in Berührung gekommen ist, so ist diese Person zwar als Elektrofachkraft für Veranstaltungstechnik einzusetzen, keineswegs darf sie aber ohne weitere Maßnahmen mit der Stromversorgung per Stromerzeuger einfach so beauftragt werden. Ihr fehlen eindeutig die Kenntnisse und Erfahrungen und vermutlich sind auch die einschlägigen Vorschriften nicht ausreichend bekannt. Der Unternehmer würde sich bei der Beauftragung dieser Person des Auswahlverschuldens schuldig machen.

Auf der anderen Seite darf diese Person diesen Auftrag auch gar nicht annehmen, weil sie auf dem Gebiet eben keine Elektrofachkraft ist und sich somit nicht pflichtbewusst und sorgfältig, sondern mindestens fahrlässig verhalten würde.

Niemand kann in einer konkreten Situation besser beurteilen als man selbst, ob die vorliegende Aufgabe pflichtbewusst und sicher erledigt werden kann oder eher nicht.
Die Einstellung „Versuchs doch einfach" ist im Bereich der Energieversorgung von Veranstaltungen auf jeden Fall fehl am Platze!

Zu guter Letzt möchte ich hier die DIN 15750 (Dienstleistungen in der Veranstaltungstechnik) nicht unerwähnt lassen. In dieser Norm werden Leitlinien für die wahrzunehmenden Verantwortlichkeiten aller Beteiligten (z. B. Veranstalter, Betreiber, Dienstleister) zur Durchführung von Veranstaltungen festgelegt. Das Ziel dieser Norm ist, durch qualitätsorientierte Dienstleistungen die Betriebssicherheit und den Schutz von Personen und Sachen bei Veranstaltungen zu gewährleisten. In dieser Norm, die speziell für die Anforderungen der Veranstaltungsbranche geschrieben wurde, wird u. a. darauf hingewiesen,

- dass der Auftraggeber sicherzustellen hat, dass nur geeignete, d. h. zuverlässige, fach- und sachkundige Auftragnehmer, beauftragt werden, und

- dass der Auftragnehmer die Verantwortung für die Erbringung der beauftragten Leistung trägt. Er muss dem Auftraggeber gegenüber sicherstellen, dass er die gesetzlichen Vorschriften, Bestimmungen der gesetzlichen Unfallversicherungsträger sowie die anerkannten Regeln der Technik, insbesondere für die eingesetzten Arbeitsmittel und Personal, einhält.

Die Ausführung der Leistung muss von einer zuverlässigen und fachkundigen Person des Auftragnehmers geleitet und beaufsichtigt werden.

Kapitel

2

Prüfung elektrischer Betriebsmittel und Anlagen

Jedes technische Gerät unterliegt naturgemäß einem Verschleiß. Dieser hat nicht nur Auswirkungen auf die Funktion des Gerätes und wird somit unmittelbar wahrgenommen (es geht nicht mehr oder verhält sich komisch), sondern auch auf die Sicherheit. Ein „nur" sicherheitstechnisch defektes Gerät wird vom Benutzer in den seltensten Fällen identifiziert, so lange es funktioniert und noch das tut, was es soll. Es stellt somit eine Gefährdung dar.

Darüber hinaus kann ein defektes Gerät den normalen Betriebsablauf stören und zu Verzögerungen im Zeitplan führen. Die Veranstaltungstechnikbranche ist in vielerlei Hinsicht eine extrem funktionsorientierte Branche. Da wir häufig unter Zeitdruck arbeiten, wird zunächst immer auf das offensichtliche Funktionieren hingearbeitet:

- Eine Beschallungsanlage ist in Ordnung, wenn das erwartete Geräusch zu hören ist.

- Die Movinglights sind nicht zu bemängeln, wenn die Bewegungen und Farbwechsel in der erwarteten Weise erfolgen.

- Das Videogewerk ist zufrieden, wenn ein störungsfreies Bild sichtbar ist.

- Die elektrische Anlage wird an den Benutzer übergeben, wenn die Spannung zwischen L und N in etwa 230 V beträgt.

Bei Erst- und Wiederholungsprüfungen von Anlagen und Betriebsmitteln soll jedoch vordergründig nicht die Funktion bei bestimmungsgemäßem Gebrauch nachgewiesen werden: Prüfungen gewährleisten Sicherheit und Gesundheit bei der Arbeit!

2.1 DGUV Vorschrift 3 und BetrSichV

Schon seit Jahrzehnten werden Prüfungen elektrischer Anlagen und Betriebsmittel von der DGUV Vorschrift 3 (früher auch VBG 4, BGV A 2, BGV A 3) gefordert. Im Frühjahr 2009 wurde angekündigt, diese Unfallverhütungsvorschrift in 2009 oder 2010 ersatzlos zurückzuziehen. Das habe ich in "Strom zum Anfassen" seinerzeit auch genauso geschrieben. Aber Totgesagte leben länger - nach nunmehr über zehn Jahren ist uns diese DGUV Vorschrift immer noch in unverändertem Wortlaut erhalten geblieben – und über eine Streichung wird derzeit kaum noch ernsthaft diskutiert.

Aber sie hat im Rahmen der Neuregelung des Arbeitsschutzes bereits im Jahr 2002 Unterstützung durch eine staatliche Verordnung mit respektablem Titel bekommen: **„Verordnung über Sicherheit und Gesundheitsschutz bei der Bereitstellung von Arbeitsmitteln und deren Benutzung bei der Arbeit, über Sicherheit im Betrieb überwachungsbedürftiger Anlagen und über die Organisation des betrieblichen Arbeitsschutzes (Betriebssicherheitsverordnung – BetrSichV)".**

Diese Verordnung wurde mittlerweile komplett überarbeitet und ist im Juni 2015 unter dem gekürzten Titel **„Verordnung über Sicherheit und Gesundheitsschutz bei der Verwendung von Arbeitsmitteln (Betriebssicherheitsverordnung – BetrSichV)"** neu erschienen. Somit haben wir in Bezug auf das Prüfen immer noch mit zwei unabhängigen und konkurrierenden Vorschriften zu kämpfen, die jedoch im Kern das gleiche Schutzziel verfolgen. Welche Vorschrift ist unter welchen Bedingungen zu welchem Zeitpunkt relevant? In Hinblick auf die Ahndung und etwaige rechtliche Konsequenzen könnte man der BetrSichV sicher eine etwas höhere Relevanz als der DGUV Vorschrift 3 zuschreiben. Denn die BetrSichV sieht auch Straftaten vor, während die DGUV Vorschrift 3 das „Nichtprüfen" lediglich mit einer Ordnungswidrigkeit belegt.

DGUV Vorschrift 3 § 9 Ordnungswidrigkeiten
Ordnungswidrig im Sinne des § 209 Abs. 1 Nr. 1 Siebtes Buch Sozialgesetzbuch (SGB VII) handelt, wer vorsätzlich oder fahrlässig den Vorschriften der § 3, § 5 Abs. 1 bis 3, § 6, § 7 zuwiderhandelt.

BetrSichV § 22 Ordnungswidrigkeiten
(1) Ordnungswidrig im Sinne des § 25 Absatz 1 Nummer 1 des Arbeitsschutzgesetzes handelt, wer vorsätzlich oder fahrlässig [...] ein Arbeitsmittel nicht oder nicht rechtzeitig prüfen lässt.

> ***BetrSichV § 23 Straftaten***
> *(1) Wer durch eine in § 22 Absatz 1 bezeichnete vorsätzliche Handlung Leben oder Gesundheit eines Beschäftigten gefährdet, ist nach § 26 Nummer 2 des Arbeitsschutzgesetzes strafbar.*

Weiterhin hat die Gemeinsame Deutsche Arbeitsschutzstrategie (GDA) in Ihrem Leitlinienpapier zur Neuordnung des Vorschriften- und Regelwerks im Arbeitsschutz definiert, dass

1. das Leitprinzip ist, dass staatliche Vorschriften sowie das Regelwerk staatlicher Ausschüsse vorrangige Instrumente zur Förderung von Sicherheit und Gesundheit bei der Arbeit sind (Vorrangprinzip für staatliche Vorschriften).

2. Unfallverhütungsvorschriften zukünftig nur dann und dort erlassen werden können, wenn es keine staatlichen Vorschriften gibt, es nicht zweckmäßig ist, eine Regelung in staatlichen Vorschriften oder Regeln zur treffen und eine Bedarfsprüfung ergeben hat, dass eine Unfallverhütungsvorschrift das geeignete Regelungsinstrument ist (Bedarfsprüfung für Unfallverhütungsvorschriften).

Wenn wir allerdings die in Kapitel 1 angesprochene Anwendungsregel „Lex specialis derogat legi generali" (das speziellere Gesetz verdrängt die allgemeinen Gesetze) berücksichtigen, verhält es sich genau anders herum, denn beide Rechtsnormen stehen auf derselben Rangstufe und kollidieren miteinander. Die DGUV Vorschrift 3 ist speziell für den Sachverhalt „Prüfen elektrischer Anlagen und Betriebsmittel" anzuwenden (lex specialis), während die BetrSichV sich auf die Prüfung von allen Arbeitsmitteln bezieht und somit eher als eine allgemeinere Regel (lex generalis) anzusehen ist.

Abbildung 14: Folgen des Nichtprüfens

Ein Unternehmer ist dazu verpflichtet, sich um die Sicherheit und Gesundheit seiner Beschäftigten bei der Arbeit zu kümmern. Somit hat er selbstverständlich auch dafür Sorge zu tragen, dass von den zu benutzenden Arbeitsmitteln keine Gefahr ausgeht. Die Organisation der dazu erforderlichen Prüfungen im betrieblichen Ablauf ist ebenfalls Aufgabe des Unternehmers. Natürlich muss diese Aufgabe nicht notwendigerweise von ihm persönlich durchgeführt werden, sondern kann auch an eine geeignete Person delegiert werden.

Die BetrSichV und die DGUV Vorschrift 3 unterscheiden sich – bezogen auf die gängige Praxis, elektrische Betriebsmittel zu prüfen – neben der bereits angesprochenen Ahndung auch geringfügig in den folgenden Punkten:

1. Prüffrist
2. Prüfumfang
3. Prüfer
4. Dokumentation

Der wichtigste Unterschied besteht meiner Meinung jedoch im unterschiedlichen Geltungsbereich. Denn die DGUV Vorschrift 3 ist für elektrische Betriebsmittel und Anlagen anzuwenden, während die BetrSichV nur für Arbeitsmittel, nicht aber für den Bereich der (ortsfesten) elektrischen Anlagen gilt. Dafür ist die Arbeitsstättenverordnung (ArbstättV) zu Rate zu ziehen, sofern es sich um gewerbliche Nutzung handelt.
Private Gebäude bzw. private Nutzung gemieteter Gebäude oder Räumlichkeiten unterliegen in Deutschland keiner Vorschrift in Bezug auf das Prüfen der darin installierten elektrischen Anlage und der Betriebsmittel. Das ist sogar höchstrichterlich bestätigt worden, wie der Mitteilung Nr. 192/2008 der Pressestelle vom Bundesgerichtshof zu entnehmen ist:

Keine Verpflichtung des Vermieters zur regelmäßigen Generalinspektion der Elektroleitungen und Elektrogeräte in der Mietwohnung
Der Bundesgerichtshof hatte darüber zu entscheiden, ob dem Vermieter von Wohnraum im Rahmen seiner Verkehrssicherungspflicht eine regelmäßige Generalinspektion der Elektroleitungen und Elektrogeräte in den Wohnungen der Mieter obliegt.
Der Kläger nimmt den Beklagten, seinen Vermieter, auf Schadenersatz wegen eines Brandes in Anspruch. In der neben der Wohnung des Klägers liegenden Mietwohnung kam es am 20. Juli 2006 im Bereich der Kochnische zu einem Brand. Der Kläger behauptet, der Brand sei durch einen technischen Defekt mit Kurzschluss im Bereich der Dunstabzugshaube verursacht worden. Er hat wegen der Beschädigung ihm gehören-

der Sachen Schadenersatz in Höhe von 2.630 Euro nebst Zinsen und Erstattung vorgerichtlicher Anwaltskosten geltend gemacht. Das Amtsgericht hat der Klage teilweise stattgegeben. Auf die Berufung des Beklagten hat das Landgericht die Klage insgesamt abgewiesen. Mit der zugelassenen Revision erstrebt der Kläger die Wiederherstellung des amtsgerichtlichen Urteils.
Der u. a. für das Wohnraummietrecht zuständige VIII. Zivilsenat des Bundesgerichtshofs hat entschieden, dass dem Kläger wegen der Schäden, die ihm infolge des in der Nachbarwohnung ausgebrochenen Brandes an seinem Eigentum entstanden sind, kein Schadenersatzanspruch gegen den beklagten Vermieter zusteht. Der Beklagte war nicht verpflichtet, die Elektroleitungen und elektrischen Anlagen in den von ihm vermieteten Wohnungen ohne konkreten Anlass oder Hinweis auf Mängel einer regelmäßigen Überprüfung durch einen Elektrofachmann zu unterziehen. Zwar trifft den Vermieter die vertragliche Nebenpflicht, die Mietsache in einem verkehrssicheren Zustand zu erhalten. Diese Pflicht erstreckt sich grundsätzlich auf alle Teile des Hauses. Ihm bekannt gewordene Mängel, von denen eine Gefahr für die Mietwohnungen ausgehen kann, muss der Vermieter deshalb unverzüglich beheben. Er muss im Rahmen seiner Verkehrssicherungspflicht aber keine regelmäßige Generalinspektion vornehmen. Im Einzelfall mögen zwar besondere Umstände, wie zum Beispiel ungewöhnliche oder wiederholte Störungen, Anlass bieten, nicht nur einen unmittelbar zu Tage getretenen Defekt zu beheben, sondern eine umfassende Inspektion der gesamten Elektroinstallation durchzuführen. Solche Umstände waren hier aber nicht festgestellt. Der Bundesgerichtshof hat die Revision deshalb zurückgewiesen.

Sofern elektrische Anlagen oder ihre Bestandteile allerdings für die Arbeit verwendet werden, also im weiteren Sinne eine Art Arbeitsmittel sind, fallen sie wieder unter die BetrSichV. Das trifft auf einen Großteil der mobilen elektrischen Anlagen für Veranstaltungstechnik (und natürlich deren Bestandteile) zu.

Somit haben wir gleichwohl zwei Vorschriften, die das Prüfen von Arbeitsmitteln bzw. elektrischen Betriebsmitteln fordern (BetrSichV und DGUV Vorschrift 3), jedoch nur eine, wenn es um (ortsfeste) elektrische Anlagen geht (DGUV Vorschrift 3).

Aufgrund des sehr ausführlichen Textes der BetrSichV verzichte ich hier weitestgehend auf das Zitieren kompletter Paragrafen. Die Kerninhalte der beiden Vorschriften in Bezug auf das Prüfen folgen allerdings im Originalwortlaut zur besseren Vergleichbarkeit. Wie der weitere Umgang damit sein könnte, erläutere ich anschließend näher.

BetrSichV § 14 Prüfung von Arbeitsmitteln

(1) Der Arbeitgeber hat Arbeitsmittel, deren Sicherheit von den Montagebedingungen abhängt, vor der erstmaligen Verwendung von einer zur Prüfung befähigten Person prüfen zu lassen. Die Prüfung umfasst Folgendes:

1. *die Kontrolle der vorschriftsmäßigen Montage oder Installation und der sicheren Funktion dieser Arbeitsmittel,*
2. *die rechtzeitige Feststellung von Schäden,*
3. *die Feststellung, ob die getroffenen sicherheitstechnischen Maßnahmen wirksam sind.*

Prüfinhalte, die im Rahmen eines Konformitätsbewertungsverfahrens geprüft und dokumentiert wurden, müssen nicht erneut geprüft werden. Die Prüfung muss vor jeder Inbetriebnahme nach einer Montage stattfinden.

(2) Arbeitsmittel, die Schäden verursachenden Einflüssen ausgesetzt sind, die zu Gefährdungen der Beschäftigten führen können, hat der Arbeitgeber wiederkehrend von einer zur Prüfung befähigten Person prüfen zu lassen. Die Prüfung muss entsprechend den nach § 3 Absatz 6 ermittelten Fristen stattfinden. Ergibt die Prüfung, dass die Anlage nicht bis zu der nach § 3 Absatz 6 ermittelten nächsten wiederkehrenden Prüfung sicher betrieben werden kann, ist die Prüffrist neu festzulegen.

(3) Arbeitsmittel, die von Änderungen oder außergewöhnlichen Ereignissen betroffen sind, die schädigende Auswirkungen auf ihre Sicherheit haben können, durch die Beschäftigte gefährdet werden können, hat der Arbeitgeber unverzüglich einer außerordentlichen Prüfung durch eine zur Prüfung befähigte Person unterziehen zu lassen. Außergewöhnliche Ereignisse können insbesondere Unfälle, längere Zeiträume der Nichtverwendung der Arbeitsmittel oder Naturereignisse sein.

DGUV Vorschrift 3 § 5 Prüfungen

(1) Der Unternehmer hat dafür zu sorgen, dass die elektrischen Anlagen und Betriebsmittel auf ihren ordnungsgemäßen Zustand geprüft werden

1. *vor der ersten Inbetriebnahme und nach einer Änderung oder Instandsetzung, vor der Wiederinbetriebnahme durch eine Elektrofachkraft oder unter Leitung und Aufsicht einer Elektrofachkraft und*
2. *in bestimmten Zeitabständen.*

Die Fristen sind so zu bemessen, dass entstehende Mängel, mit denen gerechnet werden muss, rechtzeitig festgestellt werden.

(2) Bei der Prüfung sind die sich hierauf beziehenden elektrotechnischen Regeln zu beachten.

(3) Auf Verlangen der Berufsgenossenschaft ist ein Prüfbuch mit bestimmten Eintragungen zu führen.

(4) Die Prüfung vor der ersten Inbetriebnahme nach Absatz 1 ist nicht erforderlich, wenn dem Unternehmer vom Hersteller oder Errichter bestätigt wird, dass die elektrischen Anlagen und Betriebsmittel den Bestimmungen dieser Unfallverhütungsvorschrift entsprechend beschaffen sind.

2.2 Technische Regeln für Betriebssicherheit (TRBS)

Die TRBS werden vom Ausschuss für Betriebssicherheit (angesiedelt beim Bundesministerium für Arbeit und Soziales – BMAS) erstellt und konkretisieren die BetrSichV hinsichtlich der Ermittlung und Bewertung von Gefährdungen sowie der Ableitung von geeigneten Maßnahmen. Sie enthalten gesicherte arbeitswissenschaftliche Erkenntnisse, die dem Stand der Technik für die Bereitstellung und Benutzung von Arbeitsmitteln entsprechen. Beim Umsetzen der in den TRBS beispielhaft genannten Maßnahmen kann man insoweit die Vermutung der Einhaltung der Vorschriften der BetrSichV für sich geltend machen. Wählt man stattdessen eine andere Lösung, so ist die gleichwertige Erfüllung der BetrSichV schriftlich nachzuweisen. Im März 2019 sind die für technische Prüfungen relevanten TRBS 1201 und 1203 neu überarbeitet erschienen.

2.2.1 TRBS 1201

Die TRBS 1201 „Prüfungen und Kontrollen von Arbeitsmitteln und überwachungsbedürftigen Anlagen“ aus dem März 2019 konkretisiert die BetrSichV hinsichtlich

- der Ermittlung und Festlegung von Art, Umfang und Fristen erforderlicher Prüfungen und Kontrollen sowie deren Durchführung,
- der Verfahrensweise zur Festlegung von Personen, die Prüfungen oder Kontrollen durchführen, und
- der Erstellung der Dokumentation.

Die TRBS 1201 unterscheidet auf Grundlage der BetrSichV:

1. Ordnungsprüfung

Bei der Ordnungsprüfung wird z. B. festgestellt, ob

- die zur Durchführung der Prüfung erforderlichen Unterlagen (z. B. Betriebsanweisung, Gebrauchsanleitung) vorhanden und plausibel sind,
- der Prüfumfang und die Prüffrist definiert sind,
- das Arbeitsmittel gemäß dem Ergebnis der Gefährdungsbeurteilung eingesetzt und verwendet wird,

- die technischen Unterlagen mit der Ausführung übereinstimmen,
- die Beschaffenheit des Prüfgegenstandes oder die Betriebsbedingungen seit der letzten Prüfung geändert worden sind.

2. Technische Prüfung

Bei der technischen Prüfung werden die sicherheitstechnisch relevanten Merkmale des Arbeitsmittels auf Vorhandensein, Zustand und Funktionsfähigkeit mit geeigneten Verfahren geprüft. Hierzu gehören insbesondere

- die Sichtprüfung,
- die Prüfung der Funktionsfähigkeit der Schutz- und Sicherheitseinrichtungen,
- eine Prüfung mit Mess- und Prüfmitteln,
- eine Funktionsprüfung der Schutz- und Sicherheitseinrichtungen.

3. Kontrolle

Unter der Kontrolle eines Arbeitsmittels versteht man im Vergleich zu einer Prüfung die Feststellung offensichtlicher Mängel, durch die eine sichere Verwendung nicht mehr gewährleistet werden kann. Kontrollen erfolgen in der Regel ohne Hilfsmittel. Bezogen auf elektrische Arbeitsmittel ist die Kontrolle gemäß BetrSichV bzw. TRBS 1201 gleichzusetzen mit der Sichtprüfung vor Benutzung durch den Anwender (siehe auch Kapitel 2.8). Bei der Festlegung von erforderlichen Prüfungen und Kontrollen im Rahmen der Gefährdungsbeurteilung sind neben der BetrSichV bzw. den TRBS immer auch Informationen des Herstellers (z. B. Betriebsanleitung) und andere Erkenntnisquellen (z. B. Regelwerke der gesetzlichen Unfallversicherungsträger, der Länder sowie der Bundesanstalt für Arbeitsschutz und Arbeitsmedizin-BAuA oder Branchenstandards) zu berücksichtigen.

Eine **Prüfung** besteht aus einer Ordnungsprüfung und einer technischen Prüfung. Die zu prüfenden Merkmale sind durch eine Gefährdungsbeurteilung unter Berücksichtigung der bestimmungsgemäßen Verwendung festzulegen.

Prüfungen dürfen sowohl als Kombination von verschiedenen Prüfverfahren als auch in mehreren aufeinander abgestimmten Teilprüfungen durchgeführt werden. Teilprüfungen dürfen zu unterschiedlichen Zeitpunkten durchgeführt werden, müssen aber innerhalb der festgesetzten maximalen Prüffrist abgeschlossen sein.

Art und Umfang der erforderlichen **Kontrollen** werden ebenfalls im Rahmen der Gefährdungsbeurteilung ermittelt. Bei Kontrollen auf offensichtliche Mängel ist in der Regel davon auszugehen, dass vom Arbeitsmittel ausgehende Gefährdungen ohne oder mit einfachen Hilfsmitteln feststellbar sind, weil der Umfang der Kontrolle nur wenige Kontrollschritte umfasst und ein unsicherer Zustand leicht zu erkennen und einfach zu bewerten ist. Insbesondere Schutz- und Sicherheitseinrichtungen müssen einer regelmäßigen Kontrolle der Funktionsfähigkeit unterzogen werden.

Die **Prüffrist** ist der Zeitraum zwischen zwei Prüfungen und muss so festgelegt werden, dass das zu prüfende Arbeitsmittel (auch liebevoll „Prüfling" genannt) nach allgemein zugänglichen Erkenntnisquellen und betrieblichen Erfahrungen im Zeitraum zwischen zwei Prüfungen sicher benutzt werden kann.
Für die jeweilige Prüfung sollen Prüfart, Prüfumfang und Prüffrist unter Berücksichtigung der tatsächlich auftretenden Beanspruchungen festgelegt werden. Kriterien für die Festlegung von Prüffristen im Zuge einer Gefährdungsbeurteilung sind u. a.:

- Einsatzbedingungen, bei denen das Arbeitsmittel benutzt wird (z. B. Benutzungszeit je Tag, Qualifikation der Beschäftigten)
- Herstellerhinweise
- Unfallgeschehen oder Häufung von Mängeln an vergleichbaren Arbeitsmitteln

Aufgrund der Ergebnisse bereits durchgeführter Prüfungen kann für die Zukunft eine Anpassung (Verlängerung oder Verkürzung) der Prüffristen erfolgen.

Prüfungen von Arbeitsmitteln müssen durch zur Prüfung befähigte Personen (siehe TRBS 1203) durchgeführt werden. Die erforderliche Qualifikation einer zur Prüfung befähigten Person richtet sich nach der Schwierigkeit und Komplexität der Prüfaufgabe.

Bei den Prüfungen kann sich die **zur Prüfung befähigte Person** Ergebnisse und Aussagen anderer qualifizierter Personen zu Eigen machen. Die Bewertung der Prüfergebnisse obliegt der zur Prüfung befähigten Person.

Kontrollen von Arbeitsmitteln dürfen von besonders unterwiesenen Beschäftigten durchgeführt werden.

Der Unternehmer ist für die **Rahmenbedingungen** verantwortlich und hat die erforderlichen Voraussetzungen zu schaffen. Hierzu gehören:

- die Bereitstellung der für die Prüfung erforderlichen Hilfsmittel und Unterlagen
- die Gewährleistung der Zugänglichkeit des zu prüfenden Arbeitsmittels
- ausreichend bemessene Zeit für die Prüftätigkeit
- für die Prüfung geeignete und für den Prüfer sichere Arbeitsbedingungen

Eine **Dokumentation** muss der Art und dem Umfang der Prüfung angemessen sein und sollte mindestens die folgenden Angaben enthalten:

- Datum der Prüfung
- Art der Prüfung
- Anlass der Prüfung
- Prüfumfang
- Ergebnis der Prüfung
- Name und Unterschrift der zur Prüfung befähigten Person

Die Prüfungsergebnisse können auch in elektronischer Form dokumentiert werden. Der nach BetrSichV erforderliche Nachweis der durchgeführten Prüfung kann z. B. durch eine Prüfplakette, eine Stempelung, eine eindeutige Markierung oder eine Kopie der Prüfaufzeichnung erfolgen.
Für die Ergebnisse von Kontrollen besteht keine Dokumentationspflicht.

2.2.2 TRBS 1203

Die TRBS 1203 "Zur Prüfung befähigte Person" aus dem März 2019 konkretisiert die Anforderungen der BetrSichV an die Befähigung einer zur Prüfung befähigten Person. Der Unternehmer trägt die Auswahlverantwortung für die Personen, die mit der Durchführung von Prüfungen beauftragt werden. Er muss sicherstellen, dass die Befähigung der Schwierigkeit bzw. Komplexität der Prüfaufgabe angemessen ist, sodass die Prüfung sachgerecht durchgeführt werden kann. Die zur Prüfung befähigte Person muss so ausgewählt werden und qualifiziert sein, dass sie die ihr übertragenen Prüfaufgaben dem Stand der Technik entsprechend und mit dem entsprechenden Prüfumfang zuverlässig und sorgfältig durchführt.

Selbstverständlich können auch externe Personen oder Unternehmen mit Prüfungen beauftragt werden. Die Verantwortung für die ausreichende Qualifikation der jeweiligen zur Prüfung befähigten Person für die sachgerechte Durchführung der Prüfung verbleibt aber beim Unternehmer. Bei der Beauftragung müssen die erforderlichen Anforderungen an die Befähigung berücksichtigt werden.

Für die sichere Durchführung der Prüfungen sowie die Beurteilung des ordnungsgemäßen Zustands eines elektrischen Betriebsmittels sind eine hohe Qualifikation und weitreichende Kompetenzen des Prüfers notwendig. In vielen Fällen sind neben der elektrischen Sicherheit auch andere Gefährdungen bei der Beurteilung zu berücksichtigen, z. B. die Wirksamkeit einer mechanischen Schutzeinrichtung bei einer Kreissäge oder auch die eines UV-Filters in einem Tageslichtscheinwerfer. Unter Umständen kann es sogar während einer Prüfung zu einer Gefährdung des Prüfers kommen. Diese muss natürlich rechtzeitig erkannt werden, damit geeignete Schutzmaßnahmen getroffen werden können, bevor es zum Äußersten kommt. Man wird mir hoffentlich nicht widersprechen, wenn ich behaupte, dass zur sicherheitstechnischen Beurteilung elektrischer Betriebsmittel mindestens die Qualifikation einer Elektrofachkraft im entsprechenden Tätigkeitsbereich vorliegen muss.

Ein Blick in die Durchführungsanweisung zum § 5 der DGUV Vorschrift 3 verrät uns, dass auch elektrotechnisch unterwiesene Personen unter Leitung und Aufsicht einer Elektrofachkraft prüfen dürfen, solange geeignete Mess- und Prüfgeräte verwendet werden. Die Verantwortung für die ordnungsgemäße Durchführung der Prüfungen obliegt aber immer einer Elektrofachkraft. Dies steht mit der Forderung der BetrSichV im Einklang, dass die Beurteilung der Prüfergebnisse nur durch eine zur Prüfung befähigte Person gemäß TRBS 1203 erfolgen kann!

Möglich und häufig sinnvoll ist das Bilden eines Prüfteams. In diesem können einige Tätigkeiten von elektrotechnisch unterwiesenen Personen übernommen und so die zur Prüfung befähigte Person unterstützt werden. Die Verantwortung für die Sicherheit während der Prüfungsdurchführung und die Auswertung der Prüfergebnisse trägt dabei natürlich immer die zur Prüfung befähigte Person.
Die BetrSichV fordert drei Voraussetzungen für eine zur Prüfung befähigte Person:

BetrSichV § 2 Begriffsbestimmungen
(6) Zur Prüfung befähigte Person ist eine Person, die durch ihre Berufsausbildung, ihre Berufserfahrung und ihre zeitnahe berufliche Tätigkeit über die erforderlichen Kenntnisse zur Prüfung von Arbeitsmitteln verfügt [...].

Diese werden durch die TRBS 1203 in Bezug auf elektrotechnische Prüfungen konkretisiert und um einen weiteren Punkt ergänzt:

Abbildung 15: Zur Prüfung befähigte Person

1. Berufsausbildung

Die zur Prüfung befähigte Person für die Prüfung der Maßnahmen zum Schutz vor elektrischen Gefährdungen muss eine elektrotechnische Berufsausbildung abgeschlossen haben oder eine andere für die vorgesehenen Prüfaufgaben ausreichende elektrotechnische Qualifikation besitzen.

Beispiele für anerkannte Berufsausbildungen sind:

- Elektroniker der Fachrichtungen Energie- und Gebäudetechnik, Automatisierungstechnik oder Informations- und Telekommunikationstechnik
- Systemelektroniker
- Informationselektroniker Schwerpunkt Bürosystemtechnik oder Geräte- und Systemtechnik
- Elektroniker für Maschinen und Antriebstechnik
- vergleichbare industrielle oder handwerkliche Ausbildungen

2. Berufserfahrung

Die zur Prüfung befähigte Person muss für die Prüfung der Maßnahmen zum Schutz vor elektrischen Gefährdungen eine mindestens einjährige praktische Erfahrung mit der Errichtung, dem Zusammenbau oder der Instandhaltung von Arbeitsmitteln mit elektrischen Komponenten besitzen.

Die Anforderungen an die Berufserfahrung sind in der Regel erfüllt, wenn eine zur Prüfung befähigte Person über eine elektrotechnische Berufsausbildung und danach über eine mindestens einjährige praktische Erfahrung mit der Errichtung, dem Zusammenbau oder der Instandhaltung von vergleichbaren Arbeitsmitteln im Tätigkeitsfeld verfügt. Man kann nicht ruhigen Gewissens Erfahrungen mit Bürogeräten und Kaffeemaschinen gesammelt haben und anschließend nur noch Spezialgeräte der Veranstaltungstechnik prüfen wollen!

Bevor man allein loszieht (oder geschickt wird), um Prüfungen durchzuführen, sollte man ausreichend Prüf-Erfahrung gesammelt haben. Dazu gehören auch die erforderlichen Kompetenzen im Umgang mit den Mess- und Prüfgeräten sowie hinsichtlich der Bewertung von Prüfergebnissen. Berufserfahrung schließt auch das Beurteilungsvermögen ein, ob ein Prüfverfahren geeignet ist oder ob eventuelle Gefährdungen durch die Prüftätigkeit selbst oder das zu prüfende Betriebsmittel auftreten können.

3. Zeitnahe berufliche Tätigkeit
Geeignete zeitnahe berufliche Tätigkeiten können z. B. sein:
- Reparatur-, Service- und Wartungsarbeiten und abschließende Prüfung an elektrischen Geräten
- Prüfung elektrischer Betriebsmittel in der Industrie
- Instandsetzung und Prüfung von Arbeitsmitteln mit elektrischen Komponenten

Zur zeitnahen beruflichen Tätigkeit gehört die Durchführung von mehreren Prüfungen pro Jahr zum Erhalt der Prüfpraxis. Bei längerer Unterbrechung der Prüftätigkeit müssen unter Umständen neue Erfahrungen gesammelt und notwendige fachliche Kenntnisse aufgefrischt werden. Die zur Prüfung befähigte Person muss detaillierte elektrotechnische Kenntnisse über die Prüfaufgaben haben sowie die relevanten technischen Regeln kennen, um den sicheren Zustand eines Betriebsmittels beurteilen zu können.

Zusätzlich zu den drei hier aufgeführten Anforderungen muss die zur Prüfung befähigte Person ihre Kenntnisse der Elektrotechnik ständig aktualisieren, z. B. durch Teilnahme an fachspezifischen Schulungen oder an einem einschlägigen Erfahrungsaustausch. Beides kann auch innerbetrieblich erfolgen, wenn die erforderliche Fachkunde im Unternehmen zur Verfügung steht.

Nochmals in aller Deutlichkeit:
Das Prüfen ist eine extrem verantwortungsvolle Aufgabe. Die beste Elektrofachkraft mit viel branchenspezifischer Erfahrung ist gerade gut genug, um als zur Prüfung befähigte Person eingesetzt zu werden! Die erforderlichen Kompetenzen erlangt man keinesfalls

nur durch Berufspraxis und durch die (einmalige) Teilnahme an einer wie auch immer genannten Schulungsmaßnahme mit einer Dauer von wenigen Tagen! Auch wenn man immer wieder lesen kann, dass einige Bildungsträger solche Kurse anbieten.
Allein die Tatsache, dass man eine elektrotechnische Tätigkeit bereits seit Jahren ausführt, reicht ebenfalls nicht aus, um die Qualifikation einzufordern bzw. sozusagen automatisch verliehen zu bekommen. Wenn man jahrelang unfallfrei ohne entsprechenden Führerschein einen LKW gefahren hat, bekommt man die Fahrerlaubnis auch nicht einfach so ausgehändigt – eher im Gegenteil ...

Weisungsfreiheit und Verantwortung
Die zur Prüfung befähigte Person unterliegt bei ihrer Prüftätigkeit keinen fachlichen Weisungen und darf wegen dieser Tätigkeit auch nicht benachteiligt werden. Sie ist verantwortlich für den Prüfumfang, die Durchführung der Prüfung und die Bewertung der Ergebnisse. Diese Ergebnisse dienen wiederum als Grundlage zur Präzisierung der Gefährdungsbeurteilung und können damit erheblich zur Optimierung der Prüffristen und Prüfabläufe beitragen.

BetrSichV § 14 Prüfung von Arbeitsmitteln
(6) Zur Prüfung befähigte Personen nach § 2 Absatz 6 unterliegen bei der Durchführung der nach dieser Verordnung vorgeschriebenen Prüfungen keinen fachlichen Weisungen durch den Arbeitgeber. Zur Prüfung befähigte Personen dürfen vom Arbeitgeber wegen ihrer Prüftätigkeit nicht benachteiligt werden.

2.3 Prüfung vor der ersten Inbetriebnahme

Eine Prüfung vor der ersten Inbetriebnahme ist grundsätzlich erforderlich! Diese Aussage findet man sowohl in der BetrSichV als auch in der DGUV Vorschrift 3. Es sind vielleicht nicht zwangsläufig alle Messungen durchzuführen, zumindest sollte aber eine Sichtprüfung auf augenscheinliche Mängel oder Transportschäden erfolgen, bei der gleichzeitig die Eignung des Betriebsmittels für den vorgesehenen Einsatzzweck und den vorgesehenen Einsatzort überprüft werden kann.

Den Umfang der Erstprüfung legt die zur Prüfung befähigte Person fest!
Auch muss die Gefährdungsbeurteilung erstellt und eine Prüffrist festgelegt werden. Dementsprechend ist das neue Gerät dann zu kennzeichnen, damit auch bei neuen Geräten erkennbar ist, wann die nächste Prüfung ansteht.

BetrSichV § 3 Gefährdungsbeurteilung
(3) Die Gefährdungsbeurteilung soll bereits vor der Auswahl und der Beschaffung der Arbeitsmittel begonnen werden. Dabei sind insbesondere die Eignung des Arbeitsmittels für die geplante Verwendung, die Arbeitsabläufe und die Arbeitsorganisation zu berücksichtigen. Die Gefährdungsbeurteilung darf nur von fachkundigen Personen durchgeführt werden. Verfügt der Arbeitgeber nicht selbst über die entsprechenden Kenntnisse, so hat er sich fachkundig beraten zu lassen.

BetrSichV § 4 Grundpflichten des Arbeitgebers
(1) Arbeitsmittel dürfen erst verwendet werden, nachdem der Arbeitgeber
1. *eine Gefährdungsbeurteilung durchgeführt hat,*
2. *die dabei ermittelten Schutzmaßnahmen nach dem Stand der Technik getroffen hat und*
3. *festgestellt hat, dass die Verwendung der Arbeitsmittel nach dem Stand der Technik sicher ist.*

Ein CE-Zeichen ist für alle elektrischen Betriebsmittel obligatorisch und entbindet nicht von einer Pflicht zur Erstprüfung. Auch wenn der folgende Satz aus § 14 BetrSichV beim ersten Überfliegen diese Schlussfolgerung zulassen könnte:

„Prüfinhalte, die im Rahmen eines Konformitätsbewertungsverfahrens geprüft und dokumentiert wurden, müssen nicht erneut geprüft werden.“

Da das CE-Zeichen (und auch die Konformitätserklärung) nicht automatisch bedeutet, dass die vom Hersteller bescheinigten Anforderungen aus dem ProdSG tatsächlich geprüft wurden, ist hier eine ausdrückliche, über die Konformitätserklärung hinausgehende Prüf- bzw. Errichterbescheinigung gemeint. Und auch der bereits oben zitierte § 5 Absatz 4 DGUV Vorschrift 3

(4) Die Prüfung vor der ersten Inbetriebnahme nach Absatz 1 ist nicht erforderlich, wenn dem Unternehmer vom Hersteller oder Errichter bestätigt wird, dass die elektrischen Anlagen und Betriebsmittel den Bestimmungen dieser Unfallverhütungsvorschrift entsprechend beschaffen sind.

betrifft nicht die Konformitätserklärung, denn der dazugehörigen Durchführungsanweisung ist wie folgt zu entnehmen:

Die Bestätigung des Herstellers oder Errichters bezieht sich auf betriebsfertig installierte oder angeschlossene Anlagen, Betriebsmittel und Ausrüstungen. Sie kann in der Regel nur vom Errichter abgegeben werden, da nur er die für den sicheren Einsatz der Anlage maßgebenden Umgebungs- und Einsatzbedingungen kennt.

Leider gibt es auch fabrikneue Betriebsmittel mit CE-Zeichen und evtl. sogar mit einem Prüfzeichen, die schon beim Auspacken exotisch anmuten und sich bei genauerer Betrachtung/Messung als potenziell gefährlich herausstellen. Diese Betriebsmittel müssen bei einer Erstprüfung unbedingt entlarvt und sofort aus dem Verkehr gezogen werden.

Nachfolgend zwei Beispiele von „besonderen" Geräteanschlussleitungen, die einer zur Prüfung befähigten Person unbedingt bei einer Sichtprüfung auffallen sollten, spätestens jedoch bei einer Messung des (unendlich hohen) Schutzleiterwiderstands.

Abbildung 16: Schuko-Anschlussleitungen ohne Schutzleiter

In diesem Zusammenhang möchte ich noch kurz auf die Bekanntmachungen zur Betriebssicherheit (BekBS) 1113 – Anschaffungen von Arbeitsmitteln aufmerksam machen. Diese Schrift, die ebenfalls vom Ausschuss für Betriebssicherheit erstellt wurde, beschäftigt sich mit der Beschaffung von Arbeitsmitteln, die der Arbeitgeber den Beschäftigten zur Verwendung bei der Arbeit zur Verfügung stellen möchte. Sie gibt allgemeine Hinweise, welche Auswirkungen die Anforderungen der BetrSichV auf den Beschaffungsprozess haben. Somit ist sie eine wertvolle Hilfestellung, die man der Einkaufsabteilung nicht vorenthalten sollte.

2.4 Wiederholungsprüfungen

Grundsätzlich müssen im Unternehmen die folgenden Fragen beantwortet und entsprechend dokumentiert sowie kommuniziert werden:

- Wer darf Prüfungen durchführen?
- Wer ist verantwortlich?
- Wo wird geprüft?
- Welche Prüfgeräte und welche Zubehörteile sind notwendig?
- Welche Ergebnisse müssen dokumentiert werden?
- Wie wird dokumentiert?
- Wie werden die Betriebsmittel ggf. gekennzeichnet?

Die zur Prüfung befähigte Person legt fest, welche Prüfungen durchzuführen sind, um die Sicherheit eines jeden Prüflings zu gewährleisten. Für die wiederkehrende Prüfung von elektrischen Betriebsmitteln ist darüber hinaus die Prüffrist im Rahmen einer Gefährdungsbeurteilung zu ermitteln.

2.4.1 Prüfumfang

Für die Prüfung elektrischer Geräte nach Instandsetzung oder Änderung sowie für die Wiederholungsprüfung ist die derzeit noch aktuelle DIN VDE 0701-0702:2008-06 heranzuziehen. Seit Juni 2019 existiert allerdings ein Entwurf einer europäische Norm DIN EN 50699 (VDE 0702), der nur für Wiederholungsprüfungen von elektrischen Geräten anzuwenden ist. Wenn dieser Entwurf ratifiziert wird und in Kraft tritt, wird dadurch der entsprechende Teil der rein nationalen Norm DIN VDE 0701-0702 abgelöst.

Ich beziehe mich im Folgenden auf die noch gültige nationale Norm von 2008, weise aber bereits auf die derzeit im Entwurf vorhandenen Abweichungen hin.
Die DIN VDE 0701-0702 ist ausdrücklich für gebrauchsfertige elektrische Betriebsmittel (Geräte, Verbraucher) anzuwenden, die sowohl fest als auch über eine Steckvorrichtung mit der elektrischen Anlage verbunden sein können. Sie gilt nicht nur für ortsveränderliche oder bewegliche Betriebsmittel, sondern auch für Geräte, deren Standort nicht ohne Hilfsmittel verändert werden kann.

Diese (und das betrifft auch die Nachfolgenorm) ist jedoch expliziert nicht anzuwenden für die Prüfung von

- Medizinischen elektrischen Geräten, dort gilt die DIN EN 62353 (VDE 0751-1)
- Lichtbogenschweißgeräten, dort gilt die DIN EN 60974-4 (VDE 0544-4)
- Elektrischen Maschinen, dort gilt die DIN EN 60204-1 (VDE 0113-1)
- Geräte für EX-Bereiche oder für den Bergbau

Eine Ausnahme sei für Betriebsmittel erwähnt, die über eine fest und geschützt verlegte Leitung angeschlossen sind und die bei bestimmungsgemäßer Anwendung nicht in der Hand gehalten werden: Dann darf die zur Prüfung befähigte Person entscheiden, ob die Vorgaben der DIN VDE 0701-0702 oder aber die Vorgaben der DIN VDE 0105-100 anzuwenden sind.

Die zur Prüfung befähigte Person muss eigenverantwortlich entscheiden, ob sie von der empfohlenen und hier im Folgenden beschriebenen Vorgehensweise abweichen kann. Zum Prüfumfang einer Prüfung gemäß DIN VDE 0701-0702 gehören in der Regel folgende Prüfschritte:

1. Sichtprüfung
2. Prüfung der Wirksamkeit der Schutzmaßnahme gegen elektrischen Schlag
3. Nachweis der Wirksamkeit weiterer Schutzmaßnahmen
4. Prüfung der Aufschriften
5. Funktionsprüfung
6. Dokumentation, Auswertung

Ein Prüfling ist bei einer Wiederholungsprüfung grundsätzlich nicht zu öffnen! Selbstverständlich gibt es keine Regel und kein „grundsätzlich“ ohne Ausnahme, so auch hier. Ausnahmesituationen können z. B. sein:

- Das Öffnen wird durch Rechtsvorschriften gefordert.
- Das Öffnen ist vom Hersteller ausdrücklich gefordert.
- Es besteht ein begründeter Verdacht auf einen Sicherheitsmangel, der nur auf diese Weise geklärt werden kann (trifft meines Erachtens in unserer Branche insbesondere auf CEE-Steckvorrichtungen und Stromverteiler zu).

Generell muss man sich vor jeder Prüfung einen Eindruck von dem Gerät machen und sich einen Überblick über die bei diesem speziellen Gerät angewendeten Schutzmaßnahmen verschaffen. Es reicht mittlerweile nicht mehr aus, nur nach der Schutzklasse zu sortieren und dann ein entsprechendes Ablaufschema abzuspulen.

Heutzutage gibt es etliche Geräte, die einen Schutzleiter haben, aber keine berührbaren leitfähigen Teile (z. B. externe Netzteile von Laptops oder Bildschirmen). Andererseits gibt es Geräte mit berührbaren leitfähigen Teilen, die aber offensichtlich nicht mit dem Schutzleiter verbunden sind, obwohl einer vorhanden ist (z. B. einige Scheinwerfer, Tauchpumpen oder Kaffeemaschinen). Die Grenze zwischen den Schutzklassen I und II verschwimmt immer mehr. Deshalb findet man in der DIN VDE 0701-0702 folgenden wichtigen Hinweis.

DIN VDE 0701-0702 Anhang D (Erläuterungen)
Im Gegensatz zu den bisherigen Ausgaben der Normen [...] wird nicht mehr von der Schutzklasse des zu prüfenden Geräts, sondern von der Schutzmaßnahme ausgegangen, deren Wirksamkeit an dem jeweiligen berührbaren leitfähigen Teil nachzuweisen ist.

Es wird dabei unterschieden zwischen den berührbaren leitfähigen Teilen, die
- *an den Schutzleitern angeschlossen sind und in eine Schutzleiterschutzmaßnahme des Versorgungsnetzes einbezogen werden können (Schutzklasse I), und denen, die*
- *nicht an den Schutzleitern angeschlossen sind und durch die verstärkte/doppelte Isolierung (Schutzisolierung) von den inneren aktiven Teilen des Gerätes getrennt sind.*

Die Bezeichnung mit der Schutzklasse lässt bei vielen modernen elektrischen Geräten keine eindeutige Zuordnung einer Schutzmaßnahme und der für sie erforderlichen Prüfgänge zu diesem Gerät zu.

Bei jedem zu prüfenden Gerät ist somit vor dem Beginn der Prüfung festzustellen, welche Schutzmaßnahmen für die berührbaren leitfähigen Teile wirksam und welche Messungen an diesen Teilen durchzuführen sind.

Ferner ist es denkbar, dass die in der VDE-Bestimmung angegebenen Grenzwerte überschritten werden (z. B. Schutzleiterströme bei Motoren mit Frequenzumrichtern, Movinglights oder bei Geräten mit Schaltnetzteilen). Auch für diesen Fall gibt die Norm einen entsprechenden Hinweis.

DIN VDE 0701-0702 5.1 Allgemeines
[...] Wenn die in dieser Norm angegebenen Grenzwerte überschritten werden, gelten die Grenzwerte gemäß Produktnorm. Wenn keine Produktnorm vorhanden ist oder in der betreffenden Produktnorm keine Angaben enthalten sind, gelten die Herstellerangaben. [...]

Also ist es unbedingt erforderlich, sich Gedanken zu machen und möglicherweise individuelle Lösungen zu finden.
Jede Teilprüfung muss mit positivem Ergebnis abgeschlossen worden sein, bevor die nächste begonnen wird. Auch sollte die vorgeschlagene Reihenfolge eingehalten wer-

den, um die Gefahr eines elektrischen Schlages für den Prüfer zu minimieren. Wenn eine Teilprüfung nicht durchgeführt werden kann, so muss der Prüfer festlegen, ob die Sicherheit des Geräts trotzdem gegeben ist. Dies kann in Bezug auf die Isolationswiderstandsmessung der Fall sein. Der Prüfer muss sich zur Beurteilung der elektrischen Sicherheit für das Anwenden oder Auslassen von einzelnen Prüfschritten fachlich korrekt im Rahmen einer Gefährdungsbeurteilung entscheiden. In jedem Fall ist die Entscheidung zu begründen und zu dokumentieren.

2.4.2 Ablaufschema Prüfungen

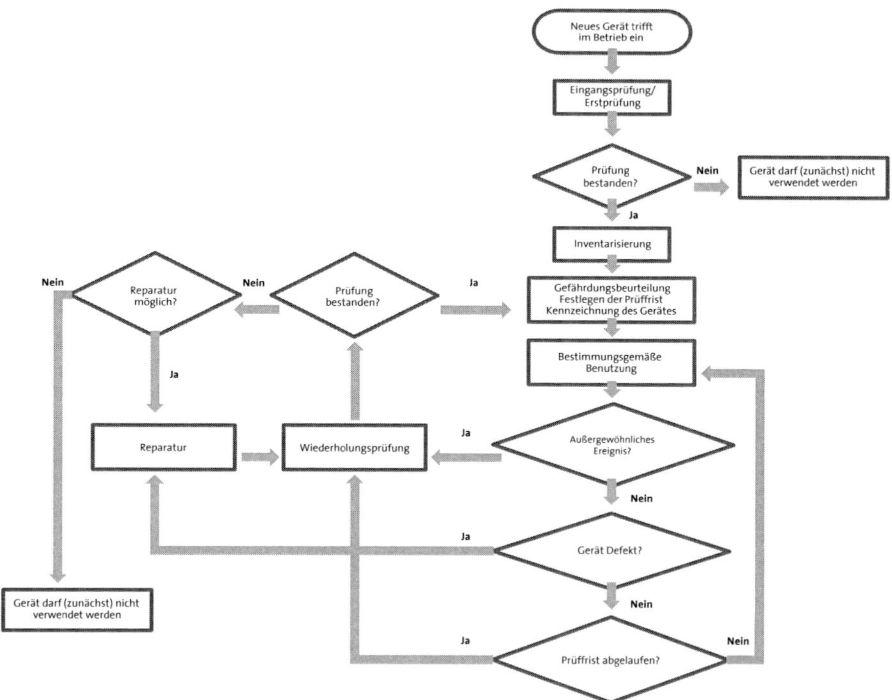

Abbildung 17: Ablaufschema Prüfungen

2.4.3 Sichtprüfung

Dieser Prüfschritt ist deutlich umfangreicher als die „Besichtigung auf augenscheinliche Mängel" (Kontrolle), die vor jedem Einsatz der Arbeitsmittel durch den Benutzer erfolgen muss! Die Sichtprüfung ist ein wichtiger Bestandteil (wenn nicht sogar der wichtigste) und muss immer als Erstes durchgeführt werden. Hierbei sind äußerlich erkennbare Mängel und Schäden sowie die Eignung für den zu erwartenden Einsatzort festzustellen. Meine Erfahrung zeigt, dass beim vollumfänglichen Besichtigen die meisten Mängel (mindestens 80 %) bereits erkannt werden können.

Häufige Auffälligkeiten sind z. B.:

- Beschädigte bzw. ungeeignete Leitungen oder Steckvorrichtungen
- Fehlender Knickschutz oder fehlende/unwirksame Zugentlastung
- Defektes Gehäuse
- Fehlende oder beschädigte mechanische Schutzeinrichtungen
- Merkwürdige Gerüche
- Unerwartete Geräusche aus dem Inneren eines Gerätes beim Bewegen

Eine Sichtprüfung im Sinne der VDE-Bestimmungen beschränkt sich übrigens nicht auf das Visuelle! Sie ist vielmehr wunderbar anschaulich definiert als **„Das Untersuchen des Betriebsmittels mit allen Sinnen"**. Das finde ich ebenso einleuchtend wie wichtig, denn verschmorte Teile kann man riechen, Unregelmäßigkeiten bei Leitungen können gefühlt und gelöste Schrauben im Inneren von Betriebsmitteln können akustisch wahrgenommen werden. All diese Beispiele (und natürlich viele weitere Fehler) sind selbst durch die teuersten Messgeräte nicht zu ermitteln.

Wenn ein Gerät zu Besichtigungszwecken ausnahmsweise geöffnet wurde, so ist vor dem Fortsetzen der Prüfung natürlich wieder der gebrauchsübliche Zustand herzustellen.

Sollte ein Gerät die Sichtprüfung nicht bestehen, muss es als defekt gekennzeichnet werden und die Prüfung ist damit beendet. Keinesfalls darf es ans Netz angeschlossen werden – und natürlich auch nicht an ein Mess- oder Prüfgerät! Es muss aus dem Verkehr gezogen und repariert oder entsorgt werden. Nach einer erfolgreichen Reparatur beginnt dann der Prüfzyklus wieder von vorne mit einer Sichtprüfung!

Die nachfolgende Checkliste enthält beispielhaft sowohl wesentliche Punkte des Besichtigens als auch Merkmale des Prüflings, die zu bewerten sind.

2.4.4 Checkliste Sichtprüfung

Prinzipielle Eignung des Arbeitsmittels für den Einsatzbereich
Stecker, Kupplung, Leitung
Schäden an den Anschlussleitungen
Schäden an Isolierungen
bestimmungsgemäße Auswahl und Anwendung von Leitungen (Querschnitt) und Stecker
Zustand des Netzsteckers oder der Anschlussklemmen (Beschädigung oder Deformierung)
Schutzleiterkontakte frei von Korrosion, Verbiegung, Brüchen
Steckerstifte ohne Abnutzung, Lockerung, Bruch oder thermische Schäden
Mängel am Biegeschutz
Mängel an der Zugentlastung der Anschlussleitung
Zustand der Befestigungen, Leitungshalterungen ...
Gehäuse (Körper)
Berührungsschutz wirksam, Schutzart mindestens IP 2X (fingersicher)
Schäden am Gehäuse und den Schutzabdeckungen
Anzeichen einer Überlastung oder einer unsachgemäßen Anwendung/Bedienung
Anzeichen unzulässiger Eingriffe oder Veränderungen
die Sicherheit unzulässig beeinträchtigende Verschmutzung, Korrosion oder Alterung
Verschmutzungen, Verstopfungen von der Kühlung dienenden Öffnungen
Zustand von Luftfiltern
Dichtigkeit von Behältern für Wasser, Luft oder anderer Medien, z. B. Nebelfluid
Mängelfreiheit nicht-elektrischer Schutzvorrichtungen
Wo erforderlich: Vorhandene und funktionsfähige mechanische Schutzvorrichtungen
Bedienbarkeit von Schaltern, Steuereinrichtungen, Einstellvorrichtungen ...
Lesbarkeit aller der Sicherheit dienenden Aufschriften oder Symbole,
Lesbarkeit der Bemessungsdaten und Stellungsanzeigen

Tabelle 2: Checkliste Sichtprüfung

2.4.5 Prüfung der Wirksamkeit der Schutzmaßnahme

Ob die Wirksamkeit der Schutzmaßnahme gegen elektrischen Schlag sichergestellt ist, kann in den meisten Fällen durch Messungen festgestellt werden. Wir überprüfen damit, ob die festgelegten (sicherheitsrelevanten) Grenzwerte eingehalten werden und die Messergebnisse für den Prüfling typisch sind. Bei der Beurteilung der Messergebnisse ist immer der zu erwartende Wert zu berücksichtigen! **Deswegen ist Erfahrung extrem wichtig!**

Üblicherweise liegen die tatsächlichen Messergebnisse um ein Vielfaches günstiger als die festgelegten Grenzwerte. Genau genommen ist es sogar so, dass bei einem Messwert in der Nähe des Grenzwertes Zweifel entweder an der Messung oder am Prüfling selbst bestehen sollten. In solchen Fällen sind die Ergebnisse vergangener Prüfungen oder gleichartiger Prüflinge eine große Hilfe, um z. B. eine Tendenz erkennen oder aber die Einhaltung eines üblichen Wertes bestätigen zu können.

Beispiele:

- Schutzleiterwiderstände von Geräten sind meistens kleiner als 0,1 Ω.
- Isolationswiderstandswerte liegen häufig weit über 300 MΩ.
- Berührungsströme bei Betriebsmitteln der Schutzklasse II sind typischerweise nicht messbar.

Es ist keineswegs ratsam, sich ausschließlich an Grenz- oder Richtwerten zu orientieren. Tatsächlich könnte man das schematische Einhalten von Grenzwerten ohne genauere Beurteilung des Prüflings schon als fahrlässige Handlung bezeichnen. Grenzwerte machen nur dann Sinn, wenn man genau weiß, welche Grenze sie markieren und wie weit der tatsächliche Messwert von dieser Grenze entfernt liegen muss. Schlussendlich muss die zur Prüfung befähigte Person entscheiden, ob die ermittelten Messwerte unter den jeweiligen Bedingungen akzeptabel sind.

Es liegt auf der Hand, dass man sowohl seine Mess- und Prüfgeräte als auch die zu prüfenden Geräte und deren eventuelle Eigenheiten und Besonderheiten kennen muss. Hierzu gehören auch immer entsprechende Herstellerangaben.

Angeschlossene Datenleitungen, Antennenleitungen, Netzwerkleitungen oder Abschirmungen können das Messergebnis ebenso beeinflussen wie leitfähige Verbindungen zum Schutz- oder Potenzialausgleichssystem oder zur Erde (Befestigungen, Stative, Traversen, Wasserleitungen usw.). Im Umkehrschluss können durch die Messungen natürlich auch Störungen (z. B. über die eben angesprochenen Verbindungen) an anderen Geräten verursacht oder Dateninformationen beeinflusst/gestört werden.

Bildschirme, Laptops, Drucker und viele andere Geräte sind nicht selten Geräte der Schutzklasse III, bei denen nur das externe Netzteil/Steckernetzteil zu prüfen ist. Am Gerät selbst kann keine elektrische Gefährdung auftreten – vielleicht muss es sicherheitstechnisch gar nicht geprüft werden? Allerdings sollten die Netzteile mindestens einer intensiven Besichtigung und einer Temperaturkontrolle im Betrieb (Handprobe) unterzogen werden. Auch eine Messung der Ausgangsspannung ist mitunter sinnvoll.

Messen des Schutzleiterwiderstands

Das Messen des Schutzleiterwiderstands bei Betriebsmitteln mit Schutzleiter wird mit einem definierten Prüfstrom durchgeführt (mindestens 200 mA). Damit wird die niederohmige Durchgängigkeit des Schutzleiters zwischen Netzanschluss (Stecker) und allen berührbaren leitfähigen Teilen, die mit dem Schutzleiter in Verbindung stehen müssen, geprüft. Multimeter oder ähnliche Universal-Messgeräte sind für diese Messung nicht geeignet. Zum einen stellen sie einen viel zu geringen Prüfstrom zur Verfügung, zum anderen können sie Widerstände unter 1 Ω nicht genau genug messen – und das ist gerade der wichtige Messbereich!

Auch Messgeräte mit reinen „JA/NEIN"- bzw. „ROT/GRÜN"-Anzeigen sind nicht sinnvoll einsetzbar und haben meiner Meinung nach keine Daseinsberechtigung mehr!

Ungeachtet der fachlichen Kompetenzen stellt die praktische Durchführung der Prüfung auch große Anforderungen an die motorischen Fähigkeiten des Prüfers. Mit der einen Hand wird das Gerät festgehalten, in der anderen Hand befindet sich die Prüfsonde – nun ist noch während der Messung die Leitung über ihre ganze Länge, insbesondere an den Leitungseinführungen am Stecker und am Gerät, zu bewegen (mit der dritten Hand?). Dabei darf die Sonde natürlich nicht den Kontakt verlieren. Währenddessen muss zusätzlich der Anzeige des Prüfgerätes Aufmerksamkeit gewidmet werden, denn sie muss durchgängig beobachtet werden, damit ein auch nur kurzzeitig vom Prüfgerät angezeigter hoher Schutzleiterwiderstand oder eine schwankende Anzeige wahrgenommen wird. Während der Messung auftretende Schwankungen des Messwertes weisen auf eine mögliche Beschädigung des Schutzleiters oder seines Anschlusses hin. Noch dazu müssen nacheinander alle berührbaren Teile mit der Sonde abgetastet und der höchste Wert ermittelt werden – bei einer schlichten 6-fach-Tischsteckdose für den Hausgebrauch sind also mindestens sechs Kontaktmöglichkeiten durchzugehen.

Bei der Durchführung dieser Messung wird man – wenn man lange genug sucht – auch metallisch leitende Teile finden (z. B. Filterrahmenhalter, Torblenden oder Befestigungsbügel bei Scheinwerfern), die den Grenzwert überschreiten. Das ist nicht zwangsläufig ein Durchfallkriterium, wenn an dem Gehäuse direkt der Grenzwert eingehalten bzw.

üblicherweise deutlich unterschritten wird. Oft sind die Verbindungen von gesteckten oder geschraubten Verbindungen nicht ausreichend niederohmig. In diesem Fall kann die Sicherheit z. B. durch eine Berührungsstrommessung nachgewiesen werden.

In der DIN VDE 0701-0702 sind die Grenzwerte für den Widerstand des Schutzleiters wie folgt festgelegt:

- Für Leitungen bis 5 m Länge und bis zu einem Bemessungsstrom von 16 A darf der Widerstand des Schutzleiters einen Grenzwert von 0,3 Ω nicht überschreiten.
- Für längere Leitungen bis zu einem Bemessungsstrom von 16 A darf der Grenzwert je weiterer 7,5 m Leitungslänge um 0,1 Ω bis zu einem Maximalwert von 1 Ω erhöht werden.
- Für andere Leitungen gilt als Grenzwert der errechnete Widerstandswert.

Zur Orientierung und zum Vergleich mit dem gemessenen Wert sind der nachfolgenden Tabelle die Widerstände von Kupferleitern, angegeben in Ohm, zu entnehmen:

	Länge in m								
A in mm²	0,5	1	5	10	20	30	40	50	100
0,22	0,040	0,080	0,399	0,797	1,595	2,392	3,190	3,987	7,974
0,34	0,026	0,052	0,258	0,516	1,032	1,548	2,064	2,580	5,160
0,75	0,012	0,023	0,117	0,234	0,468	0,702	0,936	1,170	2,339
1	0,009	0,018	0,088	0,175	0,351	0,526	0,702	0,877	1,754
1,5	0,006	0,012	0,058	0,117	0,234	0,351	0,468	0,585	1,170
2,5	0,004	0,007	0,035	0,070	0,140	0,211	0,281	0,351	0,702
4	0,002	0,004	0,022	0,044	0,088	0,132	0,175	0,219	0,439
6	0,001	0,003	0,015	0,029	0,058	0,088	0,117	0,146	0,292
10	0,001	0,002	0,009	0,018	0,035	0,053	0,070	0,088	0,175
16	0,001	0,001	0,005	0,011	0,022	0,033	0,044	0,055	0,110
25	0,000	0,001	0,004	0,007	0,014	0,021	0,028	0,035	0,070
35	0,000	0,001	0,003	0,005	0,010	0,015	0,020	0,025	0,050
50	0,000	0,000	0,002	0,004	0,007	0,011	0,014	0,018	0,035

Tabelle 3: Widerstand von Kupferleitungen in Ohm bei 20 °C

Sollte man die Leitung unter anderen Temperaturbedingungen messen, so lässt sich der Widerstand aus der Tabelle entsprechend der folgenden Formel umrechnen, wobei R_x den Widerstand bei der Temperatur x °C beschreibt:

$$R_x = R_{20} \cdot (1 + 0{,}0039 \frac{1}{K} \cdot \Delta T)$$

R_{20} = Widerstand lt. Tabelle, ΔT = Temperaturdifferenz in K zwischen x °C und 20 °C

Formel 1: Temperaturabhängigkeit von Widerständen

Beispiel 1:
Wie groß ist der Widerstand eines 10 m langen Kupferleiters 2,5 mm² bei 35 °C?

$$R_{35} = 0{,}07\Omega \cdot (1 + 0{,}0039 \frac{1}{K} \cdot 15K) = 0{,}0741\Omega$$

Beispiel 2:
Wie groß ist der Widerstand eines 30 m langen Kupferleiters 16 mm² bei -2 °C?

$$R_{35} = 0{,}033\Omega \cdot (1 + 0{,}0039 \frac{1}{K} \cdot (-22K) = 0{,}03\Omega$$

Bei der Bewertung sollten immer auch die Übergangswiderstände Leitung/Betriebsmittel und Leitung/Steckverbindung berücksichtigt werden. Bei einer normgerechten Ausführung unter Verwendung geeigneter Materialien liegen die Übergangswiderstände im Milliohm-Bereich. Als Anhaltspunkt kann man für den Widerstand einer Verbindung (z. B. zwischen Leiter und Steckkontakt über eine Aderendhülse) pauschal 50 mΩ annehmen oder alternativ einen Wert, der so groß ist wie der elektrische Widerstand eines Leiters von 1 m Länge des verwendeten Querschnitts.

Leiterquerschnitt in mm²	1,5	2,5	4	6	10	16	25	35	50	70	95	120
Widerstand in mΩ pro Meter bei 30°C	12,58	7,56	4,74	3,15	1,88	1,19	0,75	0,55	0,40	0,28	0,20	0,16

Tabelle 4: Anzunehmende Übergangswiderstände

Beispiel: Ein Messwert von 0,23 Ω für den Schutzleiter einer 3 m langen Anschlussleitung mit einem Leitungsquerschnitt von 1,5 mm² liegt immer noch unterhalb des vorgegebenen Grenzwertes. Jedoch ist die Differenz zum Tabellenwert arg hoch, so dass die Schlussfolgerung naheliegt, dass zumindest ein korrodierter oder gelockerter Schutzleiteranschluss vorliegt.

Rechnerische Überprüfung:

Widerstandswert gemäß Tabelle:

$$R = 3m \cdot 0{,}12 \frac{\Omega}{m} = 0{,}036\Omega$$

Zuzüglich der beiden Übergangswiderstände von je 0,012 Ω ergibt das also einen zu erwartenden Wert von 0,036 Ω + 0,024 Ω = 0,06 Ω.

Der neue Normentwurf DIN EN 50699 (VDE 0702) ist im Bereich Schutzleiterwiderstandsmessung deutlich praxisnäher und konkreter geworden:

- Der Grenzwert von 0,3 Ω bis 5 m Leitungslänge gilt nur noch für Leiterquerschnitte bis 1,5 mm².

- Für alle andere Querschnitte und Längen ist der Grenzwert individuell anhand der Formel (GROSSIGK & KRIENELKE, 2015, S. 108 und S. 135) zu ermitteln.

$$R = \frac{l}{K \cdot A} + 0{,}1\Omega$$

Formel 2: Widerstand von Leitungen inkl. Übergangwiderständen

- Es wird darauf hingewiesen, dass bei indirekt mit dem Schutzleiter verbundenen Teilen/ mechanischen Konstruktionen die Widerstandswerte deutlich höher ausfallen können. Die Einhaltung der Sicherheitsanforderungen sollte dann mit Hilfe der Berührungsstrommessung nachgewiesen werden.

Tragisch für uns als prüfende Personen ist die Situation, wenn bei Geräten der Schutzklasse I keine Möglichkeit besteht, mit dem Schutzleiter verbundene Teile mit der Prüfsonde zu erreichen (z. B. Drucker, Tauchpumpen), so dass eine Schutzleiterwiderstandsmessung gar nicht möglich ist. Was sollen wir tun? Sind diese Geräte nicht zu verwenden?
Wir müssen dann auf Basis der Gefährdungsbeurteilung entscheiden, ob die Sicherheit des Gerätes trotzdem bestätigt werden kann. Hierbei sind Informationen des Herstellers oder die Kenntnis des (inneren) Geräteaufbaus sehr hilfreich.

Bei einem Gerät mit Schutzleiter, jedoch ohne Schutzfunktion desselben (z. B. Netzteile aus Kunststoff ohne berührbare Metallteile), dient dieser Leiter der Ableitung von Strömen, die von der EMV-Beschaltung (Netzfilter) verursacht werden, und nicht dem Schutz. In solchen Fällen ist die Einhaltung des Grenzwertes nicht erforderlich.
Lackierungen, Eloxierungen oder Pulverbeschichtungen sind in der Regel nicht elektrisch leitend. Um die Durchgängigkeit einer Schutzleiterverbindung nachzuweisen, ist es weder erforderlich noch empfehlenswert, zu Prüfzwecken eine Feile anzusetzen, um mit der Sonde an leitfähiges Material zu gelangen (ganz abgesehen vom optischen Schaden).

Messen des Isolationswiderstands
Das Messen des Isolationswiderstands wird mit einer hohen Prüfgleichspannung von 500 V durchgeführt. In Ausnahmefällen und bei SELV- bzw. PELV-Geräten darf die Messgleichspannung auf 250 V reduziert werden. Durch diese Messung soll der ordnungsgemäße Zustand der Isolierungen nachgewiesen werden. Die Messung erfolgt in der Regel zwischen den kurzgeschlossenen aktiven Leitern (L1+L2+L3+N) und dem Schutzleiter (PE). Vor der Messung ist darauf zu achten, dass am bzw. im Gerät alle vorhandenen Schalter geschlossen sind, um sämtliche durch Netzspannung beanspruchten Isolierungen zu erfassen.

Diese Messung ist nur bei ohmschen Verbrauchern (z. B. PAR 64 oder Stufenlinsen-Scheinwerfer), bei Verlängerungsleitungen (Schuko, CEE, Last-Multicore) oder bei Geräten ohne elektronische Bauteile zwischen L/N und PE zu empfehlen.

Auch bei Stromverteilern mit eingebauten Mess- bzw. Anzeigeinstrumenten sollte unbedingt davon Abstand genommen werden, diese mit der oben erwähnten Messgleichspannung zu beaufschlagen! Die Gefahr, dass interne Bauteile durch die im Betrieb niemals auftretende hohe Gleichspannung zerstört werden, ist sehr groß. Insbesondere bei Fehlerstromschutzeinrichtungen (RCDs) der Typen B, B+ oder F kann die darin enthaltene Elektronik Schaden nehmen. Deshalb geben die Hersteller dieser Schutzeinrichtungen konkrete Hinweise, die unbedingt beachtet werden sollten. Nicht umsonst wird sogar in der DIN VDE 0701-0702 explizit darauf hingewiesen, dass auf diese Messung verzichtet werden darf.

DIN VDE 0701-0702 5.4 Messung des Isolationswiderstands

ANMERKUNG 3 Die Messung darf bei Geräten der Informationstechnik entfallen. Die Messung darf ebenfalls entfallen bei SELV führenden Teilen, wenn durch das dabei nötige Adaptieren (z. B. an Schnittstellen) oder durch den Messvorgang eine Beschädigung des Gerätes erfolgen kann.

Die Grenzwerte für den Isolationswiderstand sind wie folgt festgelegt:
- Geräte mit Schutzleiter (SK I) mindestens 1,0 MΩ
- Geräte mit Heizelementen (SK I) mindestens 0,3 MΩ
- Geräte ohne Schutzleiter (SK II) mindestens 2,0 MΩ
- SELV/PELV-Geräte mindestens 250 kΩ

Dem Normentwurf DIN EN 50699 (VDE 0702) sind folgende abweichende Formulierungen zu entnehmen:
1. Die Messung kann ausgelassen werden, wenn die Messung das zu prüfende Gerät beschädigen könnte.
2. Bei der Prüfung von Geräten mit spannungsabhängigen Schaltern wird nur die Isolation der stromführenden Teile bis zum Anschluss des Schalters geprüft. In diesem Fall kann auf die Messung des Isolationswiderstandes verzichtet werden.

Messen des Schutzleiterstroms
Diese Messung dient ebenfalls dem Nachweis des ordnungsgemäßen Zustands der Isolierungen und der internen Beschaltungen. Mit ihr wird ein über den Schutzleiter abfließender Strom während des Betriebs ermittelt. Diese Messung erfolgt natürlich nur an Geräten mit Schutzleiter. Die Notwendigkeit einer Schutzleiterstrommessung ist abhängig von der Bauart des Geräts. Sie kann bei Verlängerungsleitungen, abnehmbaren Geräteanschlussleitungen oder mobilen Steckdosenverteilern entfallen.

Die Grenzwerte sind wie folgt festgelegt:
- Der Schutzleiterstrom darf 3,5 mA nicht übersteigen.
- Bei Geräten mit Heizelementen und einer Gesamtanschlussleistung über 3,5 kW darf der Schutzleiterstrom nicht größer als 1 mA pro 1 kW Heizleistung, aber insgesamt nicht größer als 10 mA sein.
- Bei fest angeschlossenen Geräten oder bei Geräten mit CEE-Steckvorrichtungen können besondere Installationsbedingungen und dadurch abweichende Werte gelten.

Diese Messung muss an einem vollständig eingeschalteten Prüfling unter normalen Betriebsbedingungen erfolgen, um ein sinnvolles Ergebnis zu bekommen. Das bedeutet, dass z. B. bei Scheinwerfern mit Entladungslampe der Zündvorgang abgeschlossen sein muss. Ja, dass verlängert die Zeit der Messung erheblich und das sollte unbedingt bei der Planung von Prüfungen berücksichtigt werden!

Bei den Messungen werden mitunter unerwartet hohe und den Grenzwert überschreitende Werte ermittelt, die zu einem negativen Urteil führen müssten. In diesem Fall sollte man zunächst die Ursache für diese Abweichung ermitteln, um eine fundierte Bewertung des Prüflings abgeben zu können.

Zur Messung des Schutzleiterstroms sollte das Differenzstrommessverfahren bevorzugt gegenüber der direkten Messung angewendet werden. Es basiert auf der gleichen physikalischen Grundlage wie das Prinzip einer Fehlerstrom-Schutzeinrichtung. Der Prüfling wird während der Messung mit der Netzspannung betrieben. Gemessen wird die Summe aller hin- und rückfließenden Ströme (L und N) über einen Summenstromwandler. Ein über die Erde oder den Schutzleiter abfließender Strom ergibt somit eine Differenz zwischen den Strömen der aktiven Leiter.

Für dieses Messverfahren können auch entsprechende Strommesszangen (Leckstromzangen) eingesetzt werden. Allerdings muss man bei deren Verwendung darauf achten, dass der Schutzleiter natürlich nicht durch die Messzange geführt werden darf.

Misst man dagegen den tatsächlichen Strom im Schutzleiter (z. B. ebenfalls mit einer Zange), kann man deutlich abweichende Werte erhalten, da Ströme über andere Verbindungen zur Erde fließen können (z. B. über Abschirmungen von angeschlossenen Datenleitungen oder über das Gehäuse und den Standort). Unter Umständen sind tatsächlich auch deutlich höhere Ströme messbar, die überhaupt nichts mit dem Prüfling zu tun haben, sondern von anderen Geräten über das Potenzialausgleichssystem, die Datenleitungen und den Schutzleiter fließen. Denn wir müssen immer im Hinterkopf behalten, dass sich der Strom bei Parallelschaltungen von Leitern/Leitungen auf alle beteiligten Wege verteilt! Die direkte Messung ist daher nur sinnvoll, wenn das zu prüfende Gerät völlig isoliert von der Erde und allen anderen Anschlüssen (auch z. B. Wasserleitungen) gemessen werden kann.

Wenn das Gerät mit einem ungepolten Netzstecker (Schukostecker) ausgerüstet ist, sind Messungen in beiden Positionen des Netzsteckers durchzuführen. Als Messwert gilt der größere der beiden gemessenen Werte.

In Bezug auf den Schutzleiterstrom gibt es im Normentwurf DIN EN 50699 (VDE 0702) keine bemerkenswerten Änderungen/Abweichungen.

Schutzleiterstrommessung oder Isolationswiderstandsmessung?
Die Messung des Schutzleiterstroms und die Isolationswiderstandsmessung ergänzen sich bei der Beurteilung des Isoliervermögens eines Gerätes. Die Isolationswiderstandsmessung mit einer hohen Gleichspannung zeigt Veränderungen durch leitfähige Ablagerungen an Luft- und Kriechstrecken bzw. das Isolationsvermögen von Kunststoffen sehr präzise auf.

Unter Umständen können empfindliche Bauteile innerhalb der elektrischen Geräte durch die hohe Gleichspannung zerstört werden. Deswegen ist die Messung des Schutzleiterstroms eine Alternative oder wichtige Ergänzung. Sie bietet zusätzlich die Möglichkeit, das Verhalten von kapazitiven und/oder induktiven Bauteilen während des bestimmungsgemäßen Gebrauchs an der Netzwechselspannung zu erfassen. So können auch Veränderungen an diesen Bauteilen festgestellt werden. Das ist natürlich nur möglich, wenn gerätespezifische Werte aus der Vergangenheit (vorherige Prüfungen, Erstprüfung, baugleiche Geräte, Herstellerangaben) verfügbar sind.

Die Messung des Schutzleiterstroms unter Betriebsbedingungen zeigt uns die Summe der Ströme, die durch Wechselstromwiderstände (Induktivitäten und Kapazitäten als Bestandteile der Entstörfilter) in Verbindung mit ohmschen Isolationsfehlern hervorgerufen werden.

Ersatz-Ableitstrommessverfahren
Diese Dinosaurier-Messmethode ist nicht mehr zeitgemäß und in der Regel nicht dazu geeignet, bei modernen Geräten mit netzspannungsabhängigen Schaltelementen ein aussagekräftiges Prüfergebnis zu erzielen. Wenn das Prüfergebnis eine korrekte Beurteilung zulassen sollte, kann das Ersatz-Ableitstrommessverfahren weiterhin von einer zur Prüfung befähigten Person angewandt werden.

Dieses Verfahren darf gemäß der DIN VDE 0701-0702 aber nur dann herangezogen werden, wenn zuvor die Isolationswiderstandsmessung positiv abgeschlossen wurde. Somit entfällt es ohnehin für alle Geräte, bei denen die Isolationswiderstandsmessung nicht zum Einsatz kommt.

Der Normentwurf DIN EN 50699 (VDE 0702) kennt dieses Messverfahren nicht mehr.

Messen des Berührungsstroms
Bei Geräten der Schutzklasse II oder bei Geräten mit berührbaren leitfähigen Teilen, die nicht an den Schutzleiter angeschlossen sind, ist eine Berührungsstrommessung durchzuführen. Dazu muss das Betriebsmittel mit Netzspannung versorgt werden und eingeschaltet sein. Die Messung ist bei einem ungepolten Netzstecker (Eurostecker) in beiden Stellungen durchzuführen.
Bei Handwerkszeugen wie z. B. Bohrmaschine oder Winkelschleifer (Flex) muss natürlich der Berührungsstrom im Betrieb (also bei sich drehendem Motor) gemessen werden. Dazu ist eine normale Prüfspitze nicht geeignet. Es gibt entsprechende Bürsten-

sonden, mit denen sich bewegende/rotierende/vibrierende Teile sicher kontaktiert werden können.

Abbildung 18: Bürstensonde

Der Grenzwert für den Berührungsstrom ist auf 0,5 mA festgelegt, also unterhalb der Wahrnehmbarkeitsschwelle des Menschen. Aufgrund der erwartungsgemäß extrem geringen Werte sollte die direkte Messung des Stroms erfolgen und nicht die Differenzstrommethode angewendet werden.

In Bezug auf den Berührungsstrom gibt es im Normentwurf DIN EN 50699 (VDE 0702) keine bemerkenswerten Änderungen/Abweichungen.

Messen der Ausgangsspannung

An Betriebsmitteln mit Anschlüssen für Ausgangsspannungen (z. B. Ladegeräte oder Netzteile) gehört das Messen der Ausgangsspannung auch zur Prüfung. Dazu ist ein Messgerät geeigneter Kategorie mit entsprechendem Messzubehör zu verwenden. Die Spannungsangaben auf dem Typenschild sollen messtechnisch nachgewiesen werden. Bei Geräten mit berührbaren aktiven Teilen im Ausgang dürfen die Messwerte die Grenzwerte von AC 25 V oder DC 60 V nicht überschreiten.

2.4.6 Weitere Schutzmaßnahmen

Verfügt der Prüfling über integrierte Schutzeinrichtungen, z. B. Isolationswächter (IMDs), Fehlerstromschutzschalter (RCDs) oder Überspannungsschutzeinrichtungen (SPDs), so muss der Prüfer entscheiden, ob und wie eine Prüfung durchzuführen ist und dabei berücksichtigen, was der Hersteller empfiehlt bzw. vorschreibt. Dazu gehören beispielsweise auch alle Dimmer und Stromverteiler mit eingebauten RCDs. Beim Festlegen der erforderlichen Prüfungen ist zu unterscheiden, ob die Funktion der Schutzeinrichtung oder die Wirksamkeit der von ihr zu gewährleistenden Schutzmaßnahme nachzuweisen ist.

Beispiel:

Bei einer Fehlerstrom-Schutzeinrichtung (RCD) mit einem Bemessungsdifferenzstrom $I_{\Delta N}$ = 30 mA in einem Stromverteiler wird die ordnungsgemäße Funktion durch das Betätigen der Prüftaste nachgewiesen. Löst der RCD aus, ist die Funktionsprüfung positiv zu bewerten.

Allerdings wird durch diesen RCD auch die Schutzmaßnahme „Automatische Abschaltung der Stromversorgung – Zusatzschutz" gemäß den Vorgaben der DIN VDE 0100-410 realisiert. Demzufolge muss messtechnisch nachgewiesen werden, dass die Auslösung bei einem Differenzstrom von höchstens 30 mA spätestens nach 0,3 s erfolgt. Wird die Abschaltzeit mit höherem Differenzstrom (z. B. 5 x $I_{\Delta N}$) ermittelt, so muss die Abschaltung bereits nach spätestens 0,04 s erfolgt sein.

Weitere wichtige Hinweise zu Fehlerstrom-Schutzeinrichtungen sind dem Abschnitt 2.14.2 zu entnehmen.

2.4.7 Prüfung der Aufschriften

Die Aufschriften, die der Sicherheit dienen, sind nach dem Abschluss aller Einzelprüfungen zu kontrollieren. Auch sollten das Typenschild und evtl. erforderliche Warnaufschriften nicht nur vorhanden, sondern auch lesbar sein.

2.4.8 Funktionsprüfung, Erproben

Eine Funktionsprüfung des Betriebsmittels ist mindestens insoweit vorzunehmen, wie es zum Nachweis der Sicherheit erforderlich ist.
Hierzu zählen insbesondere Funktions- und Sichtprüfungen an Schaltern, Melde- und Kontrollleuchten, Schutzeinrichtungen (natürlich auch die Prüftaste eines RCD), Not-Aus-Einrichtungen und Ver- oder Entriegelungen.

2.4.9 Dokumentation, Auswertung

Das Ergebnis der Prüfung ist zu dokumentieren! Dazu ist die Aufzeichnung von Prüfergebnissen und Messwerten meiner Meinung nach unerlässlich. Veränderungen des Zustands der Geräte lassen sich nur nachvollziehen, wenn die Geschichte des Betriebsmittels vorliegt, insofern ist ein längerfristiges Aufbewahren der Prüfergebnisse erforderlich.

BetrSichV § 14 Prüfung von Arbeitsmitteln

(7) Der Arbeitgeber hat dafür zu sorgen, dass das Ergebnis der Prüfung aufgezeichnet und mindestens bis zur nächsten Prüfung aufbewahrt wird. Dabei hat er dafür zu sorgen, dass die Aufzeichnungen mindestens Auskunft geben über:

1. Art der Prüfung,
2. Prüfumfang und
3. Ergebnis der Prüfung.

Aufzeichnungen können auch in elektronischer Form aufbewahrt werden. Werden Arbeitsmittel an unterschiedlichen Betriebsorten verwendet, ist ein Nachweis über die Durchführung der letzten Prüfung vorzuhalten.

Die Dokumentation sollte mindestens die folgenden Informationen beinhalten:

- Identifikation des Arbeitsmittels (Typ, Hersteller ...)
- Umfang der Prüfung (Normengrundlage)
- Datum
- Prüfergebnis
- Prüffrist bzw. nächster Prüftermin

Darüber hinaus ist es empfehlenswert, auch die zur Prüfung befähigte Person und die verwendeten Prüf- und Messgeräte schriftlich festzuhalten.

Die Form der Dokumentation ist tatsächlich nicht vorgegeben. Hilfreich ist es, wenn die Prüfprotokolle in elektronischer Form abgelegt werden und so auch schnell an andere Orte übermittelt werden können. Einige Warenwirtschafts- oder Vermietsoftwarelösungen bieten die Integration von Prüfprotokollen bereits an. Darüber hinaus ist eine Kennzeichnung der Arbeitsmittel (z. B. in Form einer Plakette) sinnvoll, damit auch jeder

Benutzer den Prüfstatus erkennen kann. Es sollte immer der Zeitpunkt der nächsten Prüfung ersichtlich sein.

Neben der sichtbaren Kennzeichnung bieten am Prüfling angebrachte Transponder (RFID) die Auslesemöglichkeit aller zugeordneten Daten. Die Anwendung von Barcodes oder RFIDs in Verbindung mit hierfür geeigneten Prüfgeräten und passender Software gestattet auf einfache Weise einen Überblick über Prüfdatum, Prüfintervall, Fehlerquote und Prüfer. So können auch bei einer großen Anzahl von Artikeln die regelmäßigen Prüfungen komfortabel organisiert werden.

2.4.10 Durchzuführende Prüfungen (Beispiele)

<table>
<tr><th rowspan="2">Arbeitsmittel/
Betriebsmittel</th><th colspan="5">Messungen (nur nach bestandener sorgfältiger Sichtprüfung)</th></tr>
<tr><th>Schutzleiterwiderstand</th><th>Isolationswiderstand</th><th>Schutzleiterstrom/
Ableitstrom</th><th>Berührstrom</th><th>Anmerkungen, Beispiele weiterer durchzuführender Messungen</th></tr>
<tr><td>Konfektionierte Leitungen, z.B. Geräteanschlussleitungen, Verlängerungsleitungen (Schuko, CEE, ...), Leitungsroller, Multicore-Leitungen, ...</td><td>Durchgängigkeit vom Eingang zum Ausgang, der Messwert muss mit dem tatsächlichen, berechneten Leitungswiderstand korrelieren. Der Grezwert der Norm ist von untergeordneter Bedeutung.</td><td rowspan="3">Aktive Teile (L+N) gegen PE. Zu erwartender Grenzwert: Messbereichsendwert/ unendlich</td><td rowspan="4">entfällt</td><td>entfällt</td><td rowspan="3">entfällt</td></tr>
<tr><td>Ortveränderliche Verteiler SKII ohne enthaltene Schutzeinrichtungen, z.B. Tischsteckdosen für Hausgebrauch, mehrfach-Steckdosenleisten, Triblocks, CEE-Verteiler, ...</td><td rowspan="3">Durchgängigkeit vom Eingang zu allen Ausgängen. Der Messwert sollte deutlich unter dem Grezwert der Norm liegen.</td><td rowspan="7">An jedem berührbaren leitfähigem Teil, das nicht mit PE verbunden ist. Zu erwartender Wert: 0 mA</td></tr>
<tr><td>Ortveränderliche Verteiler SKI (mit Metallgehäuse) ohne enthaltene Schutzeinrichtungen, z. B. Schuko-Verteiler zum Rackeinbau, Plugboxen, Splitboxen, Endboxen, ...</td></tr>
<tr><td>Ortveränderliche Verteiler SKI (mit Metallgehäuse) oder SKII mit enthaltenen Schutzeinrichtungen, z.B. Baustromverteiler, Rackverteiler, Drehstromverteiler, ...</td><td>Aktive Teile (L+N) gegen PE. Zu erwartender Grenzwert: Messbereichsendwert/ unendlich
Vorsicht: Eingebaute RCDs, RCBOs, Messwandler, Anzeige- und Kontrollelemente können eventuell beschädigt/ zerstört werden. Unbedingt Herstellerangaben berücksichtigen.
Meine Empfehlung: Messung nicht durchführen!</td><td>Bei Fehlerstrom-Schutzeinrichtungen ist die Auslösezeit und der tatsächliche Auslöse-Differenzstrom zu ermitteln.
Hinweis: Die Einhaltung der Schutzmaßnahmen kann erst nach Aufstellung und Inbetriebnahme vor Ort durch Messungen nach DIN VDE 0100-600 nachgewiesen werden.</td></tr>
<tr><td>Konventionelle Scheinwerfer mit Halogen-Leuchtmitteln, z. B. PAR, Stufenlinsen, ...</td><td rowspan="3">Wenn PE vorhanden ist: Durchgängigkeit vom Stecker zum Gehäuse. Der Messwert sollte deutlich unter dem Grezwert der Norm liegen.</td><td>Aktive Teile (L+N) gegen PE</td><td>Unbedingt durchführen! Dabei muss das Gerät eingeschaltet sein!</td><td rowspan="4">entfällt</td></tr>
<tr><td>Projektoren, Scheinwerfer mit Entladungslampe, LED- Scheinwerfer, Multifunktionsscheinwerfer, Movinglights, ...</td><td rowspan="2">Aktive Teile (L+N) gegen PE. Zu erwartender Grenzwert: Messbereichsendwert/ unendlich
Vorsicht: Eingebaute Elektronik kann eventuell beschädigt/ zerstört werden. Unbedingt Herstellerangaben berücksichtigen.
Meine Empfehlung: Messung nicht durchführen!</td><td>Unbedingt durchführen. Dabei muss das Gerät eingeschaltet sein! Entladungslampen müssen gezündet werden.
Bei LED-Scheinwerfern ist vorzugsweise ein Modus zu wählen, bei dem alle enthaltenen LEDs leuchten.</td></tr>
<tr><td>Alle elektronischen Geräte, wie Mischpulte, Splitter; Computer, Verstärker, Dimmer, Vorschaltgeräte, ...</td><td>Unbedingt durchführen! Dabei muss das Gerät eingeschaltet sein!</td></tr>
<tr><td>Handwerkzeuge wie Bohrmaschine, Stichsäge, Winkelschleifer, ...</td><td>Entfällt, da üblicherweise Geräte der SKII ohne Schutzleiter.</td><td>Entfällt, da üblicherweise Geräte der SKII ohne Schutzleiter.</td><td>Unbedingt durchführen. Dabei muss das Gerät eingeschaltet sein und betrieben werden! Bei sichbewegenden Teilen ist eine Bürstensonde o.ä. zu verwenden.</td></tr>
</table>

Tabelle 5: Beispiele durchzuführender Prüfungen

2.4.11 Beispielprotokoll

Gerät:			
Typenbezeichnung:		Hersteller:	
Nennspannung:		Leistung:	Baujahr:
Prüfung nach DIN VDE 0701-0702			
Fehlerangaben/ Grund der Prüfung:			
Gerät	mit Schutzleiter	ohne Schutzleiter	SELV/PELV
Sichtprüfung	Anschlussleitung	Schutzleiter	
	Gehäuse	Stecker	
	Kühlöffnungen	Typenschild	
Messungen	Messwert	Sollwert	Ergebnis
Schutzleiter-Widerstand	Ω	Ω	
Isolationswiderstand	MΩ	MΩ	
Schutzleiterstrom	mA	mA	
Berührstrom	mA	mA	
Funktionsprüfung	in Ordnung		
Die Sicherheit des Geräts wurde gemäß DIN VDE 0701-0702 nachgewiesen:			
Das Gerät muss instand gesetzt werden:			
Das Gerät kann nicht instand gesetzt werden:			
Verwendetes Messgerät:			
Datum:	zur Prüfung befähigte Person:		
Unterschrift:			

Abbildung 19: Beispielprotokoll Geräteprüfung

2.5 (K)ein Prüfzeichen

Wir müssen immer darauf achten, dass die CE-Kennzeichnung und die Konformitätserklärung vorhanden sind, wenn neue Geräte angeschafft oder hergestellt werden. Mit der an den Betriebsmitteln angebrachten CE-Kennzeichnung erklärt der Hersteller/ Importeur in eigener Verantwortung, dass das Produkt den grundlegenden Anforderungen der anzuwendenden EG-Richtlinien entspricht. Die Kennzeichnung garantiert allerdings weder die Betriebssicherheit, noch steht sie für die Sicherheit oder Qualität. Eine CE-Kennzeichnung ist eine gesetzliche Voraussetzung für das Inverkehrbringen des Produktes auf dem europäischen Binnenmarkt. Sie entbindet auch nicht von der Pflicht zur Gefährdungsbeurteilung. Ein CE-Zeichen ist kein Prüfzeichen, sondern wird als ein Handels- oder Verwaltungszeichen angesehen.

Abbildung 20: CE-Zeichen

Dagegen garantiert das GS-Prüfzeichen bei anschlussfertigen Betriebsmitteln als das einzige gesetzlich geregelte Prüfzeichen in Europa die Produktsicherheit, denn dieses freiwillige Prüfzeichen zeigt, dass das Produkt von einer vom Hersteller unabhängigen und staatlich beaufsichtigten Stelle auf alle sicherheitsrelevanten Aspekte geprüft worden ist.

Abbildung 21: GS-Prüfzeichen

Für gewerblich genutzte Produkte wird anstelle des GS-Zeichens häufig das DGUV Test-Zeichen benutzt. Es bestätigt, dass das Produkt den notwendigen Anforderungen an Sicherheit und Gesundheitsschutz entspricht. Oft steht es dafür, dass über den gesetzlichen Rahmen hinausgehende Anforderungen eingehalten werden.

Abbildung 22: DGUV Test-Zeichen

Speziell für elektrotechnische Betriebsmittel, Erzeugnisse und Produkte ist das bekannte und vertraute VDE-Prüfzeichen vorgesehen. Es garantiert für die Sicherheit im Sinne des Produktsicherheitsgesetzes.

Abbildung 23: VDE-Prüfzeichen

Underwriters Laboratories (kurz UL) ist eine unabhängige Organisation in den USA, die Produkte hinsichtlich ihrer Sicherheit untersucht und zertifiziert. Deren Prüfzeichen hat keine Relevanz in Europa.

Abbildung 24: UL-Prüfzeichen

2.6 Prüffristen

Früher wurden Richtwerte für Prüffristen der DGUV Vorschrift 3 entnommen und häufig als verbindlich angesehen. Seit Inkrafttreten der BetrSichV tauchen vielfach Unsicherheiten im Umgang mit Prüffristen auf, da in der BetrSichV keine Prüffristen vorgegeben werden, sondern diese von der zur Prüfung befähigten Person auf Grundlage einer Gefährdungsbeurteilung festgelegt werden sollen.

BetrSichV § 3 Gefährdungsbeurteilung

(6) Der Arbeitgeber hat Art und Umfang erforderlicher Prüfungen von Arbeitsmitteln sowie die Fristen von wiederkehrenden Prüfungen nach den §§ 14 und 16 zu ermitteln und festzulegen, soweit diese Verordnung nicht bereits entsprechende Vorgaben enthält. Die Fristen für die wiederkehrenden Prüfungen sind so festzulegen, dass die Arbeitsmittel bis zur nächsten festgelegten Prüfung sicher verwendet werden können.

BetrSichV § 14 Prüfung von Arbeitsmitteln

(2) Arbeitsmittel, die Schäden verursachenden Einflüssen ausgesetzt sind, die zu Gefährdungen der Beschäftigten führen können, hat der Arbeitgeber wiederkehrend von einer zur Prüfung befähigten Person prüfen zu lassen. Die Prüfung muss entsprechend den nach § 3 Absatz 6 ermittelten Fristen stattfinden. Ergibt die Prüfung, dass die Anlage nicht bis zu der nach § 3 Absatz 6 ermittelten nächsten wiederkehrenden Prüfung sicher betrieben werden kann, ist die Prüffrist neu festzulegen.

Wie schön wäre es, wenn man sich schematisch an einer Prüffrist-Tabelle orientieren könnte. Man müsste nur das entsprechende Gerät in einer Liste suchen und dann die Prüffrist ablesen, z. B.

- Movinglights: alle 12 Monate
- Schukoleitungen: alle 6 Monate
- Akkuschrauber: alle 36 Monate

Nein, diese Zeiten sind ein für alle Mal vorbei! Selbstverständlich können die Prüffristenempfehlungen der DGUV Vorschrift 3 als Entscheidungshilfe auf der Suche nach einer geeigneten Prüffrist dienen, aber auf gar keinen Fall dürfen Prüffristen willkürlich oder schematisch festgelegt werden! Das widerspricht in allen Zügen dem Ansatz einer Gefährdungsbeurteilung.

In der Vergangenheit hat sich in den meisten Fällen ein jährlicher Prüfrhythmus bewährt. Nicht umsonst ist im Sprachgebrauch die Begrifflichkeit „jährliche Prüfung" durchaus häufig zu finden. In Abhängigkeit von den Einsatzbedingungen und den betrieblichen Verhältnissen (z. B. Mehrschichtbetrieb im Theater oder viele Transporte im Tourneebetrieb) können Prüfungen in kürzeren Zeitabständen erforderlich sein. Auf der anderen Seite ist es beispielsweise bei kaum auftretender mechanischer Belastung und bei extrem selten verwendeten Betriebsmitteln möglich, die Prüffristen auch deutlich zu verlängern. Dies ist eine im besonderen Maße große Verantwortung der zur Prüfung befähigten Person.

Elektrische Betriebsmittel (ortsfest)	Alle 4 Jahre	Prüfung nach den geltenden elektrotechnischen Regeln
Elektrische Betriebsmittel (ortsfest, im Geltungsbereich der DIN VDE 0100, Gruppe 700)	Einmal pro Jahr	Prüfung nach den geltenden elektrotechnischen Regeln
Elektrische Betriebsmittel (ortsveränderlich), Verlängerungs- und Geräteanschlussleitungen	Alle 6 Monate bei Fehlerquote < 2 %: in allen Betriebsstätten außerhalb von Büros: Einmal pro Jahr in Büros: alle 2 Jahre	Prüfung nach den geltenden elektrotechnischen Regeln Wird bei den Prüfungen eine Fehlerquote < 2 % erreicht, kann die Prüffrist verlängert werden.
Elektrische Betriebsmittel auf Baustellen (ortsveränderlich), Verlängerungs- und Geräteanschlussleitungen	Alle 3 Monate bei Fehlerquote < 2 %: mindestens einmal pro Jahr	Prüfung nach den geltenden elektrotechnischen Regeln Wird bei den Prüfungen eine Fehlerquote < 2 % erreicht, kann die Prüffrist verlängert werden.

Tabelle 6: Beispiele gängiger Prüffristen

Die gewonnenen Erkenntnisse aus der Gefährdungsbeurteilung und die betriebliche Erfahrung führen bestenfalls zu einem Prüfturnus, in dem das Betriebsmittel sicher im Zeitraum zwischen zwei Prüfungen benutzt werden kann. Dabei sind nicht nur die Einsatzbedingungen (z. B. rauer Betrieb, Schmutz- oder Staubeinwirkungen, Feuchtigkeit oder Nässe, Korrosion, mechanische Beanspruchungen, Wärme oder Kälte) sowie die Art der Nutzung zu bewerten, sondern auch die Qualifikation und Erfahrung der Benutzer. Auch ein gerätespezifischer Verschleiß kann ein wesentliches Kriterium für die Festlegung der Prüffrist sein. Nicht zuletzt sind die dem Gerät beigefügten Herstellerangaben (z. B. Bedienungsanleitung, Sicherheitshinweise, Angaben zur bestimmungsgemäßen Verwendung) zu berücksichtigen. Je höher die Beanspruchung eines Gerätes ist, desto größer die Fehlerwahrscheinlichkeit und desto kürzer der Prüfturnus.

Viele weitere Prüffristenempfehlungen und zusätzliche Hinweise für typische Betriebsmittel der Veranstaltungstechnik sind auch in der 2019 neu aufgelegten Broschüre VBG Fachwissen „Sicherheit bei Veranstaltungen und Produktionen – Prüfung elektrischer Anlagen und Geräte" enthalten.

2.7 Ermittlung von Prüffristen (Beispiel)

	ZUSTAND	**Spitze**	**sehr gut**	**gut**	**normal/üblich**	**beeinträchtigt**	**schlecht**	**sehr schlecht**
1.1	Vorhandensein von CE-Zeichen				Ja			Nein
1.2	Prüfzeichen	Ja						Nein
1.3	Gesamteindruck							
1.4	Verschleiß	Keiner	kaum	wenig	wie üblich	bedenklich	erheblich	Sicherheitsmängel
1.5	Befestigungen Körper						Sicherheitsmängel	
1.6	Befestigungen Leitung						Sicherheitsmängel	
1.7	Schutzart		viel besser	besser	normgerecht		Falsch	gefährlich
	EINWIRKUNGEN	**Keine**	**sehr niedrig**	**niedrig**	**normal/ üblich**	**erhöht**	**hoch**	**sehr hoch**
2.1	Mechanische Einwirkungen durch Umgebung	keine		unwesentlich			störend	zu stark/ zerstörend
2.2	Mechanische Einwirkungen durch Benutzer	keine		unwesentlich			störend	zu stark/ zerstörend
2.3	Mechanische Einwirkungen durch Dritte	keine		unwesentlich			störend	zu stark/ zerstörend
2.4	Niveau der Anwender	vorbildlich			ausreichend	schlecht	sehr schlecht	negativ
2.5	Niveau der Wartung	vorbildlich			ausreichend	schlecht	sehr schlecht	keine
	GEFÄHRDUNG	**Keine**	**sehr niedrig**	**niedrig**	**normal/ üblich**	**erhöht**	**hoch**	**sehr hoch**
3.1	Nässe			unwesentlich	bestimmungsgemäß	vermehrt		zu viel, Gefahr
3.2	Staub			unwesentlich	bestimmungsgemäß	vermehrt		zu viel, Gefahr
3.3	Ordnung	Spitze	sehr gut	gut	normal	schlecht	sehr schlecht	Gefahr
3.4	Schwere der damit verbundenen Arbeit							
3.5	Temperatur (Schweiß)	nein			normal		erhöht	sehr stark
3.6	muss im Betrieb angefasst/ gehalten werden	nein		selten	normales Anfassen		großflächig	viel und oft umfasst
3.7	Fachkunde der Anwender	Spitze	sehr gut	gut		wenig	zu wenig	keine
	Vorschlag Prüffrist	**5 - 6 Jahre**	**3 - 4 Jahre**	**2 Jahre**	**1 Jahr**	**6 Monate**	**1 - 3 Monate**	**1-4 Wochen**
	Entscheidung Prüffrist:							

Tabelle 7: Beispielmatrix zur Ermittlung von Prüffristen

Anhand dieser Matrix kann man sich an den wichtigen Eckpunkten orientieren und eine fundierte Prüffristenermittlung durchführen. Diese Tabelle dient als Starthilfe für die eigene Gefährdungsbeurteilung und sollte dem eigenen Bedarf angepasst werden.

Ein handgeführtes Gerät, das zwar definitionsgemäß ortsveränderlich ist, aber in einer bestimmten Situation fest montiert wurde, kann eine deutlich längere Prüffrist erhalten als ein identisches Betriebsmittel, welches im Tourneebetrieb verwendet wird. Ein (normalerweise) als ortsfest zu definierendes Gerät, welches durch ständiges Ein- und Ausladen Stößen ausgesetzt ist, durch lange LKW-Transporte Vibrationen ertragen muss und auch ansonsten rücksichtslos behandelt wird, muss natürlich dementsprechend häufiger geprüft werden. Bei Betriebsmitteln, die nur extrem selten benutzt werden, kann andererseits alleine die lange Lagerung bereits negative Auswirkungen auf die Sicherheit haben.

Wenn es sich um vollständig isolierte Geräte ohne leitfähige berührbare Teile handelt (meistens Geräte der Schutzklasse II), ist in der Regel das Besichtigen die einzig mögliche Prüfung. Wird ein solches Gerät ausschließlich von vertrauenswürdigen fachkundigen Personen bedient, die es noch dazu täglich immer wieder beim Benutzen ansehen (müssen), dann ist eine ausdrückliche turnusmäßige Prüfung innerhalb der normalen Lebensdauer möglicherweise überflüssig.

Das Recht bzw. die Möglichkeit, die Prüffrist eines Betriebsmittels aus der Kenntnis der tatsächlichen örtlichen Bedingungen abzuleiten, wird der zur Prüfung befähigten Person ausdrücklich durch die BetrSichV gegeben. Sie darf entscheiden, dass die Outdoor-LED-Scheinwerfer alle zwei Jahre, die Laptops mit externen Netzteilen alle vier Jahre und ein nahezu unzugänglicher fest angebrachter Scheinwerfer alle fünf Jahre geprüft werden, wenn diese Entscheidung mit einer dementsprechenden Gefährdungsbeurteilung untermauert wird.

2.8 Sichtprüfung vor Verwendung

Vor der jeweiligen Verwendung eines Betriebsmittels muss dieses zusätzlich immer vom Benutzer einer Sichtprüfung auf offensichtliche Mängel unterzogen werden. Dazu gehört bedarfsweise auch eine Funktionskontrolle vorhandener Schutz- und Sicherheitseinrichtungen. Diese Kontrolle ersetzt aber in keinem Fall eine Wiederholungsprüfung.

2.9 Mess- und Prüfgeräte

Zur Prüfung sind normgerechte und geeichte Prüf- oder Messgeräte nach VDE 0411 bzw. VDE 0413 zu verwenden. Diese werden von diversen Herstellern in den unterschiedlichsten Ausführungen angeboten.

Messkategorien
In der DIN EN 61010-1 (VDE 0411, Teil 1) sind u. a. Sicherheitsbestimmungen für Messgeräte definiert. Hier werden Messgeräte in die folgenden Messkategorien eingeteilt. Diese Kategorie muss auf den Messgeräten und dem Zubehör zu erkennen sein:

- Messkategorie I (CAT I) ist für Messungen an Stromkreisen, die nicht mit dem Netz verbunden sind, vorgesehen (z. B. Akku- oder Batteriestromkreise).
- Messkategorie II (CAT II) ist für Messungen an Stromkreisen und Geräten, die steckbar mit dem Niederspannungsnetz verbunden sind, vorgesehen (z. B. Haushaltsgeräte, tragbare Werkzeuge, Verlängerungsleitungen und natürlich elektrische Betriebsmittel der Veranstaltungstechnik).
- Messkategorie III (CAT III) ist für Messungen in der Gebäudeinstallation vorgesehen (z. B. Verteiler, Verkabelung, Steckdosen der festen Installation, Geräte für industriellen Einsatz).
- Messkategorie IV (CAT IV) ist für Messungen an der Quelle der Niederspannungsinstallation vorgesehen (Zähler und Messungen an primären Überstrom-Schutzeinrichtungen).

Ja/Nein-Prüfgeräte
Diese Oldtimer der Prüftechnik haben in den letzten Jahrzehnten sicher gute Dienste geleistet. Heute, wo sogar schon eine Notenpultleuchte nur mit Hilfe elektronischer Bauelemente Licht spenden kann, sind sie leider nicht mehr brauchbar. Ein Prüfer muss wissen, ob es Unterschiede zwischen Widerstandswerten gibt und wie hoch der Schutzleiterstrom eines Geräts ist. Ein Prüfgerät, das den Isolationswiderstand mit „Grün“ bewertet, hat keine Aussagekraft. Ein Prüfer kann nur dann fachgerecht über ein elektrisches Gerät urteilen, wenn ihm das Prüfgerät die notwendigen Messwerte liefert. Einem Ja/Nein- bzw. Grün/Rot-Prüfgerät die Entscheidung über die Sicherheit zu überlassen, wäre meiner Meinung nach grob fahrlässig.

Gefahren beim Messen der Ausgangsspannung
Das Messen der Ausgangsspannung von Prüflingen ist mit einem Messgerät durchzuführen, das für die zu erwartende Spannung geeignet und richtig eingestellt ist. Es ist mindestens die Messkategorie CAT II erforderlich.

Gefahren durch Prüfzubehör

Eine Gefahr kann auch von dem eingesetzten Prüfzubehör ausgehen. Es muss für die zu erwartende Beanspruchung geeignet und möglichst berührungssicher sein. Bei der Auswahl von Messleitungen und Prüfspitzen ist darauf zu achten, dass diese für die zu erwartende Spannung und Stromstärke geeignet sind. Auch das Zubehör muss mindestens den Anforderungen der Kategorie CAT II genügen.

2.10 Prüfplatz

Um mögliche auftretende elektrische Gefährdungen zu verringern, sind Prüfungen, bei denen berührungsgefährliche Spannungen auftreten können, an besonderen Prüfplätzen durchzuführen. Diese Prüfplätze und Anforderungen an sie sind in der DGUV Information 203-034 „Errichten und Betreiben von elektrischen Prüfanlagen“ und in der DIN VDE 0104 „Errichten und Betreiben elektrischer Prüfeinrichtungen“ beschrieben.
Wesentliche Merkmale eines Prüfplatzes sind:

- Fehlerstrom-Schutzeinrichtung (RCD) mit $I_{\Delta n} \leq 30$ mA
- Not-Aus-Einrichtung
- Schaltgerät, geschützt gegen unbeabsichtigtes/unbefugtes Einschalten
- Schutz gegen automatisches Wiedereinschalten bei Spannungswiederkehr nach einem Spannungsausfall
- Prüftischplatte aus nichtleitendem Werkstoff
- Potenzialausgleich zwischen berührbaren leitfähigen Teilen
- Sicherheitskennzeichnungen
- Rote Signalleuchte als Betriebszustandsanzeige
- Isolierender Standort für die Prüfperson
- Abgrenzung des Prüfplatzes, um den Zutritt Unbefugter zu verhindern
- Geeignete Betriebsanweisung
- Regelmäßige Prüfung der Prüfanlage (dokumentieren)
- Regelmäßige Unterweisung des Prüfpersonals (dokumentieren)

2.11 Praxistipps und ergänzende Hinweise

2.11.1 Adapter/ Drehstromgeräte

Die überwiegende Zahl der Prüfgeräte wird einphasig aus dem Netz versorgt. Der Anschluss der Prüflinge erfolgt in der Regel über eine Schukosteckdose, an der die Netzspannung oder eine Prüfspannung anliegt – abhängig vom ausgewählten Prüfverfahren.

Elektrische Betriebsmittel, die mit z. B. CEE-Steckern ausgerüstet sind, können dann nur mit Hilfe von Adaptern daran angeschlossen werden. Die Messung des Schutzleiterwiderstands oder eine Isolationswiderstandsmessung ist mit einfachen Adaptern durchführbar. Sollen jedoch Schutzleiter- oder Berührungsstrommessungen bei Drehstromgeräten (z. B. Motoren) durchgeführt werden, kann das selbstverständlich nur mit einem Prüfgerät für dreiphasigen Betrieb erfolgen. Auch eine Funktionsprüfung von Drehstromgeräten ist natürlich nur mit einem dementsprechenden Prüfgerät an einem Drehstromanschluss möglich.

2.11.2 Besonderheiten

Schutzklasse I

Bei einigen elektrischen Betriebsmitteln der Schutzklasse I und berührbaren leitfähigen Teilen, die nicht am Schutzleiter angeschlossen sind, wie z. B. bei Tauchpumpen, Kaffeemaschinen, Monitoren oder Druckern, muss der niederohmige Durchgang des Schutzleiters nicht nachgewiesen werden, wenn klar ist, dass der Zustand dem Neuzustand des Geräts entspricht und die zur Prüfung befähigte Person die Sicherheit gewährleisten kann. Um eine durch einen Fehler entstandene leitende Verbindung zu diesen Metallteilen messtechnisch zu erfassen, bietet sich dann die Berührungsstrommessung an.

Geräte ohne berührbare leitfähige Teile

Bei Geräten mit Schutzleiter aber ohne berührbare leitfähige Teile kann die Wirksamkeit der Schutzmaßnahme nur durch Besichtigen festgestellt werden.

Geräte mit Schutzleiter ohne Schutzfunktion (z. B. EMV-Beschaltung)

Bei derartigen Geräten ist das Messen des Schutzleiterwiderstands nicht erforderlich, da der Schutzleiter in Bezug auf den Schutz gegen elektrischen Schlag keine Funktion ausübt.

Geräte ohne Schutzleiter/Geräte der Schutzklasse II

Bei Geräten ohne Schutzleiter muss die Schutzmaßnahme „doppelte oder verstärkte Isolierung“ angewendet werden, also ein entsprechend den Grundsätzen dieser Schutzmaßnahme gestaltetes Gehäuse aus Isolierstoff vorhanden sein. Wenn sich an diesem Gehäuse keine berührbaren leitfähigen Teile befinden, kann die Wirksamkeit der Schutzmaßnahme nur durch Besichtigen festgestellt werden.
Schutzisolierte elektrische Arbeitsmittel, bei denen ein Schutzleiter „durchgeschleift“ oder z. B. an einer Steckdose vorhanden ist, sind nicht immer mit dem Symbol für Schutzisolierung gekennzeichnet. Zu solchen Geräten gehören z. B. Leitungsroller (Kabeltrommeln), mobile Stromverteiler, Industriestaubsauger und Netzteile. Wenn bei diesen Betriebsmitteln der Schutzleiter zugänglich ist, muss die Durchgängigkeit selbstverständlich an allen Punkten nachgewiesen werden.

2.11.3 Sekundärer Spannungsausgang

Elektrische Betriebsmittel mit berührbarem Spannungsausgang wandeln die Energie aus dem Netz häufig in eine niedrigere Spannung oder eine andere Spannungsart um. Dieser Spannungsausgang ist ebenfalls sicherheitstechnisch zu prüfen. Dazu sind der Isolationswiderstand, der Berührungsstrom sowie die Ausgangsspannung zu messen. Wenn bei der bestimmungsgemäßen Benutzung eine großflächige Berührung von leitfähigen Teilen auszuschließen ist oder aufgrund kleiner Kontaktflächen unter 10 mm^2 nur mit geringen Berührungsströmen zu rechnen ist, kann man auf eine Isolationswiderstandsmessung verzichten. Dies ist in der Dokumentation zu vermerken.

Wenn dagegen eine einfache Berührung mit den Fingern möglich ist, z. B. an Rundsteckern von Netzteilen für Notebooks oder an Kontakten in Akku-Ladeschalen, ist das Messen des Berührungsstroms durchzuführen.

Bei Geräten der Schutzklasse III sind unter Umständen Steckkontakte berührbar. Diese Kontakte sind, wenn die Geräte normgerecht gebaut sind, galvanisch vom Netz getrennt. Die normkonforme sichere Trennung wird z. B. durch die Dokumentation des Herstellers oder besser noch durch ein Zertifikat mit Prüfzeichen (GS, VDE oder vergleichbar) nachgewiesen.

2.11.4 Anschlüsse zur Datenübertragung (NF, Video, DMX, Netzwerk etc.)

Bei vielen Geräten der Veranstaltungstechnik sind Daten-Anschlussbuchsen oder -stecker durch den Benutzer berührbar und müssten streng genommen in die Messungen einbezogen werden. Dies können z. B. die Pins von Schnittstellen oder die Kontakte von Netzwerk-, Audio-, Video- oder DMX-Anschlüssen sein. Auf die Messungen einzelner Anschlussstifte/Anschlussbuchsen von Datenschnittstellen darf verzichtet werden, wenn beim Kontaktieren der Anschlüsse oder durch die anzulegende Messspannung eine Beschädigung der Bauelemente möglich wäre. Davon ist im Zweifelsfalle immer auszugehen! Deshalb sollte von diesen Messungen Abstand genommen werden – auch von Kontakten, die "nur" mit der Abschirmung in Verbindung stehen. In der Regel handelt es sich dabei um eine Funktionserdung. Diese hat keine Schutzfunktion und muss daher den Grenzwert für den Schutzleiterwiderstand nicht einhalten.

2.11.5 Hochfrequente Ableitströme

Um hochfrequente Ströme im Versorgungsnetz zu verringern, werden von den Herstellern zunehmend Netzfilter in die Geräte eingebaut. Diese sollen die dort entstehenden höherfrequenten Anteile über den Schutzleiter ableiten.
Zusätzlich können Ableitströme durch die kapazitive Wirkung von Leitungen und Bauteilen (parasitäre Kapazitäten) entstehen. Diese Ströme haben im Fall einer Körperdurch-

strömung eine geringere Wirkung auf den Menschen als ein gleich großer Strom bei 50 Hz. Es sind somit höhere Grenzwerte für den Schutzleiterstrom zulässig.

Diese betriebsbedingten Ableitströme werden gemeinsam mit dem 50-Hz-Ableitstrom und eventuell auftretenden Gleichstromanteilen gemessen. Bei älteren Prüfgeräten ergeben sich dadurch regelmäßig überhöhte Messwerte.

In der DIN VDE 0104 „Errichten und Betreiben elektrischer Prüfanlagen" ist für Ströme mit Frequenzen über 500 Hz bis 1 MHz festgelegt, wie hoch diese in dem jeweiligen Frequenzbereich maximal sein dürfen. Auch die dementsprechend höhere zulässige Berührungsspannung ist hier zu finden.

Frequenz f in kHz	Zulässiger Körperstrom in mA	Zulässige Berührungsspannung in V
0,5 ≤ f ≤ 2	1,75 x f (in kHz) + 3,3	25
2 ≤ f ≤ 3,8	1,4 x f (in kHz) + 4,2	25
3,8 ≤ f ≤ 12	1,4 x f (in kHz) + 4,2	1,05 x (f in kHz) + 20,5
12 ≤ f ≤ 28	1,75 x f (in kHz)	1,05 x (f in kHz) + 20,5
28 ≤ f ≤ 100	50	1,05 x (f in kHz) + 20,5
100 ≤ f ≤ 1.000	50	125

Tabelle 8: Richtwerte für zulässige Körperströme nach DIN VDE 0104

Da sich der Ableitstrom von EMV-Beschaltungen (aufgrund von Kapazitäten und Induktivitäten) allerdings geometrisch zu den ohmschen Ableit- oder Fehlerströmen addiert, kann in der Regel bei Geräten mit EMV-Beschaltungen vom Messwert nicht unmittelbar auf den Zustand der Isolierungen geschlossen werden. Der angezeigte Wert könnte sowohl zu niedrig (das Messgerät ignoriert die hohen Frequenzen) als auch zu hoch (weil keine Frequenzbewertung stattfindet) sein.

Da durch eine Wiederholungsprüfung der Nachweis erbracht werden soll, dass die im Neuzustand eines Geräts vorhandene Sicherheit noch existiert, ist es wichtig, nützlich und sinnvoll, die Höhe des Ableitstroms im Neuzustand zu kennen (also bei Neuzugang messen und protokollieren), um später eventuelle Abweichungen erkennen zu können. Wenn dieser Wert eines neuen und ordnungsgemäßen Betriebsmittels schon oberhalb des aufgeführten Grenzwertes liegt, ist das Gerät nicht zwangsläufig zu beanstanden.

2.11.6. Ortsveränderliche Fehlerstrom-Schutzeinrichtungen

Ortsveränderliche Fehlerstrom-Schutzeinrichtungen mit der nach DIN VDE 0661-20 korrekten Bezeichnung SPE-PRCD (Switched Protective Earth Portable Residual Current Device) werden in unterschiedlichen technischen Ausführungen angeboten. Sie müssen für den gewerblichen Einsatz geeignet sein und werden wie eine Verlängerungsleitung zwischen einem elektrischen Verbraucher und einer Steckdose installiert.

Diese mobilen Personenschutzgeräte verfügen neben dem Erfassen von Ableit- bzw. Fehlerströmen nach der Differenzstrommethode über weitere schützende Funktionen wie

- **Unterspannungsauslösung**
- **Fremdspannungsauslösung**
- **Schutzleitererkennung**
- **Überwachung des Schutzleiters**

Die Bezeichnung PRCD (portabler RCD) oder PRCD-S ist eine Produktbezeichnung der Firma Kopp, hat sich aber mittlerweile als herstellerübergreifende Bezeichnung im Sprachgebrauch durchgesetzt.

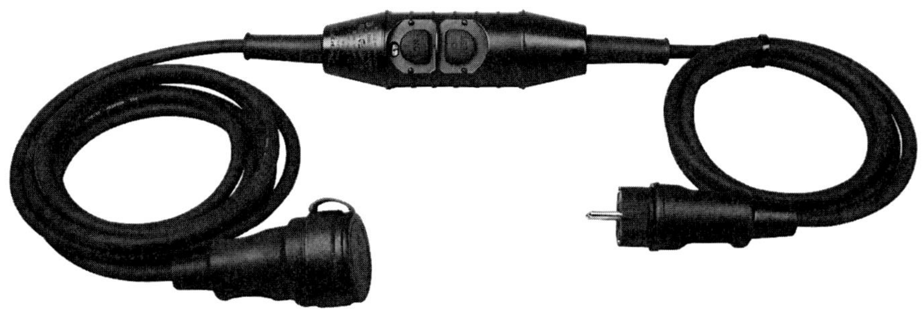

Abbildung 25: PRCD-S von Kopp

Aufgrund der verschiedenen Bauarten muss man sich mit der jeweiligen Funktionsweise und den erforderlichen Prüfschritten vertraut machen. Durch den unterschiedlichen Aufbau (z. B. geschalteter Schutzleiter oder Unterspannungsauslösung) muss der Messablauf individuell gestaltet werden. Auch dabei sind unbedingt die Herstellerinformationen zu berücksichtigen.

Insbesondere Geräte, die das Vorhandensein des Schutzleiters und seinen richtigen Anschluss überprüfen, können das nur korrekt, wenn ein Referenzwert zum Vergleich zur Verfügung steht. Dieser wird vom PRCD über den Menschen zur Erde auf kapazitive Weise ermittelt. Dazu braucht nicht einmal der Bedienknopf aus Metall zu sein. Deswegen ist es bei etlichen Betriebsmitteln von entscheidender Bedeutung, dass der Prüfschalter mit einer Hand ohne Handschuh bedient wird. Ein Hinweis oder ein Piktogramm auf dem Gerät ist extrem hilfreich und verkürzt bzw. beendet eine unter Umständen lang andauernde Fehlersuche.

Abbildung 26: Handschuhe verboten

Sichtprüfung

Neben der Sichtprüfung auf offensichtliche Mängel von Isolierung, Kabeleinführung und Steckkontakten ist bei einigen SPE-PRCDs ein entsprechender Hinweis, dass das Einschalten nur ohne Handschuhe erlaubt ist, besonders wichtig. Bei der Benutzung von Handschuhen besteht ansonsten die Gefahr, dass ein eventueller Fehler in der vorgeschalteten Hausinstallation nicht erkannt und dementsprechend vorgetäuscht wird, sie sei in Ordnung.

Schutzleiterwiderstandsmessung
Bei dieser Messung ist zu berücksichtigen, dass der Schutzleiter möglicherweise geschaltet wird oder sich im Schutzleiter elektronische Bauteile befinden.

- Bei einem SPE-PRCD ist die Durchschaltung des Schutzleiters nur möglich, wenn die Netzversorgung vorhanden ist. Der Widerstand des Schutzleiters kann dann z. B. über eine benachbarte Steckdose gemessen werden.
- Ein PRCD mit nichtgeschaltetem Schutzleiter kann direkt auf Niederohmigkeit zwischen den Schutzleiterkontakten gemessen werden.
- Bei einem PRCD-K wiederum ist ein Varistor (spannungsabhängiger Widerstand) in den Schutzleiter geschaltet, der erst ab etwa AC 20 V leitend wird – somit ist eine Durchgängigkeitsmessung des Schutzleiters gar nicht möglich.

Isolationswiderstandsmessung
Aufgrund der elektronischen Schutzleiterüberwachung sollte auf diese Messung verzichtet werden.

Prüfen und Erproben der RCD-Eigenschaften
Die Funktionsprüfung der Fehlerstrom-Schutzeinrichtung ist durch Betätigung der Prüftaste durchzuführen. Die Prüfung auf Wirksamkeit der automatischen Abschaltung des RCD sollte mit Hilfe eines Schutzmaßnahmenprüfgerätes durchgeführt werden.
Dabei sollte sowohl die Auslösezeit als auch der Auslösestrom gemessen werden.

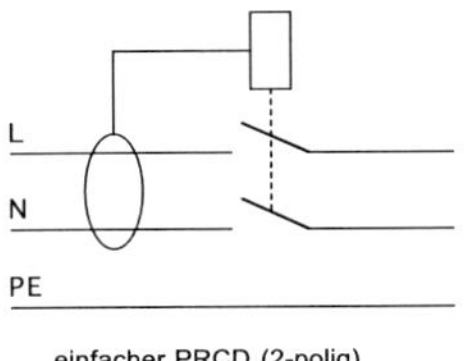

einfacher PRCD (2-polig)

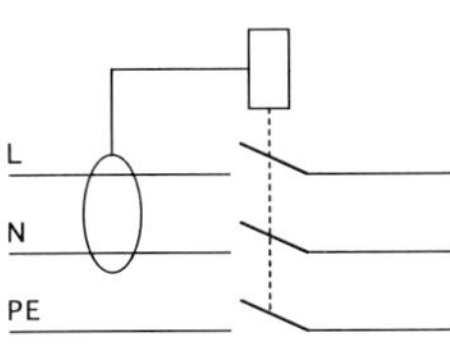

PRCD-S (3-polig)

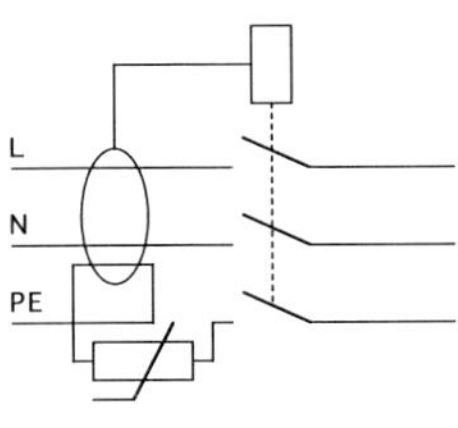

PRCD-K (mit Varistor)

Abbildung 27: PRCD-Typen

Prüfen und Erproben weiterer Sicherheitsfunktionen
Neben der Kontrolle einer ggf. vorhandenen Unterspannungsauslösung ist eine Überprüfung der Funktionen „Erkennung von Schutzleiter- oder Neutralleiterunterbrechung sowie Leitervertauschung" erforderlich. Teilweise werden vom Hersteller auch weitere Prüfungen oder auch Messmethoden vorgeschrieben. Dazu gehört z. B. die Fremdspannungserkennung auf dem Schutzleiter. Diese Prüfungen können mit speziellen Adaptern durchgeführt werden.

2.11.7 Powerlock-Leitungen
Powerlock-Leitungen sind in der Regel einadrige flexible Gummischlauchleitungen vom Typ H07RN-F oder gleichwertig, konfektioniert mit entsprechend codierten Steckverbindern für L1, L2, L3, N und PE. Dieses System entspricht der DIN 15766 „Einzelleiter-Stecksystem für Niederspannungsnetze AC 400/230 V für die mobile Produktions- und Veranstaltungstechnik". Die Norm beschreibt die Gebrauchstauglichkeit, die Anforderungen an die Kompatibilität zwischen unterschiedlichen Herstellern sowie die Gefährdungen und daraus resultierenden Sicherheitsanforderungen.

Generell handelt es sich um ein System, das nur von Elektrofachkräften errichtet und betrieben werden darf. Ein System besteht aus 5 konfektionierten Leitungen. Je nach Anwendungsfall und Nennstromstärke (bis maximal 3 x 400 A) werden in der Regel Querschnitte von 120 mm², 150 mm² oder 240 mm² verwendet.

Powerlock-Leitungen kommen immer dann zum Einsatz, wenn der Strombedarf von mobilen elektrischen Anlagen für TV-Produktionen oder Veranstaltungen nicht mehr über 5-adrige Leitungen mit CEE-Industriesteckvorrichtungen (16 A bis 125 A) gedeckt werden kann. Dieser Anwendungsbereich ist wiederum in der DIN 15767 „Veranstaltungstechnik – Energieversorgung in der Veranstaltungs- und Produktionstechnik" ausführlich definiert.

Bei einem Powerlock-System handelt es sich nicht um ein betriebsfertiges elektrisches Gerät im Sinne der DIN VDE 0701-0702. Somit ist die Anwendung dieser Norm zumindest in Frage zu stellen. Wenn man einzelne Powerlock-Leitungen dennoch nach der DIN VDE 0701-0702 prüfen möchte, so beschränkt sich die Prüfung auf eine Sichtprüfung. Denn bei einer einzigen doppelt-isolierten Ader kann man weder einen Isolationswiderstand, noch einen Berührungsstrom oder gar Schutzleiterstrom messen. Und selbst eine Durchgängigkeitsmessung gestaltet sich äußerst schwierig, da der Widerstand einer 25 m langen Leitung mit einem Querschnitt von 150 mm² bei ca. 3 mΩ und somit außerhalb des Messbereichs üblicher Gerätetester liegt, der in der Regel erst bei 10 mΩ beginnt. Und einen Isolationswiderstand unter „Laborbedingungen" bei mehreren nebeneinanderliegenden, doppelt isolierten Leitungen messen zu wollen, ist ebenfalls mehr als fragwürdig – einen Isolationsfehler würde man tatsächlich eher durch eine Sichtprüfung identifizieren, bevor man das Messgerät auspackt.

Abbildung 28: Sichtprüfung Powerlock

Unstrittig ist jedoch, dass elektrische Anlagen und Betriebsmittel gemäß DGUV Vorschrift 3 geprüft werden müssen – Powerlock-Leitungen gehören gemäß Durchführungsanweisung zu § 5 Absatz 1 Nr. 2 zu den „nichtstationären Anlagen". Diese Leitungen sind ein elementarer Bestandteil einer zu errichtenden mobilen Anlage, die vor der Inbetriebnahme ohnehin einer Erstprüfung unterliegt. Die Sicherheit der gesamten Anlage hängt maßgeblich von einem korrekt installierten Powerlock-System ab. Da Powerlock-Systeme in der Regel nicht über vorgeschaltete RCDs zum Personenschutz verfügen, ist sowohl der Schutz gegen direktes als auch bei indirektem Berühren (des Systems selbst und aller daran angeschlossenen Betriebsmittel) von entscheidender Bedeutung. Die Wirksamkeit dieser Schutzmaßnamen kann aber erst nach einer Installation vor Ort und nicht durch eine Prüfung an einem Prüfplatz nachgewiesen werden.

Zu berücksichtigen ist außerdem, dass das Powerlock-System an jeweils geeigneten und ebenfalls nur im Zusammenhang zu prüfenden Stromverteilern ordnungsgemäß anzuschließen ist. Eine Prüfung dieser Kombination ist nur unter Betriebsbedingungen sinnvoll durchzuführen, zumal die Sicherheit entscheidend von der Schleifenimpedanz des vorgelagerten Netzes abhängig ist und dementsprechend von Einsatzort zu Einsatzort variieren kann. Nur nach einer ordnungsgemäß durchgeführten Erstprüfung gemäß VDE 0100-600 mit allen erforderlichen Prüfungen/Messungen und einer aussagekräftigen Dokumentation darf eine Anlage, die unter Verwendung von Powerlock-Leitungen errichtet wurde, in Betrieb genommen werden. Das wird auch von der DIN 15766 ausdrücklich gefordert.

2.12 Mobile elektrische Anlagen

Unabhängig von allen Vorschriften, die Prüfungen fordern, müssen wir uns ständig im Klaren darüber sein, worin der Sinn von Prüfungen liegt und warum das Thema Prüfungen so wichtig ist. Meiner Meinung nach ist ein ganz entscheidender Punkt – wenn nicht sogar der alles Entscheidende – die Tatsache, dass wir selbst in einem Großteil der Fälle diejenigen sind, die die elektrischen Betriebsmittel anschließen, in Betrieb nehmen und benutzen wollen. Dazu ist es in der Regel notwendig, diese elektrischen Betriebsmittel auch anzufassen. Bei nicht geprüften Betriebsmitteln besteht schlicht ein größeres Risiko, dass sich ein gefährlicher Zustand eingeschlichen hat. Und daraufhin auch, dass dieser unter Umständen gefährliche Zustand erst bemerkt wird, wenn es evtl. schon zu spät ist – nämlich beim Berühren des elektrischen Betriebsmittels oder einer leitfähigen Konstruktion (Stativ, Traverse etc.), an der dieses befestigt ist.
Wenn wir nur geprüfte elektrische Betriebsmittel verwenden und somit dieses Risiko deutlich verringert haben, kommt sofort die nächste Herausforderung auf uns zu. Um ein elektrisches Betriebsmittel in Betrieb nehmen zu können, ist zweifelsohne eine elektrische Anlage erforderlich, welche die notwendige elektrische Energie transportiert. Und diese Anlage wird ebenfalls von uns oder unseren Kollegen vor Ort errichtet. Wie wollen oder können wir sicher sein, dass alles (sicherheitstechnisch) in Ordnung ist, wenn noch vor kurzer Zeit das gesamte mittlerweile verbaute Material in vielen Cases in Kraftfahrzeugen über lange Distanzen transportiert wurde? Was ist mit dem Material davor passiert – wie wurde es behandelt? Wie wurde es ein- bzw. ausgeladen? Woher kommt die elektrische Energie vor Ort? In welchem Zustand ist die elektrische Anlage des Gebäudes?

Jedem sollte klar sein, dass diese Fragen in den seltensten Fällen allumfassend und zufriedenstellend beantwortet werden können. Außerdem sollte uns als verantwortungsvollen Elektrofachkräften klar sein, dass nicht nur jedes Betriebsmittel für sich geprüft und somit sicher sein muss, sondern auch die entstandene Kombination aller zusammengesteckten Komponenten. Es ist durchaus möglich, dass eine nur aus technisch einwandfreien und geprüften Komponenten bestehende Anlage trotzdem Sicherheitsmängel aufweisen kann – insbesondere bei dem von uns verwendeten „Baukasten-Prinzip“. Genau in dieser „System-Gastronomie“ sind Sicherheitsmängel vorprogrammiert: „Man nehme einen 63er, verteile diesen auf zwei 32er, das sind dann 2 x 16 und aus 16 rot wird 3 x 16 blau oder Schuko. Fertig!“

Eben weil alles so irreführend einfach scheint und zusammensteckbar ist, wirkt es sicher und verleitet dazu, nicht mehr nachzudenken, geschweige denn zu prüfen – solange Formen und Farben zusammenpassen.

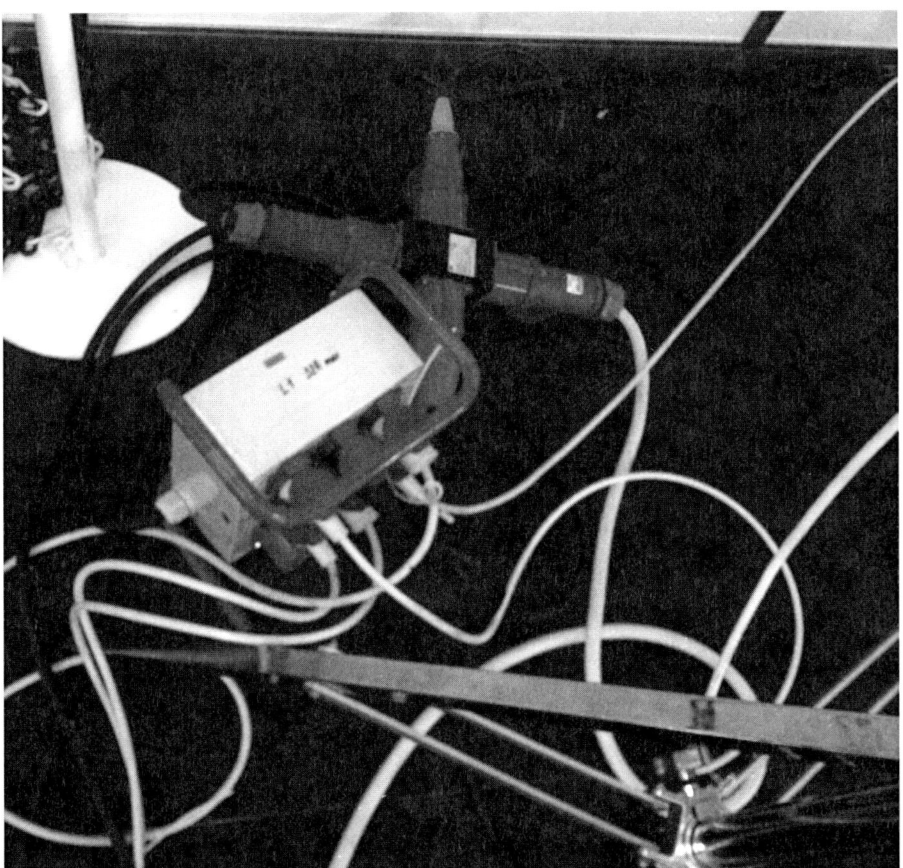

Abbildung 29: Beispiel für eine unübersichtliche Installation

Nicht selten werden mobile elektrische Anlagen nur nach den vorhandenen Anschlüssen geplant und bei fehlenden Anschlussmöglichkeiten einfach andere oder zusätzliche Verteiler eingesetzt. Es werden Adapter angefertigt, und das so lange, bis jeder Stecker einen Platz gefunden hat – und wenn es der letzte zur Verfügung stehende Steckplatz in einer „Tischsteckdose für den Hausgebrauch" ist.

Und dann sollen wir sicherstellen, dass nicht nur die Funktion gegeben ist, sondern es darüber hinaus nur ein möglichst geringes akzeptables Restrisiko gibt? Wie bitte will man das gewährleisten, ohne Prüfungen und Messungen durchgeführt zu haben?

In unserem eigenen Interesse müssen wir eine Prüfung der elektrischen Anlage durchführen, um sicherzustellen, dass
1. die Sicherheit,
2. die Funktion und
3. die Zuverlässigkeit
der elektrischen Anlage gegeben sind.

Nur so lange die von uns errichtete mobile elektrische Anlage die an sie gestellten Erwartungen erfüllt und nicht während einer Veranstaltung in Teilen oder sogar vollständig versagt, können wir uns sicher sein, dass keine entsprechende Schadenersatzforderung droht.

Aber auch unabhängig von Schadenersatzforderungen und Strafandrohungen ist es eine durchaus angenehme Situation, wenn man bei einer Produktion weiß, dass zumindest zum Zeitpunkt der Prüfung alles im grünen Bereich war. Deswegen ist eine Protokollierung der Ergebnisse vor Ort mit Datum und Uhrzeit von großer Wichtigkeit!

Und die Durchführung der Messungen, aber insbesondere die Bewertung der Messergebnisse schreien förmlich nach einer sehr gut ausgebildeten und im Bereich der mobilen elektrischen Anlagen für Veranstaltungstechnik erfahrenen Elektrofachkraft.

2.13 Speisepunkt/Übergabepunkt

Ist der Anschluss, von dem wir unsere Energie bekommen sollen, in Ordnung? Diese Frage ist die allererste, die man sich stellen sollte. Und bevor wir uns inhaltlich näher damit beschäftigen, ist es sinnvoll, den Begriff zu definieren und festzulegen, welche Arten wir unter welchen Umständen benutzen können bzw. dürfen.

Die folgende Definition ist dem „Wörterbuch“ der DIN VDE 0100 entnommen, dem Teil 200.

> ***DIN VDE 0100-200 Begriffe***
> *Speisepunkt (der elektrischen Anlage)*
> *Punkt, an dem elektrische Energie in die elektrische Anlage eingespeist wird.*

Darunter versteht man in der Regel den Hausanschlusskasten oder einen Hauptstromverteiler. Auf Baustellen würde man den Baustromverteiler mit Anschlussfunktion darunter verstehen – also die Stelle, an der die Einspeisung stattfindet. Dieser ist auch mit einer entsprechenden Einrichtung zum Messen der abgenommenen Elektrizitätsmenge (Stromzähler) ausgestattet. In Bezug auf vorübergehend errichtete Anlagen kann man noch die DIN VDE 0100-711 zu Rate ziehen:

> ***DIN VDE 0100-711 Ausstellungen, Shows und Stände***
> *Speisepunkt für die vorübergehend errichtete elektrische Anlage*
> *Punkt der festen elektrischen Anlage oder einer anderen Stromquelle, von der elektrische Energie geliefert wird.*

In den DGUV Informationen 203-006 oder 203-032 findet man noch die Begriffe Übergabepunkt oder Anschlusspunkt:

> ***DGUV Information 203-006 bzw. 203-032***
> ***Übergabepunkt:** Punkt, an dem elektrische Energie in die elektrische Anlage der Bau- oder Montagestelle eingespeist wird.*
> ***Anschlusspunkt:** Punkt, an dem elektrische Energie zum Betreiben von elektrischen Anlagen und Betriebsmitteln auf Bau- oder Montagestellen entnommen wird.*

Auch im Branchenstandard SQP4 „Mobile elektrische Anlagen in der Veranstaltungstechnik“ wird der Begriff Übergabepunkt verwendet. Hier ist die Stelle gemeint, an der die Verantwortung von einem Gewerk auf das nächste wechselt.

2.13.1 steckerfertige Speisepunkte

In der Regel handelt es sich dabei um eine vor Ort vorhandene Steckdose, üblicherweise als CEE-Industriesteckvorrichtung ausgelegt. Für den ganz kleinen Energiebedarf (EB-Team) kann natürlich auch eine Schukosteckdose als Speisepunkt dienen. Für größeren Energiebedarf stehen auch immer häufiger Powerlock-Anschlüsse zur Verfügung.

Abbildung 30: Speisepunkt in einem Studio

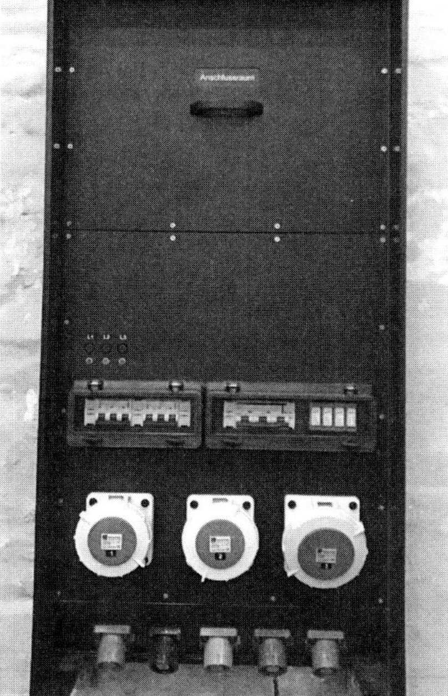

Abbildung 31: Powerlock – Speisepunkt

2.13.2 Anschlusskästen

Immer seltener findet man vor Ort vorhandene Anschlusskästen, die dazu gedacht sind, als Übergabepunkt für eine vorübergehend errichtete Anlage zu dienen. Diese stammen aus einer Zeit, in der es noch kein genormtes und sicheres System zum Anschließen von Anlagen mit einem Strombedarf von mehr als 125 A gab.

An dieser Stelle muss ich unbedingt darauf hinweisen, dass ein Unterschied zwischen einem Anschlusskasten wie oben beschrieben und einem beliebigen Verteiler besteht. Selbstverständlich ist klar, dass hier nicht die Rede davon ist, bauseits vorhandene bzw. ortsfeste Stromverteiler aufzuschrauben und auf irgendeine Art und Weise eine weitere oder überhaupt eine Anschlussmöglichkeit vorübergehend herzustellen! Niemals darf von uns in/an vorhandenen Installationsverteilern eine Änderung oder Erweiterung – egal welcher Art und Weise – vorgenommen werden. Auch das Überbrücken eines RCDs oder das Austauschen von MCBs (Leitungsschutzschaltern) ist ein absolutes Tabu!

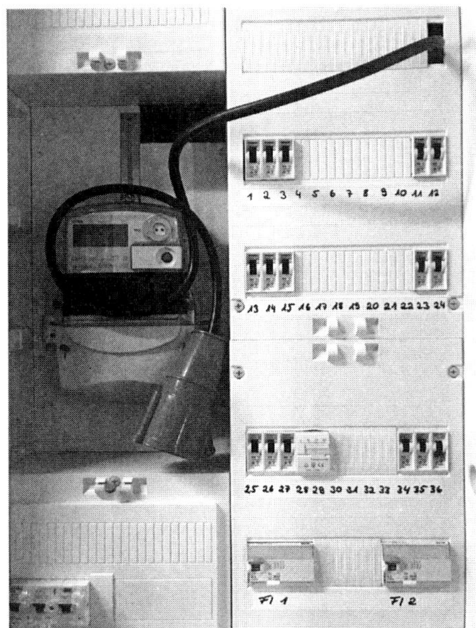

Abbildung 32: unzulässige Erweiterung einer bestehenden Anlage

Abbildung 33: Baustromverteiler

2.13.3 Vorübergehende Speisepunkte

Wenn in einem Gebäude kein ausreichend dimensionierter Stromanschluss zur Verfügung steht oder wenn überhaupt keine Gebäude in der Nähe sind, gibt es in der Regel zwei Möglichkeiten, vorübergehende Speisepunkte herzustellen:

- entweder durch die Installation eines Baustromverteilers vom zuständigen Netzbetreiber bzw. von einem Elektromeisterbetrieb, der in das Installateur-Verzeichnis eingetragen ist (umgangssprachlich auch: Konzessionsträger) oder
- durch das Aufstellen eines mobilen Stromerzeugers.

Abbildung 34: Anschlussmöglichkeiten an einem Stromerzeuger

Welche der beiden Lösungen auch immer zum Tragen kommt, letzten Endes wird man auch hier die bekannten Anschlüsse vorfinden. Wie man deutlich erkennen kann, gibt es verschiedene Steckmöglichkeiten und bei dem abgebildeten Stromerzeuger auch einen Anschlusskasten, in dem Einzelleitungen aufgelegt werden können.

2.13.4 Stromverteiler oder Baustromverteiler?

Wenn wir das Thema normgerecht betrachten – und das sollten wir tun – heißen Stromverteiler in Wirklichkeit: Niederspannungs-Schaltgerätekombinationen.
Für die mobilen Verteiler, die bei uns in großen Mengen und unübersichtlicher Artenvielfalt verwendet werden, gibt es keine spezielle Hersteller-Norm, sie fallen daher unter die DIN EN 61439-1 (VDE 0660-600-1) „Niederspannungs-Schaltgerätekombinationen – Teil 1: Allgemeine Festlegungen“.

Für sogenannte Baustromverteiler gibt es dagegen eine eigene Norm, die DIN EN 61439-4 (VDE 0660-600-4) „Niederspannungs-Schaltgerätekombinationen – Teil 4: Besondere Anforderungen für Baustromverteiler (BV).

Laut dieser Norm ist ein Baustromverteiler eine **„Zusammenfassung eines oder mehrerer Geräte zum Umspannen oder zum Schalten mit den zugehörigen Betriebsmitteln zum Steuern, Messen, Melden sowie Schutz- und Regeleinrichtungen, komplett zusammengebaut mit allen inneren elektrischen und mechanischen Verbindungen und Konstruktionsteilen, entworfen und gebaut für die Verwendung auf allen Baustellen, in Innenräumen und Freiluft".**

Und wenn man diese Definition liest, kann man nur erleichtert sein, dass es keine Norm für mobile Verteiler in der Veranstaltungstechnik gibt. Aber Spaß beiseite: Egal ob nun Baustromverteiler oder „nur" Niederspannungs-Schaltgerätekombination: Stromverteiler fallen unabhängig davon generell in den Anwendungsbereich der Niederspannungsrichtlinie 2014/35/EU (Umsetzung in unser nationales Recht: Erste Verordnung zum Produktsicherheitsgesetz - 1. ProdSV). Demnach hat der Hersteller bzw. Importeur ein Konformitätsbewertungsverfahren durchzuführen, eine Konformitätserklärung sowie die weiteren erforderlichen Dokumente zu erstellen und eine CE-Kennzeichnung anzubringen. Das sind wohlgemerkt alles Bestimmungen, die in erster Linie die Konstruktion/Herstellung sowie das Inverkehrbringen der Verteiler betreffen. Man findet daher auch nur allgemeine Anforderungen, wie beispielsweise an den Schutz vor mechanischen Beanspruchungen, an Kennzeichnungen oder an die erforderliche Schutzart von Baustromverteilern:

- Die Schutzart muss mindestens IP44 betragen.
- Die Schutzart einer Bedienungsfront hinter einer Tür darf nicht geringer sein als IP21, vorausgesetzt die Tür kann in jeder Betriebssituation geschlossen werden. Wenn die Tür nicht geschlossen werden kann, muss die Schutzart der Bedienungsfront mindestens IP44 sein.
- Steckdosenkombinationen, die nicht durch die Gehäuse des BV geschützt sind, müssen mindestens der Schutzart IP44 genügen, gleichgültig, ob der Stecker herausgezogen oder vollständig eingeführt ist.

Zwei Gründe haben nun dazu geführt, dass ich etwas ausführlicher auf dieses Thema eingehe:

1. Häufig werden Baustromverteiler auch im Bereich von Veranstaltungen und Produktionen eingesetzt.
2. Seit Oktober 2018 gibt es eine neue VDE-Bestimmung für elektrische Anlagen auf Baustellen (DIN VDE 0100-704), die schon innerhalb weniger Monate zu reichlich Verwirrung geführt hat.

Wenn Stromverteiler für Baustellen als geeignet angesehen werden, so kann das für Veranstaltungen zunächst nicht schlecht sein – es kommt, wie bei so vielem anderen auch, auf den Inhalt an.
Auf den zweiten Grund, die Neufassung der DIN VDE 0100-704:2018-6 „Errichten von Niederspannungsanlagen – Teil 7-704: Anforderungen für Betriebsstätten, Räume und Anlagen besonderer Art – Baustellen“ werde ich etwas ausführlicher eingehen. Da wäre zunächst der Anwendungsbereich:

DIN VDE 0100-704, 704.1 Anwendungsbereich
Die Anforderungen dieses Teils sind anzuwenden bei für die Dauer der Bau- oder Abbrucharbeiten errichteten elektrischen Anlagen, die nach Beendigung der Arbeiten außer Betrieb genommen werden sollen. [...]
Die Anforderungen sind anzuwenden für die fest und die beweglich errichtete Anlage.
Die Anforderungen sind nicht anzuwenden für Anlagen in Verwaltungsräumen von Baustellen (z. B. Büros, Umkleideräume, Sitzungsräume, Kantinen, Restaurants, Schlafräume, Toiletten).

Daraus kann man ziemlich schnell ableiten, dass diese Norm für den Großteil unserer Produktionen nicht anzuwenden ist, da wir keine Baustellen im Sinne dieser Norm sind. Und somit ist auch der Inhalt mindestens zweitrangig. Selbstverständlich ist es gestattet, diese Norm zu lesen und sich Gedanken darüber zu machen, ob der eine oder andere Punkt auf unsere Branche zutrifft. Und mit Sicherheit findet man einige Parallelen zwischen Baustellen und Produktionen – sei es der raue Betrieb, der teilweise unangenehme Umgebungs- bzw. Witterungseinfluss oder die Tatsache des ständigen Auf-, Um- und Abbaus.

Man stellt fest, dass viele der formulierten Anforderungen erstaunlich vertraut vorkommen:

- Eine einzelne Baustelle darf aus mehreren Einspeisungen einschließlich Niederspannungsstromerzeugungseinrichtungen versorgt werden.
- Stromkreise zur Versorgung von Steckdosen mit einem Bemessungsstrom bis einschließlich 32 A und andere Stromkreise, die in der Hand gehaltene elektrische Betriebsmittel mit einem Bemessungsstrom bis einschließlich 32 A versorgen, müssen geschützt sein durch:
    - automatische Abschaltung der Stromversorgung in Verbindung mit zusätzlichem Schutz durch Fehlerstrom-Schutzeinrichtungen (RCDs) mit einem Be-

messungsdifferenzstrom nicht größer als 30 mA oder Kleinspannung mittels SELV oder PELV oder

- Schutztrennung, wobei jede Steckdose und jedes in der Hand gehaltene elektrische Betriebsmittel durch einen eigenen Transformator mit einfacher Trennung versorgt wird.

• Um Beschädigungen zu vermeiden, sollten die Kabel und Leitungen keine Verkehrswege oder Gehwege kreuzen. Wo dies notwendig ist, muss ein besonderer Schutz gegen mechanische Beschädigung vorgesehen werden.
• Flexible Leitungen müssen von der Bauart H07RN-F oder gleichwertig beständig gegen Abnutzung oder Wasser sein.
• Baustellen unterliegen einer ständigen Veränderung des Zustandes, infolge dessen die elektrische Anlage auch einem Risiko hinsichtlich Beschädigung oder Fehlbenutzung ausgesetzt ist. Weitergehend zu Erst- und wiederkehrenden Prüfungen muss die Installation in angemessenen Zeitabständen, z. B. täglich oder wöchentlich, besichtigt werden. Beispiele dafür sind:
  - die ausreichende Bemessung von Steckvorrichtungen und Schutzleitern;
  - der ordnungsgemäße Zustand von flexiblen Leitungen und ihrer Anschlüsse an ortveränderlichen und in der Hand gehaltenen Betriebsmitteln;
  - die Auslegung und der Zustand von Überstrom-Schutzeinrichtungen;
  - die ordnungsgemäße Funktion von Fehlerstrom-Schutzeinrichtungen (RCDs).

Gegen all diese Punkte ist nichts einzuwenden und meiner Erfahrung nach treffen diese Punkte auch auf mobile elektrische Anlagen für Veranstaltungstechnik zu.
Auf der Suche nach Unterschieden wird es schon schwieriger, so finden wir meines Erachtens nur zwei relevante:

• Für Stromkreise zur Versorgung von Steckdosen mit Bemessungsströmen größer als 32 A müssen RCDs mit einem Bemessungsdifferenzstrom nicht größer als 500 mA als Abschalteinrichtung verwendet werden.
• Drehstrom-Steckdosen bis einschließlich 63 A müssen mit einem RCD vom Typ B geschützt werden.

Der erste Punkt ist in Bezug auf unsere Bedürfnisse belanglos und dürfte sich – selbst bei konsequenter Umsetzung – vermutlich nicht unangenehm bemerkbar machen.
Aber am zweiten scheiden sich die Geister! Es drängt sich vielen Kollegen die Frage auf: „Müssen wir jetzt bei allen Baustromverteilern, die wir im Bereich von Veranstaltungen und Produktionen verwenden, die RCDs vor den Drehstromsteckdosen vom Typ A auf Typ B tauschen?“ Nein. Natürlich nicht! Denn erstens trifft diese Norm, wie gesagt, nicht auf unseren Anwendungsbereich zu und zweitens geht es nicht um die Steckdose an sich, sondern um das an Ihr anzuschließende Gerät!

Auf Baustellen kommen immer mehr Drehstrom-Maschinen mit frequenzgesteuerten Antrieben zum Einsatz, z. B. bei Kränen, Lastenaufzügen oder Pumpen. Diese können aufgrund der Elektronik zu Gleichfehlerströmen über 6 mA führen und so die „klassischen" RCDs vom Typ A unwirksam machen. Deswegen wurde dieser Passus in die VDE-Bestimmung aufgenommen. Das betrifft aber in der Regel nur echte dreiphasige Verbraucher und nicht, wie bei uns üblich, drei einphasige Verbraucher-Ansammlungen, betrieben an einer CEE-Steckdose.

Nach DIN VDE 0100-530 sind RCDs des Typs A für allgemeine Anwendungen und auch für die bei uns überwiegend verwendeten Geräte ausreichend.

Ob allstromsensitive Fehlerstrom-Schutzeinrichtungen vom Typ B bei ein- oder dreiphasigen Stromkreisen in der Veranstaltungstechnik vorgeschaltet werden müssen, hängt immer von den anzuschließenden Verbrauchern ab! Das kann bei frequenzgesteuerten Motoren von Bühnenmaschinerie, kinetischen Anlagen oder Pumpen bei Wasservorhängen der Fall sein und ist je nach Anwendungsfall individuell zu prüfen (Stichwort: Gefährdungsbeurteilung).

Auch wenn wir Veranstaltungstechnik auf einer Baustelle verwenden und mit elektrischer Energie versorgen, fällt diese elektrische Anlage nicht unter den Anwendungsbereich der DIN VDE 0100-704, solange wir nicht die Baustelle und deren Betriebsmittel mit Strom versorgen, sondern nur unsere Technik, Bürocontainer, Sozialräume, Sitzungsräume, Kantinen, Restaurants, Schlafräume, Toiletten usw..

2.13.5 Prüfung

Sichtprüfung

Wie immer beginnen wir mit einer Sichtprüfung, um uns zu vergewissern, dass die Steckdosen und deren Zuleitungen einen optisch einwandfreien Eindruck machen. Sie sind sicher befestigt und baumeln nicht herum, die Verschraubung der Leitungseinführung ist vorhanden und intakt, genau wie die Klappdeckel oder die Verschraubungsringe bei CEE-Steckdosen. Weiterhin sollten wir schon frühzeitig klären, wo sich die den Anschlüssen vorgeschalteten Schutzeinrichtungen befinden und dass der Zugang durchgängig bis zum Ende der Veranstaltung gewährleistet ist. Auch dort verschaffen wir uns einen ersten Eindruck darüber, dass die erforderlichen Abdeckungen und Gehäuse vorhanden und verschließbar oder nur mit Werkzeug zu öffnen sind.

Nicht vergessen sollten wir dabei die Schutzeinrichtungen selbst: Welche Nennstromstärken haben die verwendeten Überstrom-Schutzorgane, sind alle vorhanden und gibt

es bereits einen RCD? Bei welcher Differenzstromstärke schaltet er ab? Ist es ein selektiver RCD? Auch dieser RCD sollte einem Funktionstest durch Drücken der Prüftaste unterzogen werden – immer vorausgesetzt natürlich, man weiß, was alles dahinter hängt – oder besser, dass nichts dahinter hängt.
Nach einem positiven Eindruck machen wir einen entsprechenden Vermerk im Protokoll.

Messungen
Die am häufigsten vorkommenden Stromanschlüsse sind vermutlich die sogenannten Drehstrom-, Kraftstrom-, Starkstrom- oder auch CEE-Steckdosen. Unabhängig von den üblichen Nennstromstärken, die schon an der Größe zu erkennen sind, müssen die von uns verwendeten Steckdosen fünf Pole haben, wenn man einmal vom Pilotkontakt (der Kontakt genau in der Mitte) absieht. Die Kennfarbe ist rot, und das Steckbild ist so angeordnet, dass der Schutzleiterkontakt bei der Führungsnase unten liegt (auf 6 Uhr – 6 h). Ein Blick in die geöffnete Industrie-Kragensteckvorrichtung verrät uns die Anordnung und Belegung der Steckkontakte.

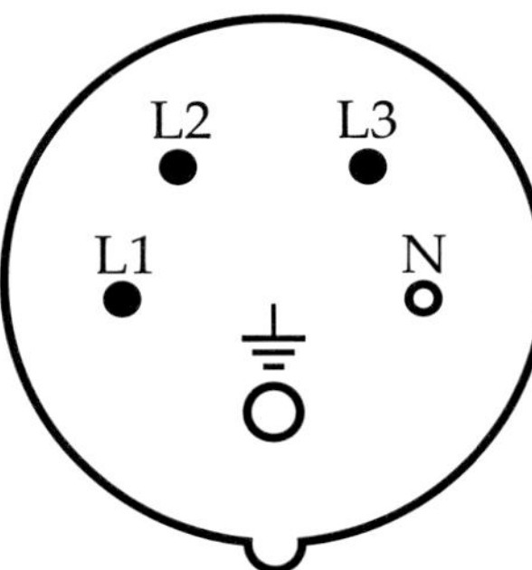

Abbildung 35: Kontaktbelegung CEE-Buchse
(Blick auf die Steckseite)

Zwischen diesen fünf Kontakten führt man zehn Spannungsmessungen durch, die dann das folgende Ergebnis liefern sollten:

Nr.	Kontakt 1	Kontakt 2	Messwert (Toleranz ± 10 %)
1	L1	N	230 V
2	L2	N	230 V
3	L3	N	230 V
4	L1	L2	400 V
5	L1	L3	400 V
6	L2	L3	400 V
7	L1	PE	230 V/evtl. Auslösen des RCD – siehe Text
8	L2	PE	230 V/evtl. Auslösen des RCD – siehe Text
9	L3	PE	230 V/evtl. Auslösen des RCD – siehe Text
10	N	PE	0 V

Tabelle 9: Spannungen in der CEE-Steckdose

Diese Messungen müssen mit einem zweipoligen Spannungsprüfer („Duspol") durchgeführt werden (Phasenprüfer und Multimeter sind keine geeigneten Messinstrumente) und zur Kontrolle sollten stets die Prüfknöpfe betätigt werden. Diese Forderung ist übrigens in der DIN VDE 0105-100 verankert:

„Vor jeder Arbeit muss die Spannungsfreiheit festgestellt werden. Hierzu verwendete Spannungsprüfer und Spannungsprüfsysteme müssen der Norm DIN EN 61243-3 (VDE 0682-401), Teil 3, Zweipoliger Spannungsprüfer für Niederspannungsnetze entsprechen."

Achtung! Wenn der Steckdose ein Personenschutz-RCD vorgeschaltet ist, wird dieser beim Betätigen der Prüfknöpfe voraussichtlich auslösen.

Man sollte sich also unbedingt vorher über die Situation vor Ort informiert und den Zugang zum RCD sichergestellt haben. Auch sollte man sich vorab davon überzeugen, dass der evtl. vorhandene RCD nicht noch anderen Steckdosen oder gar fest installierten Stromkreisen vorgeschaltet ist. Ansonsten wäre jetzt erst mal die Stromversorgung bis auf weiteres unterbrochen ... Das kann man dann nur noch mit einem Kommentar à la „Gestern gings noch ..." (Top 12 Platz 6) schulterzuckend zur Kenntnis nehmen.

Abbildung 36: Duspol

Ich möchte nochmal betonen, dass das Messgerät, die Prüfspitzen und das erforderliche Zubehör zum sicheren Kontaktieren der tiefliegenden Steckhülsen von CEE-Kupplungen unbedingt die Anforderungen CAT III besser noch CAT IV erfüllen müssen!

Abschließend überzeugen wir uns durch eine Niederohmigkeitsmessung vom PE-Kontakt der CEE-Steckdose zu leitenden Bau- oder Bestandteilen des Gebäudes (Heizung, Stahlträger, andere Steckdose o. ä.) davon, dass die Durchgängigkeit des vorhandenen Potenzialausgleichsystems gegeben ist. Wenn mehrere Anschlüsse, evtl. sogar aus mehreren Gebäudebereichen, benutzt werden müssen, sollte man sich unbedingt über das System nach Art der Erdverbindung im betroffenen Komplex informieren! Bei einem bauseits vorhandenen TN-C- oder TN-C-S-System ist Vorsicht geboten. Mehr dazu folgt im Kapitel 5. Sollte zusätzlich zu einem vorhandenen Anschluss in einem Gebäude ein mobiler Stromerzeuger in Betrieb genommen werden, sind in den Kapiteln 3 und 4 weitere wichtige Hinweise zu finden.

Konsequenzen

Natürlich ist es wünschenswert, dass die angebotene Anlage keine Mängel vorweist und die durchgeführte Prüfung nach den eben besprochenen Kriterien ein positives Ergebnis ergibt. Aber was ist, wenn Zweifel an der technischen Sicherheit bestehen? Wenn offensichtliche Mängel oder Fehler erkennbar und belegbar sind? Dann ist es keinesfalls akzeptabel, diese zu ignorieren und weiter nach Plan vorzugehen. Auch nicht dann, wenn vor Ort die üblichen Sprüche zu hören sind: „Das war schon immer so, das hat noch nie jemanden gestört ... du stellst Dich aber an ... " (Eine abgeschwächte Form von Platz 1 der Top 12).

Das ist eine der Situationen, in denen sich die wahre Größe der Elektrofachkraft offenbart: Man muss sich seiner Verantwortung bewusst sein, diese ernst nehmen und eine unangenehme Entscheidung treffen.

Oftmals findet man allen Beteiligten für dieses Vorgehen kein Verständnis.
Hier heißt es standhaft bleiben und die Lösungssuche vorantreiben, anstatt zu diskutieren! Ich empfehle, den Elektromeisterbetrieb, der das Vertrauen der Veranstaltungsstätte genießt und vor Ort bekannt ist, zu kontaktieren. Mit diesem können die erkannten Mängel diskutiert und von ihm ggf. behoben werden. Aber erst, wenn dieser ein Protokoll anfertigt, das die ordnungsgemäße Ausführung des zu verwendenden Anschlusses bestätigt, kann es weitergehen.

2.14 Erstprüfung mobiler elektrischer Anlagen

Für die Erstprüfung von elektrischen Anlagen ist die DIN VDE 0100-600 aus dem Juni 2017 anzuwenden. Der Gesamtumfang der erforderlichen Prüfungen wird in zwei Bereiche untergliedert:

Besichtigen – Erproben und Messen

Die hier beschriebenen Maßnahmen dürfen ausschließlich von einer erfahrenen und zur Prüfung befähigten Person mit Hilfe dafür geeigneter und zugelassener Geräte durchgeführt werden.

2.14.1 Besichtigen

Die Sichtprüfung einer Anlage ist dabei von wesentlicher Bedeutung. Und ich kann nur meine in den vorherigen Abschnitten getroffene Aussage wiederholen und bekräftigen: Meiner Meinung nach sind über 80 % aller Beeinträchtigungen mit einer sorgfältigen Sichtprüfung zu erkennen.

In diesem Teil der Prüfung werden durch das
- Anschauen,
- Anfassen,
- Riechen,
- Hören,
- Fühlen,
- Wackeln,
- Schütteln,
- Ziehen und Ähnliches

alle Betriebsmittel (insbesondere Leitungen) auf festen Halt, richtigen Anschluss, richtige Dimensionierung (z. B. bei Leitungen und Schutzeinrichtungen) und auf weitere gerätespezifische Besonderheiten überprüft.

Vor allem das Vorhandensein von richtig ausgewählten und korrekt dimensionierten Schutzeinrichtungen zum Sicherstellen der Schutzmaßnahmen gegen elektrischen Schlag ist ein essentieller Punkt. Diese durch eine Sichtprüfung erkennbaren Details können viel über die Sicherheit der elektrischen Anlage aussagen!

Weitere Punkte, die in den Bereich des Besichtigens fallen, sind beispielsweise folgende:
- Der Basisschutz (Schutz gegen elektrischen Schlag durch Isolierung, Abdeckungen und Umhüllungen) aller Betriebsmittel ist gewährleistet.
- Die Betriebsmittel müssen den zu erwartenden äußeren Einflüssen am Veranstaltungsort standhalten können. Dazu gehört auch die korrekte Auswahl der Schutzart (IP-Code) und die bestimmungsgemäße Verwendung laut Herstellerangaben.
- Die Auswahl der Leitungen ist nach Strombelastbarkeit und Spannungsfall erfolgt.
- Die Überstrom-Schutzorgane sind den Leitungsquerschnitten entsprechend bemessen.
- Die einzelnen Stromkreise sind beschriftet und eindeutig zu identifizieren. Dies betrifft auch die Schutzleiter und Potenzialausgleichsleiter.
- Es sind Schaltpläne oder Übersichtspläne – soweit erforderlich – vorhanden.
- Die elektrischen Verbindungen, vor allem die der Schutzleiter und Potenzialausgleichsleiter, sind ordnungsgemäß ausgeführt.

Da wir unsere mobilen elektrischen Anlagen in der Regel aus betriebsfertigen und geprüften Betriebsmitteln zusammenstecken, kann die korrekte Ausführung der inneren elektrischen Verbindungen angenommen werden. Daher liegt die besondere Aufmerksamkeit auf den Anschlüssen von Potenzialausgleichsleitungen, die immer noch auf teilweise recht abenteuerliche Art und Weise hergestellt werden. Schutzleiter, Erdungsleiter und Schutzpotenzialausgleichsleiter müssen einwandfrei verlegt und elektrisch zuverlässig angeschlossen sein. Anschluss und Verbindungsstellen müssen gegen Lockerung und Korrosion geschützt und für eine Besichtigung zugänglich sein. Die Leiter müssen ausreichenden Querschnitt haben und normgerecht gekennzeichnet sein.

Anschlussstellen für den Schutzleiter sind mit dem Schutzleitersymbol gekennzeichnet. Seit dem Frühjahr 2017 gibt es endlich eine Norm speziell für mobile Potenzialausgleichssysteme: die DIN 15700:2017-4 mit dem Titel „Veranstaltungstechnik – mobile Potenzialausgleichssysteme". Auf diese gehe ich im Kapitel 4 ausführlich ein.

Abbildung 37: Anschluss einer Potenzialausgleichsleitung

2.14.2.Erproben und Messen

Unter diesem Oberbegriff sind insbesondere die im Folgenden näher beschriebenen Kriterien zusammengefasst:

Durchgängigkeit der Leiter

Nach dem Errichten, Erweitern oder Instandsetzen einer elektrischen Anlage ist spätestens vor der Inbetriebnahme die Durchgängigkeit der Leiter, vor allem der Schutz- und Potenzialausgleichsleiter, mit Hilfe einer Widerstandsmessung nachzuweisen. Diese erfolgt stets im spannungsfreien Zustand des zu messenden Anlagenteils.

Auch die Durchgängigkeit zu an den Schutzleiter angeschlossenen Körpern elektrischer Betriebsmittel sollte überprüft werden (z. B. Metallgehäuse eines Stromverteilers). Das bedeutet allerdings nicht, dass alle über Stecker angeschlossenen Verbrauchsmittel in diese Messung einbezogen werden sollen. Diese Durchgängigkeit ist ja bereits durch die (wiederkehrende) Prüfung der einzelnen Betriebsmittel nachgewiesen. Es geht hier in erster Linie um die Anlage, an der bestenfalls noch gar keine steckbaren Verbraucher angeschlossen sind!

Der Widerstand der Schutz- und Potenzialausgleichsleiter muss niederohmig sein, hierfür gibt es keine Richt- oder Grenzwerte. Aufgrund der Überlieferung vergangener Generationen von Elektrofachkräften hält sich hartnäckig das Gerücht, dass ein Grenzwert von 1 Ω einzuhalten ist. Diesen kann ich normativ allerdings nicht bestätigen.

Auch bei dieser Prüfung sollte man den Messwert mit dem der Länge und des Querschnitts der verwendeten Leiter entsprechendem rechnerischen Wert ins Verhältnis setzen und damit die Durchgängigkeit der Verbindung bewerten – anhand von Tabelle 3.

Isolationswiderstand

Viele Fehler in elektrischen Anlagen werden durch Alterung sowie langandauernde thermische oder auch mechanische Beanspruchung bei flexiblen Leitungen hervorgerufen. Um eine Beeinträchtigung des Isolationsvermögens festzustellen, wird der Isolationswiderstand zwischen den aktiven Leitern und dem Schutzleiter gemessen.

Im Unterschied zu den vorherigen Versionen der DIN VDE 0100-600 wird nun ausdrücklich die Messung aller fünf Leiter gegeneinander gefordert. Diese Messung wird mit einer Gleichspannung von 500 V durchgeführt.

Dazu muss die zu messende Anlage allpolig vom Netz getrennt werden (Stecker ziehen oder Haupt-RCD auslösen, soweit vorhanden). Ein Auslösen bzw. Entfernen der Hauptsicherungen in den Außenleitern reicht nicht aus – auch der Neutralleiter muss unterbrochen werden, damit sich über diesen und das Schutzleiter- sowie Potenzialausgleichsleitersystem keine falschen Werte ergeben. In einigen Niederspannungs-Hauptverteilungen (NSHV) bzw. ortsfesten Stromverteilern gibt es eigens dafür Neutralleiter-Trennklemmen. Diese werden in den Normen, die Gebäude mit Menschenansammlungen betreffen, seit Jahrzenten für Querschnitte bis 10 mm² gefordert. Trotz alledem sind sie selten vorhanden. Diese Klemmen haben natürlich den Vorteil, dass man ohne ein Abklemmen von Adern schnell und sicher den N-Leiter unterbrechen kann, aber auf der anderen Seite kann man damit (spätestens, wenn man nach der Messung vergisst, die Trennstelle wieder zu verbinden) einen unglaublich hohen Schaden an elektrischen Verbrauchern durch eine Sternpunktverschiebung verursachen.

Bauteile, Baugruppen oder Betriebsmittel, die durch die hohe Messspannung beschädigt werden können (dazu zählen unter Umständen auch Mess- und Anzeigeelemente in Stromverteilern oder auch einige allstromsensitive RCDs), und Geräte, die die Messung verfälschen könnten (z. B. Transformatoren), müssen vorher von der Anlage getrennt werden.

Alle Schutzeinrichtungen und Schalter müssen eingeschaltet sein, damit man möglichst die komplette Anlage erfasst.

In der Praxis hat sich gezeigt, dass auf diese Messung bei den meisten mobilen Anlagen für Veranstaltungstechnik verzichtet werden kann oder nur stichprobenartige Messungen durchgeführt werden müssen. Zum einen, weil wir die Anlage aus geprüften und betriebsfertigen Betriebsmitteln erstellt haben, zum anderen, weil die eingangs beschriebenen Alterungserscheinungen bei uns in der Regel nicht festzustellen sind, da die Anlagen nur kurze Standzeiten haben.

Die zur Prüfung befähigte Person muss diese Entscheidung sorgfältig und verantwortungsbewusst fällen und dokumentieren. Auch muss man bei räumlich ausgedehnten Anlagen gewährleisten, dass sich keine Personen an der Anlage zu schaffen machen, während die Messgleichspannung anliegt.

Als unteren Grenzwert legt die DIN VDE 0100-600 einen Widerstand von 1 MΩ fest. Die tatsächlichen Werte liegen üblicherweise deutlich über 100 MΩ und sollten keineswegs im einstelligen Mega-Ohm-Bereich sein.

Prüfen der Spannungspolarität
Hinter diesem, zugegebenermaßen etwas irritierenden Begriff – bezogen auf Wechselspannungen – verbergen sich drei Fragen, wobei die Zweite selten von Relevanz für uns sein dürfte:

- Ist jede Sicherung oder andere einpolige Schutzeinrichtung im Außenleiter eingebaut und nicht im Neutralleiter?
- Sind bei Lampen mit Bajonettfassungen oder mit Edison-Schraubfassungen (ausgenommen E 14 und E 27) die äußeren Kontakte mit dem Neutralleiter verbunden?
- Sind alle Leitungen fachgerecht und an den richtigen Klemmen an Steckdosen und ähnlichen Betriebsmitteln angeschlossen?

Automatische Abschaltung im TN-System
Die Wirksamkeit der automatischen Abschaltung ist anhand der folgenden Kriterien nachzuweisen:

Messung der Fehlerschleifenimpedanz und Beurteilung der Messwerte unter Berücksichtigung der zulässigen Messabweichung. Das geht natürlich nur, wenn die Kenndaten der zugehörigen Überstrom-Schutzeinrichtung (Nennstrom, Charakteristik des Leitungsschutzschalters, Betriebsklassen bei Sicherungen) bekannt sind. Zur Prüfung auf Einhaltung der Abschaltbedingungen wird der ermittelte Abschaltstrom der Überstrom-Schutzeinrichtung mit dem gemessenen Kurzschlussstrom bzw. der Fehlerschleifenimpedanz verglichen. Für die richtige Beurteilung der Messwerte der Fehlerschleifenimpedanz ist der Anstieg der Leiterwiderstände bei steigender Leitertemperatur im Fehlerfall zu berücksichtigen.

Die Anforderungen an die Abschaltbedingungen für die automatische Abschaltung im Fehlerfall werden als erfüllt angesehen, wenn der gemessene Wert der Fehlerschleifenimpedanz (Z_S) die folgende Bedingung erfüllt:

$$Z_S \leq \frac{2}{3} \cdot \frac{230V}{I_a}$$

Formel 3: Impedanz der Fehlerschleife

Dabei ist für I_a immer der Abschaltstrom der Schutzeinrichtung einzusetzen, der zur sicheren Auslösung innerhalb der geforderten Zeit führt. In der DIN VDE 0100-410 ist die maximale Abschaltzeit für Endstromkreise in unserem Anwendungsbereich auf 0,4 s festgelegt.

Beispiel:
Ein Stromkreis ist durch einen MCB 32 A mit C-Charakteristik abgesichert. Nach der eben eingeführten Formel ergibt sich für den zu messenden Maximalwert der Schleifenimpedanz also $Z_s \leq \frac{2}{3} \cdot \frac{230V}{320A} = 0,479\Omega$.

Der Messwert der Fehlerschleifenimpedanz muss dementsprechend kleiner oder gleich 0,479 Ω sein – ansonsten gilt die Abschaltzeit als nicht eingehalten.

Hier könnte man sich fragen, warum eine derart große Toleranz von über 30 % angesetzt werden soll, während die Genauigkeit der Messgeräte selbst bei nur wenigen Prozent liegt. Deshalb möchte ich es an dieser Stelle nicht versäumen, kurz auf das Temperaturverhalten von Leitern einzugehen.

Uns allen ist klar, dass sich jede Leitung erwärmt, sobald sie von einem Strom durchflossen wird. Diese Erwärmung hat zunächst nichts mit der Erwärmung durch äußere Einwirkung (z. B. Sonneneinstrahlung) zu tun! Gleichwohl kann diese Einwirkung die Erwärmung natürlich verstärken oder beschleunigen.

Wenn der fließende Strom die zulässige Strombelastbarkeit der Leitung (gemäß DIN VDE 0298-4) nicht übersteigt, stellt sich nach einer gewissen Zeit ein Gleichgewicht zwischen zugeführter Wärme aufgrund des fließenden Stroms und Wärmeabgabe an die Umgebung ein. Diese maximal zulässige Temperatur im störungsfreien Betrieb ist bei PVC-Leitungen (H05VV-F) auf 70 °C und bei Gummileitungen (H07RN-F) auf 60 °C festgelegt (DIN VDE 0298-4).

Somit kann man festhalten, dass bei einer frisch installierten Anlage ohne angeschlossene Betriebsmittel die Temperatur des Leitermaterials zum Zeitpunkt des Messens teilweise deutlich unter der Betriebstemperatur liegt, z. B. bei 15 °C.

Wenn diese Anlage nun möglicherweise stundenlang in Betrieb ist, erwärmen sich die Leiter deutlich, evtl. sogar bis in den Bereich der maximal zulässigen Temperatur.

Sollte in einem Stromkreis noch dazu ein Kurzschluss entstehen, so steigt die Temperatur des Kupfers in kürzester Zeit auch auf Werte über der zulässigen Temperatur an, bevor eine Schutzeinrichtung den fehlerhaften Stromkreis unterbricht.

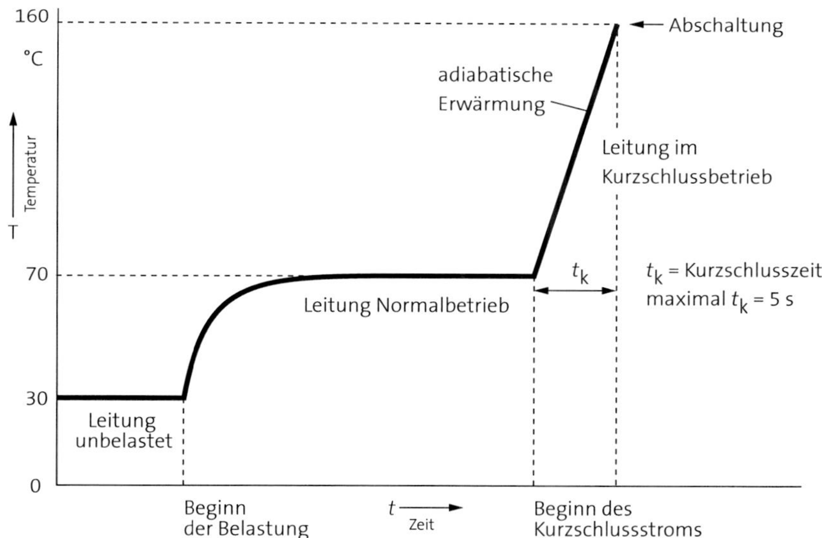

Abbildung 38: Temperaturverhalten eines PVC-isolierten Leiters

Diese Temperaturerhöhung führt unweigerlich zu einer Widerstandserhöhung des Leiters und folglich zu einer geringeren Stromstärke (Ohm'sches Gesetz).

Damit gewährleistet ist, dass der Kurzschlussstrom auch bei einer deutlichen Temperatur- und damit Widerstandserhöhung des Leiters immer noch hoch genug ist, um die Schutzeinrichtung innerhalb der geforderten Zeit zum Auslösen zu bringen, wird der hohe Wert von über 30 % zum Ansatz gebracht.

Ein Temperaturanstieg von 15 °C auf 75 °C hat bei Kupfer bereits eine Widerstandserhöhung von rund 25 % zur Folge. Siehe dazu auch den Punkt „Messen des Schutzleiterwiderstands" in diesem Kapitel.

Weitere wichtige Hinweise in Bezug auf die Fehlerschleifenimpedanz:

1. Nach der aktuellen DIN VDE 0100-600 gelten bei automatischer Abschaltung durch Fehlerstrom-Schutzeinrichtungen (RCDs) die Anforderungen an die Fehlerschleifenimpedanz im Allgemeinen als erfüllt.
2. Wenn bei automatischer Abschaltung durch Fehlerstrom-Schutzeinrichtungen die Wirksamkeit an einer Stelle nachgewiesen wurde, ist es für die weitere Prüfung ausreichend, wenn alle anderen zu schützenden Anlageteile mit dieser Messstelle sicher verbunden sind (siehe Prüfung der Durchgängigkeit der Schutzleiter).
3. Die Messung des Netzinnenwiderstands (also zwischen L und N anstelle von PE) ist normmäßig nicht gefordert. Diese Messung ist in Bezug auf die Funktionsfähigkeit einer Anlage trotzdem wichtig und sollte durchgeführt werden – auch in Bezug auf mögliche Übergangswiderstände, deren genauere Lokalisation durch den Vergleich von Netzinnenimpedanz und Fehlerschleifenimpedanz vereinfacht wird.

Merksatz:
Die Impedanz der Fehlerschleife zwischen L und PE ist wichtig, um die automatische Abschaltung in Bezug auf den Personenschutz nachzuweisen (DIN VDE 0100-410), während durch die Messung der Netzimpedanz zwischen L und N die automatische Abschaltung bei Überstrom (DIN VDE 0100-430) nachgewiesen werden kann.

Nachweis der Wirksamkeit von Fehlerstrom-Schutzeinrichtungen (RCDs) durch Besichtigen (auf Vorhandensein und augenscheinliche Mängel) und Erproben (durch Auslösen der Prüftaste). Zusätzlich ist der messtechnische Nachweis über die Einhaltung der in DIN VDE 0100-410 geforderten, maximal zulässigen Abschaltzeit unerlässlich.

Die dafür geeigneten Messgeräte simulieren einen Fehler, indem sie einen Differenzstrom erzeugen, und messen die Zeit bis zum Abschalten des RCD.

Auch ist eine Überprüfung auf Einhaltung des Auslösedifferenzstroms sinnvoll. Dazu wird vom Messgerät ein langsam ansteigender Differenzstrom erzeugt, um festzustellen, bei welchem Differenzstrom der RCD tatsächlich auslöst. Ich halte diese Messung für extrem wichtig, denn die Schutzfunktion ist nur sicher gegeben, wenn der Auslöse-Differenzstrom sicher unter 30 mA liegt. Ein RCD, der erst bei 85 mA auslöst, wäre lebensgefährlich!

Ein RCD darf übrigens bereits oberhalb der Hälfte des Bemessungsfehlerstroms auslösen – bei den üblichen RCDs zum Personenschutz also ab 15 mA. Auch von dieser Warte aus betrachtet ist das Wissen über den tatsächlichen Auslösestrom von Vorteil, wenn es darum geht, Fehlauslösungen durch Ableitströme zu verhindern. Ein 30 mA RCD, der bereits bei 16 mA auslöst, ist zwar sehr sicher in Bezug auf den Personenschutz, kann aber im falschen Stromkreis zu einem Problem werden.

Achtung! Bei beiden beschriebenen RCD-Prüfungen wird dieser zwangsläufig ausgelöst und dementsprechend werden alle angeschlossenen Verbraucher vom Netz getrennt. Man sollte sich unbedingt genau informieren, ob bzw. welche Geräte an einem zu prüfenden RCD angeschlossen und evtl. gerade eingeschaltet sind, bevor man die Messung startet! So können Schaden und Ärger wirkungsvoll verhindert werden.

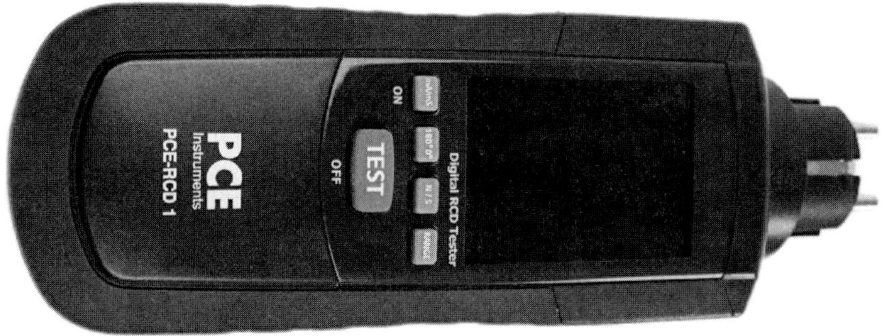

Abbildung 39: RCD-Prüfgerät

Exkurs: RCD-Typen und deren Eigenschaften

Je nach elektronischer Schaltung im Stromkreis können unterschiedliche Fehlerstromformen auftreten. Da Fehlerstrom-Schutzeinrichtungen (RCDs) sich in ihrer Eignung für die Erfassung von Fehlerstromformen stark unterscheiden, ist bei ihrer Auswahl der entsprechende Verbraucher zu berücksichtigen. Die folgende Abbildung zeigt exemplarisch drei elektronische Schaltungen mit den jeweils spezifischen und somit unterschiedlichen Last- und Fehlerströmen. Daraus lässt sich ableiten, welcher RCD-Typ jeweils geeignet ist. Eine umfangreiche Tabelle dazu ist in der aktuellen DIN VDE 0100-530: 2018-6 im Anhang A abgebildet. Unabhängig davon sind natürlich auch immer die Herstellerangaben zu berücksichtigen.

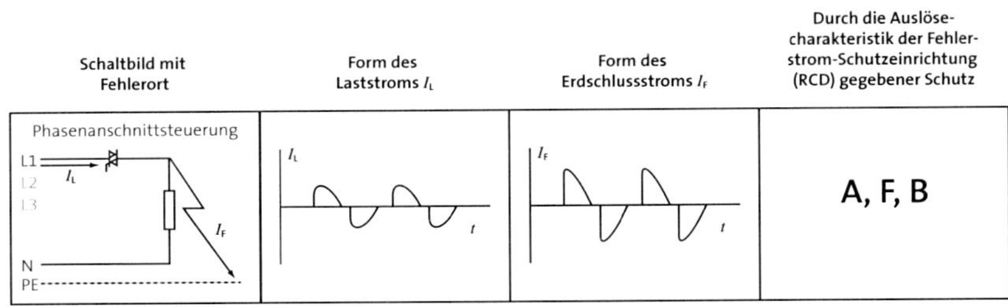

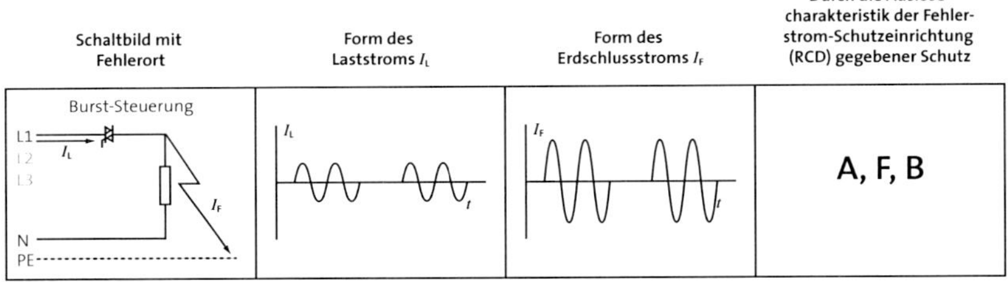

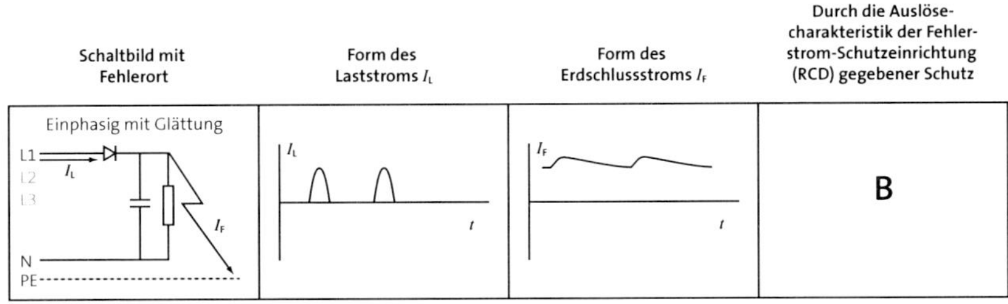

Abbildung 40: Beispiele von Last- und Fehlerströmen

RCD Typ AC Fehlerstrom-Schutzeinrichtungen vom Typ AC sind lediglich zur Erfassung von sinusförmigen Wechselfehlerströmen geeignet. Dieser Gerätetyp ist in Deutschland entsprechend DIN VDE 0100-530 nicht zur Realisierung von Personen-Schutzmaßnahmen zugelassen und darf nicht verwendet werden.

RCD Typ A Fehlerstrom-Schutzeinrichtungen vom Typ A erfassen neben sinusförmigen Wechselfehlerströmen auch pulsierende Gleichfehlerströme. Dieser Gerätetyp ist in Deutschland die üblicherweise eingesetzte pulsstromsensitive Fehlerstrom-Schutzeinrichtung. Er reagiert auch auf die bei einphasigen Verbrauchern mit elektronischen Bauteilen im Netzteil (z. B. EVG, Dimmer) möglichen Fehlerstromformen.

RCD Typ F FI-Schutzschalter vom Typ F erfassen nicht nur dieselben Fehlerstromarten wie der Typ A, sondern sind auch für höherfrequente Fehlerströme geeignet. Damit werden auch die möglichen Fehlerstromformen auf der Ausgangsseite von einphasig angeschlossenen Frequenzumrichtern erfasst.

RCD Typ B Fehlerstrom-Schutzeinrichtungen vom Typ B dienen neben der Erfassung der Fehlerstromformen des Typs A auch zur Erfassung von glatten Gleichfehlerströmen. Diese Fehlerstrom-Schutzeinrichtungen sind allstromsensitiv und für den Einsatz bei allen gezeigten Stromkreisen geeignet.

RCD Typ B+ Fehlerstrom-Schutzeinrichtungen vom Typ B+ sind ebenfalls für den Einsatz im Drehstromsystem mit 50/60 Hz für alle in der Tabelle gezeigten Stromkreise geeignet. Für Fehlerstrom-Schutzeinrichtungen Typ B+ sind die Auslösebedingungen bis 20 kHz definiert.

RCD Typ K, superresistent Betriebsmäßige Ableitströme und Fehlerströme können nicht voneinander unterschieden werden. Die Reaktion eines RCDs ist auf beide gleich. Bei Verwendung von elektronischen Betriebsmitteln mit gegen den Schutzleiter geschalteten Kondensatoren zur Entstörung kann es beim Einschalten zu Fehlauslösungen kommen. Zur Vermeidung dieser Abschaltungen empfiehlt sich der Einsatz von superresistenten Fehlerstrom-Schutzeinrichtungen.

RCD Typ S, selektiv Die Produktnormen für Fehlerstromschutzschalter differenzieren zwei Ausführungen:

- Standard
- Selektiv

Um bei der Reihenschaltung von Fehlerstrom-Schutzeinrichtungen im Fehlerfall eine selektive Abschaltung zu erreichen, müssen die RCDs sowohl im Bemessungsdifferenzstrom IΔn als auch in der Auslösezeit gestaffelt sein. Die unterschiedlichen zulässigen Ausschaltzeiten der Fehlerstrom-Schutzeinrichtungen können der folgenden Darstellung entnommen werden. Auch die geeignete Staffelung bezüglich der Bemessungsdifferenzströme ist ersichtlich.

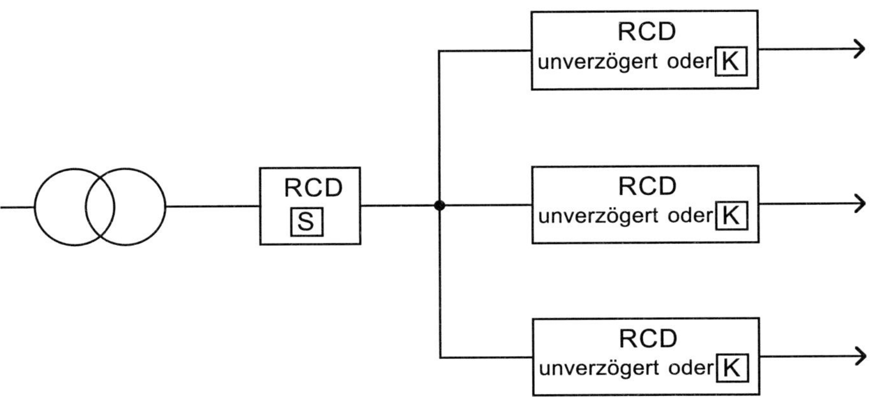

Abbildung 41: Selektivität von RCDs

vorgeschalteter, selektiver Fehlerstromschutzschalter		nachgeschalteter Fehlerstromschutzschalter		
$I_{\Delta n}$	Abschaltzeit bei 5 x $I_{\Delta n}$	$I_{\Delta n}$	unverzögert	superresistent
			Abschaltzeit bei 5 x $I_{\Delta n}$	
100 mA	50 - 150 ms	10 mA, 30 mA	≤ 40 ms	20-40 ms
300 mA		10 mA, 30 mA, 100 mA		
500 mA		10 mA, 30 mA, 100 mA		
1.000 mA		300 mA		

Tabelle 10: Selektivität von Fehlerstromschutzschaltern

Typ AC	Fehlerstrom-Schutzeinrichtungen vom Typ AC sind lediglich zur Erfassung von sinusförmigen Wechselfehlerströmen geeignet. Dieser Gerätetyp ist in Deutschland nicht zugelassen und darf dementsprechend nicht verwendet werden.
RCD Typ A	Fehlerstrom-Schutzeinrichtungen vom Typ A erfassen sinusförmige Wechselfehlerströme und pulsierende Gleichfehlerströme. Standardtyp in Deutschlamd für alle üblichen Anwendungen.
RCD Typ F	Wie Typ A, aber zusätzlich auch zur Erfassung von höherfrequenten Fehlerströmen geeignet.
RCD Typ B	Wie Typ A, aber zusätzlich auch zur Erfassung von glatten Gleichfehlerströmen. Für den Einsatz in allen Stromkreisen geeignet. Auslösewerte sind bis 2 kHz definiert.
RCD Typ B+	Wie Typ B, aber zusätzlich sind die Auslösebedingungen bis 20 kHz definiert.
RCD Typ K super-resistent	Zur Vermeidung von unerwünschtem Auslösen aufgrund von kurzzeitigen Einschaltströmen. köst Kurzzeitverzögert aus, hält aber die geforderten Abschaltbedingungen für Personenschutz ein.
RCD Typ S selektiv	Um bei der Reihenschaltung von Fehlerstrom-Schutzeinrichtungen im Fehlerfall eine selektive Abschaltung zu erreichen, müssen die RCDs sowohl im Bemessungsdifferenzstrom $I_{\Delta n}$ als auch in der Auslösezeit gestaffelt sein. Der selektive RCD löst zeitverzögert aus und hält die geforderten Abschaltbedingungen für Personenschutz nicht ein.

Abbildung 42: RCD Typen-Kennzeichnung

Messen von allstromsensitiven RCDs

Wenn die Abschaltstromstärke bei allstromsensitiven RCDs vom Typ B/ B+ oder F mit höherfrequenten Strömen ermittelt wird, gelten höhere Werte als die maximale Abschaltstromstärke $I_{\Delta N}$ = 30 mA bei einer Frequenz von 50 Hz! Das hängt damit zusammen, dass die physiologische Wirkung beim menschlichen Körper mit zunehmender Frequenz abnimmt.

Die Auslösestrom-Obergrenzen für RCDs vom Typ B sind nach der DIN EN 62423 (VDE 0664-40) wie folgt gestaffelt:

- Bei 150 Hz: 2,4 x $I_{\Delta N}$
- Bei 400 Hz: 6 x $I_{\Delta N}$
- Bei 1.000 Hz: 14 x $I_{\Delta N}$

Wenn es sich um eine Kombination von Strömen mit Netzfrequenz und mehreren anderen höheren Frequenzen, sogenannten zusammengesetzten Strömen, handelt, müssen RCDs vom Typ B und Typ F einen oberen Grenzwert von 1,4 x $I_{\Delta N}$ einhalten. Dieser Wert gilt ebenfalls für pulsierende Gleichfehlerströme, die mit einem glatten Gleichfehlerstrom überlagert sind.

Fehlerstrom-Schutzeinrichtungen mit eingebautem Überstromschutz (RCBO)
Diese mittlerweile schon relativ weit verbreiteten Schaltgeräte vereinen Fehlerstrom- und Leitungsschutzschalter in einem Gehäuse (FI-/LS-Kombination). Der große Vorteil ist nicht nur in der kompakten Bauform (im Vergleich zu Einzelgeräten) zu sehen, sondern vor allem darin, dass jeder Stromkreis seinen eigenen RCD hat. Neben dem weitaus größeren Funktionserhalt im Fehlerfall haben wir einen deutlich besseren Schutz vor unerwünschten Fehlauslösungen durch Ableitströme (siehe dazu auch die entsprechenden Informationen im Kapitel 5). Die Messung von Auslösestrom und Auslösezeit muss natürlich auch bei diesen Geräten stattfinden und funktioniert im Prinzip genau wie eine „normale“ RCD-Messung. Auch die Testtaste muss betätigt werden!

In letzter Zeit tauchen zunehmend kleine RCBO mit nur einer Teileinheit auf (nur noch so breit wie ein klassischer Leitungsschutzschalter). Diese nochmals platzsparende Version ist höchst interessant beim Nachrüsten von mobilen Verteilern oder bei kompakten Neubauten.

Hier ist unbedingt Wachsamkeit erforderlich und Vorsicht geboten: Einige dieser RCBOs (vor allem die günstigen Varianten) sind nicht für den europäischen Markt gebaut, haben in fast allen europäischen Ländern keine Zulassung und tragen auch kein CE-Zeichen – höchstens zu Unrecht! Das liegt an der Tatsache, dass diese RCBO nur mit Netzspannung sicher arbeiten (netzspannungsabhängige Fehlerstromschutzschalter). Sollte also irgendwo vor einem solchen RCBO der Neutralleiter unterbrochen sein oder fehlen, gibt es keinen Schutz beim direkten oder gegen indirektes Berühren des Außenleiters hinter dem RCBO! Die Schutzmaßnahme ist wirkungslos! Vorsicht! Lebensgefahr!
Das Tückische daran ist, dass diese Unzulänglichkeit bei einer Sichtprüfung nicht zu erkennen ist und Messungen und Prüfungen an einem fehlerfreien Anschluss völlig korrekte Werte ergeben. Auch der Funktionstest durch das Drücken der Testtaste ist nicht zu beanstanden.

In Deutschland zugelassene RCBO müssen einen elektromechanischen Auslöser haben, der auch ohne Netzspannung bei Auftreten eines Fehlerstroms sicher und schnell funktioniert – so wie wir das bereits von den „normalen“ RCDs kennen. Diese Forderung ist insbesondere der DIN VDE 0100-530 zu entnehmen. Die entsprechend harmonisierten

Produktnormen dazu lauten

- DIN EN 61009-1 (VDE 0664-20) Fehlerstrom-/Differenzstrom-Schutzschalter mit eingebautem Überstromschutz (RCBOs) für Hausinstallationen und für ähnliche Anwendungen
- DIN EN 61009-2-1 (VDE 0664-21) Fehlerstrom-Schutzschalter mit eingebautem Überstromschutz (RCBOs) für Hausinstallationen und ähnliche Anwendungen
- DIN EN 62423 (VDE 0664-40) Fehlerstrom-/Differenzstrom-Schutzschalter Typ F und Typ B mit und ohne eingebautem Überstromschutz für Hausinstallationen und für ähnliche Anwendungen

Leider gibt es auch von großen/namhaften Herstellern/Händlern in Deutschland Produkte, die das CE-Zeichen tragen und dennoch nicht sicher sind! Es empfiehlt sich bei Neuanschaffung/ Anmietung eine genaue Erstprüfung unter diesem Aspekt durchzuführen.

Messung des Erderwiderstands

Diese Messung ist natürlich nur dann durchzuführen, wenn wir einen Erder (Erdnagel, Tiefenerder, etc.) setzen müssen – in der Regel also bei der Verwendung eines mobilen Stromerzeugers. Nähere Infos und mögliche Messverfahren findet man in den entsprechenden Kapiteln.

Prüfung der Phasenfolge der Außenleiter (Drehfeld)

Durch geeignete Messung ist der Nachweis des Rechtsdrehfeldes gewünscht. Zugegebenermaßen ist diese Messung von untergeordnetem Interesse, solange keine drehenden Maschinen, Klimaanlagen oder Übertragungsfahrzeuge angeschlossen werden sollen. Aber die Messung an verschiedenen Punkten einer Anlage klärt auch darüber auf, ob alle Leitungen und Verteiler richtig angeschlossen sind.

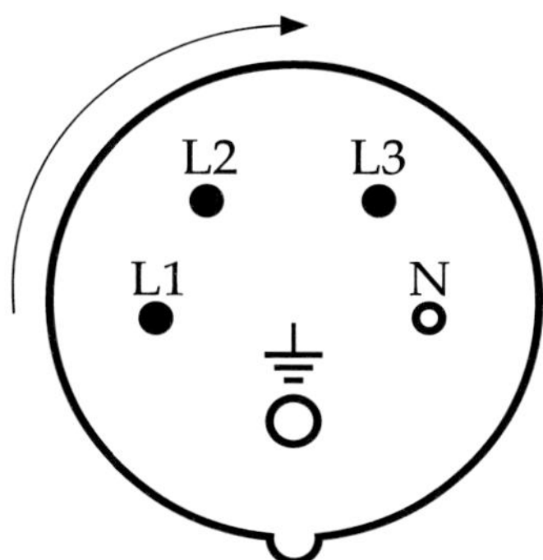

Abbildung 43: Rechtsdrehfeld einer CEE-Steckdose

Funktionsprüfungen (Erproben)

Das Erproben gemäß DIN VDE 0100-600 weist die Wirksamkeit der Schutz- und Meldeeinrichtungen entsprechend DIN VDE 0100-410 nach. Dabei dürfen keine Gefahren für Personen, Nutztiere oder Sachen entstehen. Das Erproben ist durchzuführen, wenn eine Funktion durch Besichtigen nicht nachgewiesen werden kann, was bei Fehlerstrom-Schutzeinrichtungen (RCDs), Isolationsüberwachungsgeräten (IMDs) und Not-Aus-Schaltern der Fall ist.

Dies geschieht z. B. durch:
- Betätigung der Prüftaster bei RCDs und IMDs
- Nachweis der Funktion von Not-Aus-Einrichtungen
- Funktionskontrolle von Meldeeinrichtungen

Durch Betätigung der Prüftaste von Fehlerstrom-Schutzeinrichtungen (RCDs) wird übrigens lediglich die Funktion des Gerätes selbst getestet. Die Funktion der Schutzmaßnahme insgesamt und deren Wirksamkeit kann hiermit nicht nachgewiesen werden, dazu sind zwingend Messungen erforderlich.

Auch das Vorhandensein eines Schutzleiters kann mit dem Drücken der Prüftaste selbstverständlich nicht nachgewiesen werden, auch wenn das immer wieder behauptet wird. Die Prüftaste erzeugt einen künstlichen Fehlerstrom zwischen einer Phase und dem N-Leiter, der PE ist in keiner Weise beteiligt und wird auch noch nicht einmal an einen RCD angeschlossen.

Messen der Spannungen

Um einen sicheren Betrieb zu gewährleisten, sollten zuletzt nach dem Einschalten der Anlage alle Spannungen an den Übergabepunkten zu den Verbrauchern oder anderen Gewerken gemessen und protokolliert werden.

Spannungsfall

Auch wenn der Spannungsfall keine sicherheitsrelevante Größe darstellt, ist er eine gute Möglichkeit, die Leistungsfähigkeit einer Anlage zu ermitteln. Darüber hinaus entscheidet er maßgeblich über die Wirtschaftlichkeit. Die Zeiten, in denen Geräte aufgrund eines zu hohen Spannungsfalls (auf der Zuleitung) nicht mehr betriebsbereit sind, sind allerdings größtenteils vorbei. Etliche der in der Veranstaltungstechnik verwendeten modernen Betriebsmittel aller Gewerke haben teilweise Eingangsspannungsbereiche von 100 V bis 250 V.
Die Bestimmung des Spannungsfalls kann durch Messung der Impedanz des Stromkreises, anhand von Diagrammen oder Berechnungen erfolgen.

Entscheidend ist noch eine kleine, aber feine Besonderheit: Die (Rechts-)Normen, die sich mit der Planung von elektrischen Anlagen beschäftigen (NAV, VDE-AR-N 4100 und DIN 18015-1), fordern bei der Berechnung des Spannungsfalls den Nennstrom der zugeordneten Überstrom-Schutzeinrichtung als Grundlage. Im Gegensatz dazu steht die DIN VDE 0100-520, welche die Berechnung des Spannungsfalls nach dem tatsächlich fließenden Betriebsstrom, gegebenenfalls unter Anwendung von Gleichzeitigkeitsfaktoren, zulässt. Dieser kann unter Umständen deutlich geringer ausfallen. Das ist dem Anhang G der DIN VDE 0100-520 eindeutig zu entnehmen.

Das ist gut nachvollziehbar, denn woher soll ein Planer eines Hausanschlusses oder eines Steckdosenstromkreises in einem Gebäude bei der Planung wissen, welche Betriebsmittel irgendwann einmal an dieser Anlage bzw. diesem Stromkreis angeschlossen werden? Somit muss er vom sogenannten Worst-Case ausgehen. Anders verhält es sich natürlich bei der Betrachtung von vorübergehend errichteten, flexiblen Leitungen oder beim Anschließen von Maschinen, wenn der maximal fließende Strom im Betrieb durch die bekannten Betriebsmittel mehr oder weniger feststeht.

Übrigens bezieht sich die Angabe in Prozent immer auf die Nennspannung (230 V oder 400 V) und nicht auf die tatsächlich gemessene Höhe der Spannung.

Weitere wichtige Informationen und Beispiele zum Thema Spannungsfall habe ich im Kapitel 5.8 zusammengefasst.

2.14.3 Prüfbericht/Prüfprotokoll

Für neu errichtete, geänderte oder erweiterte elektrische Anlagen ist nach der Prüfung ein Prüfbericht zu erstellen. Dem Bericht müssen die Ergebnisse der Besichtigung, des Erprobens und der Messungen zu entnehmen sein. Auch muss der Umfang der geprüften Anlage (räumliche Ausdehnung) erkennbar sein.

Der Prüfbericht muss folgende Mindestangaben enthalten:

- Name und Anschrift des Auftraggebers
- Name und Anschrift des Auftragnehmers
- Bezeichnung des Objekts (Anlage, Gebäude, Gebäudeteile, Verteiler, Stromkreise)
- Geprüfte Stromkreise mit deren Bezeichnungen und zugehörigen Schutzeinrichtungen
- Verwendete Mess- und Prüfgeräte
- Bewertung der Prüfung: Alle bei dem Besichtigen, Erproben und Messen ermittelten

Informationen sowie die Ergebnisse von Berechnungen müssen vom Prüfer bewertet werden. Diese Bewertung ist das Ergebnis der Prüfung.

- Das Ergebnis der Prüfung ist einschließlich der für die Bewertung relevanten Messwerte zu dokumentieren.
- Ort, Prüfer, Prüfdatum, evtl. Uhrzeit und Unterschrift

Bei der Bewertung sollten auch Messwerte, die die Normanforderungen erfüllen, aber auffällig von den erwarteten Werten abweichen, berücksichtigt werden. Eine Dokumentation aller einzelnen Messwerte ist nicht gefordert.

2.14.4 Beispielprotokoll Übergabepunkt

Produktionstitel: Ort: Datum:

Verantwortliche Elektrofachkraft:

Anschlusspunkt:

Gebäude / Raum:
Stromkreis

Sichtprüfungen:

	Mängel Ja	Mängel Nein
Zustand des Anschlusspunktes	▢	▢
Abschalt - und Trennvorrichtungen	▢	▢
Kennzeichnung des Stromkreises	▢	▢

Funktionsprüfung & Messung nach DIN VDE 0100-600 / DIN VDE 0105
verwendete Messgeräte :
Messungen

Messung		Messwert	Richtwert	Mängel Ja	Mängel Nein	Bemerkung
Schutzleiter		spannungsfrei	auf Erdpotenzial	▢	▢	
Spannungsmessung	L1 - N	V	230 V (207 ... 253 V)	▢	▢	
	L2 - N	V				
	L3 - N	V				
	L1 - L2	V	400 V (360 ... 440 V)			
	L1 - L3	V				
	L2 - L3	V				
	Drehfeld-Richtung	Phasenfolge	Rechtsdrehfeld			
RCD Messung ΔI_N / Abschaltzeit in s (falls RCD vor Anschlusspunkt vorhanden)		Auslösezeit bei $I_{\Delta N}$ (Nenn-Fehlerstrom): ms	< 300 ms bei $I_{\Delta N}$	▢	▢	
		oder Auslösung bei ansteigendem Prüfstrom: mA	$0{,}5 \cdot I_{\Delta N}$ ... $I_{\Delta N}$			
Schleifenimpendanzmessung			**Bedingung: $I_K > I_a$**	▢	▢	
	L1 - PE **Z s**	Ω	MCB Typ B:			
	I K	A	MCB Typ C: $I_a > 10 \cdot I_N$			
	L2 - PE **Z s**	Ω				
	I K	A	Schmelzsicherungen $I_a > 10 \cdot I_N$			
	L3 - PE **Z s**	Ω				
	I K	A				

Prüfergebnis:
Anschlusspunkt ist betriebssicher ▢ **Anschlusspunkt ist *nicht* betriebssicher** ▢

Zu beseitigende Mängel:

....
Ort, Datum, Unterschrift

Abbildung 44a: Beispielprotokoll Übergabepunkt

Produktionstitel: Ort: Datum:

Verantwortliche Elektrofachkraft:

Steckdose:

Gebäude / Raum:

Schutzeinrichtungen der Steckdose vorhanden, in Ordnung, korrekt ausgewählt und ständig zu erreichen?

Sichtprüfung:

	Mängel Ja	Mängel Nein
Zustand der Steckdose (optisch/ mechanisch)	☐	☐
Überstrom-Schutzeinrichtung (Sicherung)	☐	☐
Kennzeichnung des Stromkreises	☐	☐

Messung:

Messung	Messwert	Richtwert	Mängel Ja	Mängel Nein	Bemerkung
Schutzleiter	spannungsfrei	auf Erdpotenzial	☐	☐	
Spannungsmessung					
L1 - N	V	230 V (207 ... 253 V)	☐	☐	
L2 - N	V				
L3 - N	V				
L1 - L2	V	400 V (360 ... 440 V)			
L1 - L3	V				
L2 - L3	V				
Drehfeld-Richtung	Phasenfolge	Rechtsdrehfeld			
RCD Messung ΔI_N / Abschaltzeit in s (falls RCD vor Anschlusspunkt vorhanden)	Auslösezeit bei $I_{\Delta N}$ (Nenn-Fehlerstrom): ms	< 300 ms bei $I_{\Delta N}$	☐	☐	
	oder Auslösung bei ansteigendem Prüfstrom: mA	$0{,}5 \cdot I_{\Delta N}$ ... $I_{\Delta N}$			

Prüfergebnis:

Steckdose ist betriebssicher ☐ **Steckdose ist *nicht* betriebssicher** ☐

Wenn die Steckdose als nicht betriebssicher eingestuft wurde, darf der Anschluss nicht benutzt werden, bevor er von einer Elektrofachkraft instandgesetzt wurde. Daraufhin ist eine neue Prüfung durchzuführen und zu dokumentieren.

Zu beseitigende Mängel:

....

Ort, Datum, Unterschrift

Abbildung 44b: Beispielprotokoll CEE Steckdose

2.14.5 Beispielprotokoll Anlage

Prüfung nach				**DIN VDE 0100-600**			**DIN VDE 0105-100**			
Grund der Prüfung		Neuanlage		Erweiterung		Änderung		Instandsetzung		
Besichtigen										
richtige Auswahl der Betriebsmittel	Leitungsverlegung			Basisschutz		Schutztrennung		Hauptpotenzialausgleich		
Schäden an Betriebsmitteln	Bezeichnung der Stromkreise			Sicherheitseinrichtungen		Kleinspannung mit sicherer Trennung		zusätzlicher Potenzialausgleich		
Erproben										
Funktion der Anlage	Rechtsdrehfeld Drehstromsteckdosen				Drehrichtung Motoren			Not-Aus		
Messen	Verwendete Messgeräte									
Durchgängigkeit Schutzleiter	Durchgängigkeit/ Potenzialausgleich						Nachweis sicherer Trennung			
	Leitung			**Überstromschutz**			**Isolations-Widerstand**	**RCD**		
Stromkreis/ Anlagenteil	Art	Leiter-Anzahl	Querschnitt mm^2	Charakteristik	I_N A	Z_S Ω	MΩ	IN [A] Typ	$I_{\Delta N}$ mA	t ms
Ergebnis										
die Anlage entspricht den anerkannten Regeln der Technik				Technische Dokumentation, Pläne sind vorhanden						
Prüfplakette in Stromkreisverteiler eingeklebt				Empfehlung für nächsten Prüftermin:						
Ort, Datum:				Prüfer/in:						
				Name/Unterschrift:						

Abbildung 45: Beispielprotokoll elektrische Anlage

2.14.6 Beispiel Errichterbestätigung

Errichterbestätigung

gem. § 5 Abs. 4 DGUV Vorschrift 3/4
„Elektrische Anlagen und Betriebsmittel"

Kunde: ______________________________

Projekt: ______________________________

Anlage: ______________________________

Anlagenteil: ______________________________

Veranstaltung: ______________________________

Hiermit wird verbindlich bestätigt, dass die (mobile) elektrische Anlage den Bestimmungen der einschlägigen Gesetze, Verordnungen und DIN/VDE-Bestimmungen entsprechend errichtet und nach der DGUV Vorschrift 3 entsprechend geprüft wurde und sich zum Zeitpunkt der Prüfung (Datum siehe unten) in einem mangelfreien Zustand befand.

Hersteller/ Errichter der Anlage: ______________________________

Zur Prüfung befähigte Person: ______________________________

Ort/ Datum/ Unterschrift: ______________________________

Abbildung 46: Beispiel Errichterbestätigung

Kapitel
3

Mobile Stromerzeuger

Mobile Stromerzeuger

Gelegentlich werden unsere vorübergehend errichteten elektrischen Anlagen nicht aus dem öffentlichen Versorgungsnetz gespeist. Dies kann z. B. daran liegen, dass vor Ort nicht genügend große Anschlussleistungen zur Verfügung stehen oder dass gar kein Versorgungsnetz vorhanden ist. In beiden Fällen bedient man sich gerne sogenannter mobiler Stromerzeuger, Aggregate, Generatoren, Gennys oder normgerecht: Niederspannungs-Stromerzeugungsanlagen. Diese Betriebsmittel gibt es in mannigfaltigen Ausführungen und etlichen Leistungsklassen – von der kleinen „Handtasche" bis zu 3-Achs-Sattelaufliegern.

Abbildung 47: Stromerzeugungsaggregate und Zubehör

Nach einer kurzen Vorstellung der unterschiedlichen Bauarten (ohne Anspruch auf Vollständigkeit), betrachten wir die Besonderheiten und Möglichkeiten des sicheren Betriebs unter den denkbaren Umständen. Ich beschränke mich hierbei hauptsächlich auf den elektrischen Teil der Stromerzeuger und lasse die technischen Raffinessen der mechanischen Seite sowie der Antriebstechniken weitestgehend unbeachtet.
Generell müssen wir vier Betriebsarten unterscheiden. Diese Begriffe entstammen dem Praxiswortschatz und sind so auch im Branchenstandard SQP4 zu finden:

Inselbetrieb: Diese Betriebsart beschreibt die Stromversorgung einer Anlage, die nicht an ein vorhandenes Versorgungsnetz angeschlossen ist und auch keine Berührungspunkte mit anderen Versorgungsnetzen hat. Die gesamte erforderliche elektrische Energie wird vom Generator erzeugt. So eine Anlage ist unter normalen Umständen einfach und schnell aufzubauen und zu betreiben. Wenn es sich um (sehr) kleine Inseln handelt, ist die Schutzmaßnahme „Schutztrennung" immer bevorzugt anzuwenden. Eine Erdung ist dann unnötig, evtl. sogar unzulässig und sollte unter allen Umständen vermieden werden.

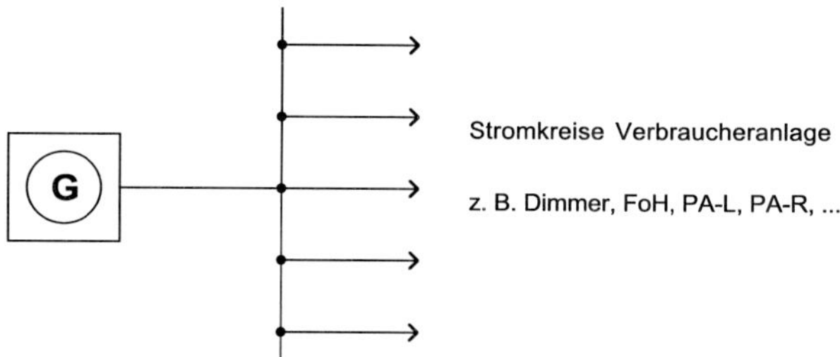

Abbildung 48: Inselbetrieb

Netzparallelbetrieb: Beim Netzparallelbetrieb wird der Generator parallel auf das öffentliche Netz geklemmt und übernimmt einen Teil der angeschlossenen Last bzw. speist unter Umständen auch Energie zurück ins Netz. Das ist z. B. bei vielen Photovoltaik- oder Windkraftanlagen der Fall. Bei einem Ausfall des Versorgungsnetzes übernimmt der Stromerzeuger unterbrechungsfrei die Versorgung. Dazu ist eine dauerhafte Synchronisation von Generator und Versorgungsnetz erforderlich, normalerweise unter Benutzung eines Vektorsprungrelais. Der Parallelbetrieb bedarf einer Koordination mit dem Energieversorger bzw. durch das im Installateurverzeichnis eingetragene Installationsunternehmen. Es gilt die VDE-Anwendungsregel VDE-AR-N 4105 „Erzeugungsanlagen am Niederspannungsnetz – Technische Mindestanforderungen für Anschluss und Parallelbetrieb von Erzeugungsanlagen am Niederspannungsnetz". Diesen spezialgelagerten Sonderfall möchten wir hier nicht weiter betrachten, er kommt für uns auch technisch nicht in Betracht.

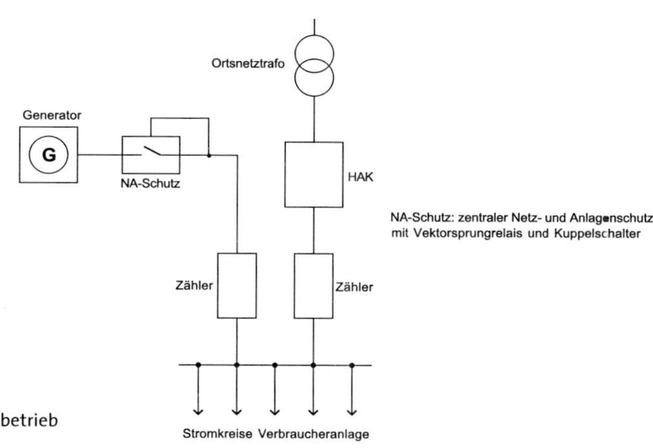

Abbildung 49: Netzparallelbetrieb

Kombinationsbetrieb: Hier geht es um eine ergänzende Stromversorgung zusätzlich zum vorhandenen Versorgungsnetz – üblicherweise, um eine höhere Gesamtleistung zu erzielen. Diese Betriebsart ist unbedingt von der Betriebsart „Netzparallelbetrieb" zu unterscheiden. Im Kombinationsbetrieb werden zwei Netze in räumlicher Nähe betrieben, ohne dass die aktiven Leiter miteinander in Berührung kommen (dürfen). Bei Veranstaltungen gibt es beispielsweise die Möglichkeit, die Beschallungsanlage aus dem öffentlichen Netz zu speisen, während die Beleuchtungsanlage von einem Generator versorgt wird. Hierbei ist das Erdungs- und Potenzialausgleichssystem von besonderer Bedeutung.

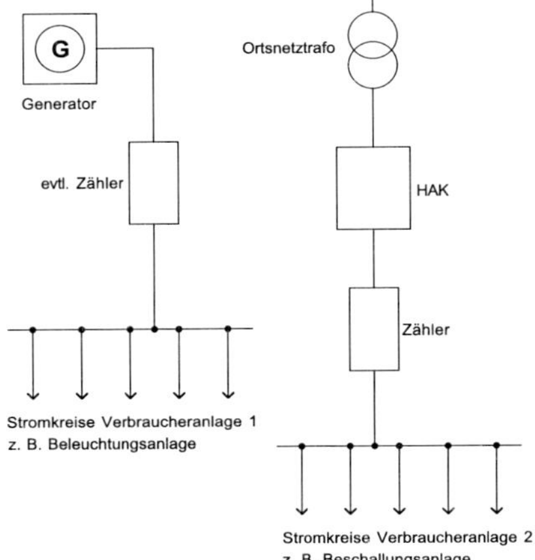

Abbildung 50: Kombinationsbetrieb

Havariebetrieb: Bei Ausfall des vorhandenen Versorgungsnetzes übernimmt ein zusätzlicher Erzeuger (z. B. ein Generator) den Betrieb der Anlage oder zumindest von Teilen der Gesamtanlage (redundante Stromversorgung). Dies wird häufig mit sogenannten Netzumschaltschränken (NUS) realisiert.

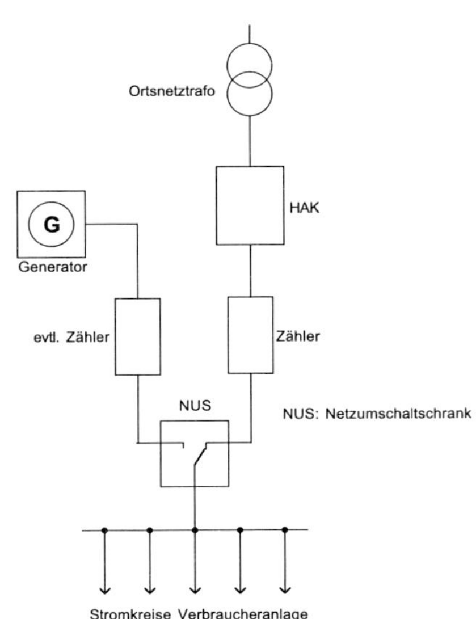

Abbildung 51: Havariebetrieb

Bei allen aufgeführten Betriebsarten ist Sorgfalt geboten – daher ist immer eine in diesem Metier erfahrene Elektrofachkraft erforderlich.

Der Netzparallelbetrieb, also die gleichzeitige Versorgung einer Anlage durch Generator und Versorgungsnetz, darf unter keinen Umständen möglich sein oder werden! Wenn automatische Umschaltschränke benutzt werden, so muss der Neutralleiter immer mitgeschaltet werden. Weiterhin ist die Koordination der Schutzmaßnahmen sowie der Erdungs- und Potenzialausgleichsmaßnahmen von großer Bedeutung – nicht nur für die Sicherheit, sondern auch für die Funktion (siehe dazu auch Kapitel 4).

Ich gehe hier nur auf nicht dauerhaft installierte Anlagen mit zeitweilig errichteter Stromerzeugungsanlage ein (Formulierung gemäß DIN VDE 0100-551). Je nach Größe bzw. Nennleistung des Aggregats können so ziemlich alle bekannten Schutzmaßnahmen angewendet werden, die Details sind den nachfolgenden Abschnitten zu entnehmen.

Die Bedingungen sind vorwiegend in der DIN VDE 0100-551 (Niederspannungsstromerzeugungseinrichtungen) und in der DIN VDE 0100-410 (Schutzmaßnahmen – Schutz gegen elektrischen Schlag) zu finden.
Die Themen „Sicherheitsstromversorgung“ oder „Notstromversorgung“ werden nicht weiter vertieft, dazu sind die Anforderungen zu mannigfaltig und zu speziell.

3.1 Besonderheiten beim Einsatz von Stromerzeugern

Bei der Verwendung von Stromerzeugungsaggregaten sind einige Besonderheiten zu beachten, die bei einer Versorgung durch das öffentliche Netz nicht bzw. nicht in diesem Ausmaß in Erscheinung treten.

3.1.1 Netzfrequenz und Netzspannung

Im öffentlichen Verbundnetz herrscht auch bei großen Laständerungen eine extrem hohe Frequenzstabilität durch die Vielzahl von einspeisenden Kraftwerken. So treten derzeit im europäischen Verbundnetz Frequenzschwankungen von etwa ± 0,1 Hz auf. Durch den Verbundbetrieb und das eng vermaschte Netz teilen sich auftretende Laständerungen auf viele einspeisende Kraftwerke auf und bedeuten für den einzelnen Erzeuger nur eine geringe Änderung.

Im Gegensatz dazu sind Motoren für Stromerzeugungsaggregate im Inselbetrieb wesentlich größeren Laständerungen ausgesetzt, wenn man diese auf ihre Bemessungsleistung bezieht. Dies kann insbesondere bei Motoren, die zur Leistungssteigerung mit Abgasturboladern versehen sind, zu erheblichen Frequenzschwankungen von einigen Hertz führen.

Im Nieder- und Mittelspannungsnetz erhalten wir aufgrund der sehr geringen Innenwiderstände der Transformatoren eine sehr hohe Kurzschlussleistung (üblicherweise mehr als das 20-Fache der Nennleistung) und damit eine relativ konstante Netzspannung. Auch kurzfristige Laständerungen bis zur Bemessungsleistung der Transformatoren verursachen in der Regel nur einen Spannungsfall von wenigen Prozent der Nennspannung.

Laständerungen bis zur Bemessungsleistung der Generatoren verursachen dagegen keinen länger anhaltenden Spanungsfall, sondern eher mehrere transiente Spannungsfälle (Spannungseinbrüche). Normalerweise werden diese innerhalb kürzester Zeit durch den Spannungsregler des Stromerzeugers kompensiert. Die Wechselwirkung zwischen Frequenzänderung und Spannungsfall führt jedoch insbesondere bei frequenzabhängigen Verbrauchern (cos $\varphi \neq 1$) zu Laständerungen während der Regelphase und stellt damit hohe Anforderungen an das Regelsystem.
Gängige und weitverbreitete Aggregate-Steuerungen, wie z. B. die Deif AGC-4, verfügen über eine Vielzahl von Funktionen zur Steuerung, zur Überwachung und zum Schutz von modernen Stromerzeugern.

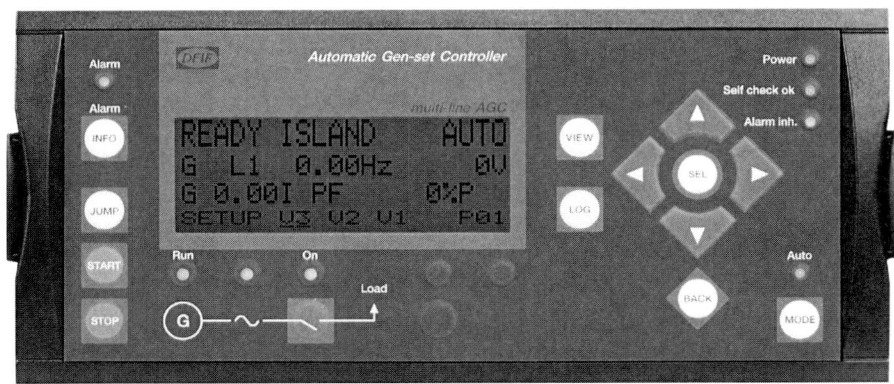

Abbildung 52: Beispiel Aggregat-Steuerung

3.1.2 Kurzschlussleistung

Die Kurzschlussleistung eines Gennys ist im Vergleich zum öffentlichen Netz wesentlich geringer und zudem in der Höhe nicht konstant. Der Einfluss der Verkettung der magnetischen Flüsse in Stator, Rotor und Erreger bewirkt einen zeitlich veränderlichen Kurzschlussstromverlauf. Stromerzeugungsaggregate liefern anfangs einen Kurzschlussstrom, der beim 5- bis 8-Fachen des Nennstroms liegt. Er sinkt innerhalb der ersten halben Sekunde auf den deutlich geringeren Dauerkurzschlussstrom ab. Dieser beträgt, bedingt durch den Einfluss des Spannungsreglers, nur noch etwa das 2- bis 5-Fache des Generatornennstroms.

Überstromschutzeinrichtungen, die auf hohe Kurzschlussströme angewiesen sind (z. B. Schmelzsicherungen), sind somit ungeeignete Schutzeinrichtungen für den Generatorbetrieb.

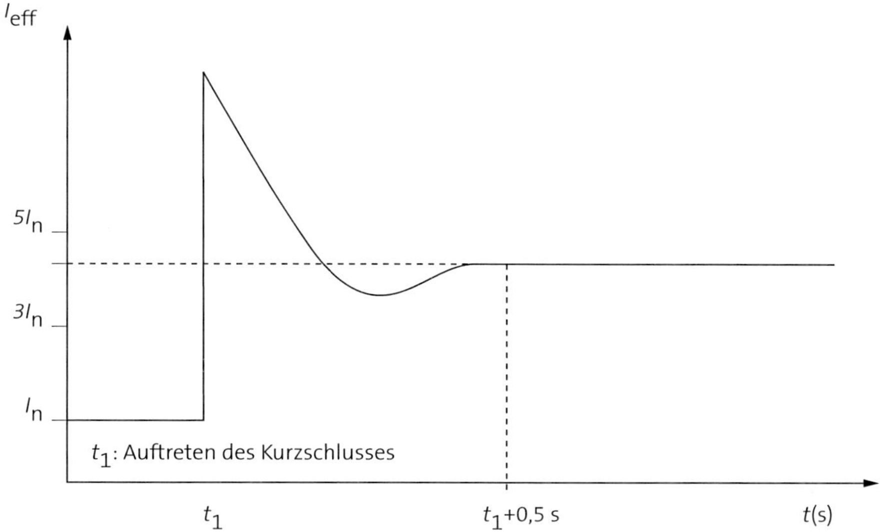

Abbildung 53: Kurzschlussstromverlauf bei einem Generator

Kurzschlussströme belasten nicht nur den Generator mechanisch und thermisch, sie haben auch Rückwirkungen auf den Antriebsmotor. Bei einem Kurzschluss in elektrischer Nähe des Generators kann dieser keine Wirkleistung mehr abgeben (der Kurzschlussstrom ist überwiegend induktiv) und es erfolgt eine Entlastung des Antriebsmotors mit einem starken Drehzahlanstieg.

Ist der Kurzschluss räumlich weiter entfernt, wirken die ohmschen Anteile der Leitungen wie eine extrem große Wirklast aufgrund des nur sehr geringen ohmschen Widerstands und führen so zu einer Überlastung des Motors.

Insbesondere bei turbogeladenen Motoren kann dies zu Drehzahleinbrüchen auf die Hälfte und weniger führen. Der Spannungsregler ist dann nicht mehr in der Lage, ausreichend Erregerleistung zu erzeugen, die Konsequenz ist ein drastischer Spannungseinbruch. Eine Kurzschlusszeit von mehr als 1 s bei generatornahen Kurzschlüssen sollte deshalb durch geeignete Schutzeinrichtungen verhindert werden.

Da Schmelzsicherungen aufgrund der geringen Dauerkurzschlussströme unter Umständen nicht mehr (oder nicht rechtzeitig) auslösen, sollten in Netzen, die durch Generatoren im Inselbetrieb versorgt werden, nur Leistungsschalter mit definierter Zeitverzögerung bzw. für Endstromkreise nur strombegrenzende Leistungsschalter eingesetzt werden.

3.1.3 Transienter Spannungsfall

Jede Laständerung verursacht im Generator eine kurzzeitige Spannungsänderung. Die Höhe und Dauer dieser Spannungsänderung hängen maßgeblich von den konstruktiven Eigenschaften von Stator, Rotor und Erreger ab. Nach Abklingen der transienten Vorgänge wird die Spannungshöhe ausschließlich durch die Wirksamkeit des Spannungsreglers beeinflusst. Da der Generatorwirkwiderstand bei Niederspannungsgeneratoren in den meisten Fällen nicht mehr als 20 % der transienten Reaktanz beträgt, bedeutet eine Zuschaltleistung mit einer hohen induktiven Komponente immer einen großen transienten Spannungsfall.

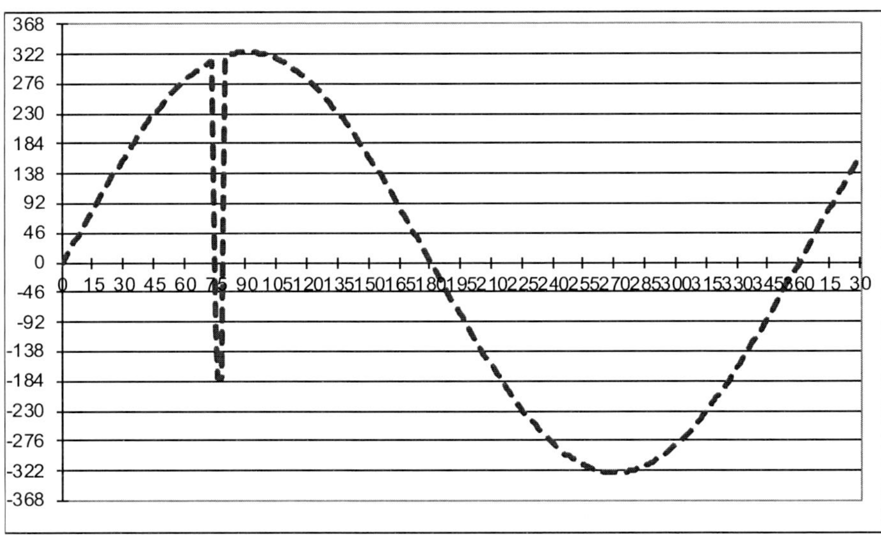

Abbildung 54: Transienter Spannungseinbruch

3.1.4 Oberschwingungen

Insbesondere im Inselbetrieb verursachen Oberschwingungsströme am – im Vergleich zur Netzeinspeisung – hohen Generatorinnenwiderstand einen schwankenden Spannungsfall, der zu einer deutlichen Verzerrung der Generatorspannung führen kann. Diese Rückwirkung wiederum kann zur Zerstörung des Spannungsreglers und zur thermischen Überlastung der Generatorwicklungen führen. Nichtlineare, einphasige Lasten, wie sie im Bereich der Veranstaltungstechnik praktisch ausschließlich vorkommen, verursachen teilweise erhebliche Oberschwingungsströme, insbesondere der dritten Ordnung. Diese ohnehin schon unerwünschten Ströme addieren sich arithmetisch im Sternpunkt des Generators und können dort zur thermischen Überlastung führen (siehe auch Kapitel 5).

3.1.5 Flicker

Flicker sind periodische Leuchtdichteänderungen bei Leuchtmitteln, die durch häufige bzw. dauerhaft auftretende kleine Spannungseinbrüche hervorgerufen werden. Ursache kann eine ungleichförmige Drehbewegung sein, die durch den Antriebsmotor, die Kraftübertragung (Kupplung) oder durch ständig wechselnde Lasten verursacht wird. Diesem Ärgernis kann man auf der Motorseite durch die Auswahl von Motortypen, die keine Schwingungen anregen, begegnen (mindestens 6-Zylinder-Motoren).

3.1.6 Antriebsmaschine

Anforderungen an Motoren, die Stromerzeuger antreiben, findet man z. B. in den Normen

- DIN 6280-10 (Stromerzeugungsaggregate mit Hubkolben-Verbrennungsmotoren – Stromerzeugungsaggregate kleiner Leistung – Anforderungen und Prüfung)

oder

- ISO 8528-Reihe (Stromerzeugungsaggregate mit Hubkolben-Verbrennungsmotoren).

Hier ist u. a. einsatzabhängig geregelt, dass die Motoren ein bestimmtes Start- und Lastübernahmeverhalten besitzen und unter bestimmten klimatischen Umgebungen zuverlässig arbeiten müssen. Zudem darf für festgelegte Anlagen nur bestimmter Kraftstoff verwendet werden.

Ein wesentlicher (lebenswichtiger) Zusammenhang besteht zwischen den Möglichkeiten des Schutzes vor elektrischem Schlag auf der elektrischen Seite und der maschinentechnischen Leistung des Motors auf der anderen Seite. Damit der angestrebte Personenschutz zuverlässig funktioniert, muss beides aufeinander abgestimmt sein.
Zur Erzeugung der mechanischen Antriebsleistung für den Generator werden überwiegend Dieselmotoren eingesetzt. Diese werden heute üblicherweise mit Abgasturbo-

ladern ausgerüstet. Dadurch lassen sich Leistungssteigerungen bis zu 100 % erreichen. Da die Wirkung des Turboladers vom Abgasvolumenstrom abhängt, kann auf einen leerlaufenden Motor mit Turbolader nur diejenige Leistung aufgeschaltet werden, die er ohne Turbolader hat (Saugmotorleistung). Werden größere Leistungen zugeschaltet, kann der Motor bis zum Stillstand abgebremst werden. Man spricht dann vom sogenannten „Turboloch" – welches wir alle bereits vom Autofahren kennen. Wenn also eine bestimmte Leistung in einer Stufe zugeschaltet werden soll, muss der Motor um den Faktor überdimensioniert werden, den der Turbolader zur Leistungssteigerung beiträgt. Wenn keine konkreten Angaben seitens des Herstellers vorliegen, kann die folgende Faustformel angewendet werden:
Es dürfen maximal 50 % der verbleibenden Leistung schlagartig zugeschaltet werden!

Beispiel: Lastzuschaltung bei turbogeladenen Maschinen
Ein Aggregat läuft im Leerlauf (lastfrei), die verbleibende aufzuschaltende Last beträgt 100 % von der Nennleistung des Generators P_n.

Schlagartig dürfen nun maximal 50 % von P_n zugeschaltet werden.
Jetzt beträgt die Belastung des Generators 50 % von P_n.
Die noch nicht aufgeschaltete Rest-Leistung beträgt logischerweise ebenfalls 50 % von P_n.
Im nächsten Schritt dürfen nun höchstens 25 % von P_n (das entspricht 50 % der Rest-Leistung) zugeschaltet werden.
Die restlichen 25 % von P_n können nun in einer Stufe zugeschaltet werden.

3.1.7. Kraftstoffverbrauch

Eine nicht ganz unwichtige Frage (insbesondere bei der Planung von Kraftstoffmenge, Tankvolumen und Möglichkeiten der Nachlieferung) ist, wie viel die Maschine an Kraftstoff verbraucht bzw. wie lange der vorhandene Vorrat noch für den Betrieb ausreicht. Folgende Faustformel kann zum Überschlagen benutzt werden:
Ein Generator verbraucht pro angeschlossenem Kilowatt ca. 0,25 l Diesel pro Stunde!

Erfahrungsgemäß sind die vorhandenen Tank-Anzeigeelemente mit Vorsicht zu genießen und lange nicht so präzise, wie man es von (modernen) Kraftfahrzeugen gewohnt ist. Daher ist es gut möglich, dass die Anzeige 1/2 durchaus bedeuten kann, dass 1/4 oder 2/3 gemeint sind.

Beispiel: Verbrauchskalkulation für einen Dieselgenerator
Ein 500-kVA-Generator soll mit 300 kVA kontinuierlich für sechs Stunden belastet werden. Welche Dieselmenge wird benötigt?

$$6h \cdot \frac{300kVA \cdot 0,25l}{kVA \cdot h} = 450l$$

Formel 4: Berechnung Dieselmenge

Der Verbrauch wird also bei ca. 450 l Diesel liegen, so dass man mit einem gefüllten 1.000-l-Standard-Tank gut auskommen sollte (ohne nachzutanken).

3.1.8. Generator

Zur Erzeugung der elektrischen Leistung werden im Wesentlichen Synchrongeneratoren eingesetzt. Merkmale bei der Auslegung von Synchrongeneratoren sind:

1. Bemessungsleistung

Die Bemessungsleistung des Generators ergibt sich aus der Summe der Leistungsaufnahme aller zu versorgenden Verbraucher, multipliziert mit einem auf die Gesamtanlage zutreffenden Gleichzeitigkeitsfaktor. Darüber hinaus sind Besonderheiten der anzuschließenden Verbraucher zu berücksichtigen, das sind insbesondere:

- Oberschwingungsströme von nichtlinearen Verbrauchern
- Anlaufströme von Asynchronmotoren
- Einschaltströme von Transformatoren, Beleuchtungseinrichtungen etc.

Um einen sicheren Betrieb zu gewährleisten, sollte man einen Generator auf Dauer nicht mit mehr als 80 % seiner Nennlast betreiben. Weiterhin ist die Leistungsangabe bei Generatoren üblicherweise die Scheinleistung (angegeben mit der Einheit VA), so dass bei der Ermittlung der abzugebenden Wirkleistung noch der Wirkleistungsfaktor berücksichtigt werden muss!

Der DIN 6280-13 mit dem Titel „Stromerzeugungsaggregate mit Hubkolben-Verbrennungsmotoren – Teil 13: Für Sicherheitsstromversorgung in Krankenhäusern und in baulichen Anlagen für Menschenansammlungen" ist zu entnehmen, dass beim Einsatz von Generatoren für die Sicherheitsstromversorgung in baulichen Anlagen für Menschenansammlungen sogar ein Sicherheitsfaktor von 100 % (also das Doppelte) bezogen auf die Verbraucherleistung zu berücksichtigen ist.

Beispiel: Dauerbelastung eines Stromerzeugungsaggregats
Ein Ersatzstromerzeuger ist angegeben mit einer Nennleistung von 350 kVA.
Bei einem gängigen Wirkleistungsfaktor (cos φ) von 0,8 kann man diesem Generator also eine maximale Wirkleistung von 350 kVA x 0,8 = 280 kW abverlangen.

Das ist schon ein erheblicher Unterschied, der bei Planungen unbedingt berücksichtigt werden muss. Wenn man dann noch einen Dauerlastfaktor von 80 % ansetzt, sollten wir also nur von einer anschließbaren (und gleichzeitig zu betreibenden) Wirkleistung in der Größenordnung von etwa 280 kW x 0,8 = 224 kW ausgehen.

Beispiel: Dimensionierung eines Stromerzeugungsaggregats
Eine Anlage mit einer Wirkleistung von 150 kW (der Gleichzeitigkeitsfaktor ist bereits berücksichtigt) soll über einen Stromerzeuger betrieben werden. Die Nennleistung des Generators muss also (mindestens) $\frac{150kW}{0,8 \cdot 0,8} = \frac{150kW}{0,64} = 234,38kVA$ betragen.

Formel 5: Berechnung der Nennleistung eines Generators

2. Unsymmetrische Belastung
Die unsymmetrische Belastung eines Drehstromsystems verursacht genau wie ein Oberschwingungsstrom zweiter Ordnung ein gegenläufiges Drehfeld. Dieses induziert im Generatorläufer ein magnetisches Wechselfeld und kann durch Wirbelströme im Läufer erhebliche Erwärmung hervorrufen. Auch verursacht das gegenläufige Drehfeld Vibrationen und belastet damit die Welle und ihre Lager, die Antriebsmaschine und natürlich auch im weitesten Sinne den Standort bzw. das Kraftfahrzeug oder das Fundament. Unsymmetrische Belastung mit reiner Wirkleistung verursacht Blindleistung und trägt so ebenfalls zu zusätzlicher Erwärmung des Generators bei.

Generatoren bis 300 kVA müssen für eine Schieflast von 33 % ausgelegt sein, während Generatoren über 300 kVA nur noch eine Schieflast von 15 % ertragen müssen. Dabei bezieht sich die Prozentangabe auf die Gesamtleistung des Generators!
33 % Schieflast bedeuten also, dass zwei Außenleiter mit dem Nennstrom belastet werden, während der dritte unbelastet ist.

Dementsprechend bedeuten 15 % Schieflast, dass in dem geringer belasteten Leiter mindestens 45 % des Nennstroms fließen müssen.

Beispiel: Maximale unsymmetrische Belastung
Die Generatornennleistung soll 500 kVA betragen. Also haben wir einen maximalen Nennstrom pro Phase von

$$I_N = \frac{500kVA}{3 \cdot 230V} = 724,64A$$

Formel 6: Berechnung Generatornennleistung

15 % der Gesamtnennleistung sind 75 kVA – dementsprechend beträgt der dazugehörige Strom

$$I_{15\%} = \frac{75kVA}{230V} = 326,09A$$

Formel 7: Berechnung der Gesamtnennleistung

Die maximal zulässige Schieflast beträgt also:
I_1 = 725 A I_2 = 725 A I_3 = 326 A

3. Schutzeinrichtungen
Die Schutzeinrichtungen unterteilen sich in Betriebsmittel, die jeweils dem
- Motorschutz,
- Generatorschutz oder
- Aggregatschutz

dienen.

Für den Motorschutz sind mindestens Überwachungseinrichtungen für Öldruck, Kühlwassertemperatur und Drehzahl erforderlich. Die Empfehlungen des Motorherstellers sollten unbedingt beachtet werden.

Zum Schutz des Generators gegen Überstrom ist mindestens ein Leistungsschalter mit Überlastauslöser und zeitverzögertem Kurzschlussauslöser erforderlich.
Für den Aggregatschutz ist zumindest eine Not-Aus-Einrichtung erforderlich.

Viele Hersteller empfehlen bei synchronisierten Generatoren, z. B. bei „Twin-Packs“ zusätzlich den Einbau eines „Vektorsprungrelais“. Dieses Relais misst indirekt den Winkel zwischen Polradspannung und Netzspannung. Bei Überschreiten des eingestellten erfolgt eine sofortige Trennung vom Netz. Der Vorteil liegt in dem sehr schnellen Erkennen von Netzfehlern (innerhalb einer Periode).

3.1.9 Aufstellungsort

Ein Aggregat erzeugt neben der gewünschten elektrischen Energie leider auch Lärm und Abgase. Diesbezüglich ist bei der Aufstellung am gewünschten Einsatzort neben einer ausreichenden Bodenbelastbarkeit und einer möglichst ebenen Fläche auf ausreichende Frischluftzufuhr, auf eine sinnvolle Abgasfortleitung und natürlich auch auf entsprechende Schallschutzvorkehrungen zu achten. Für viele dieser Punkte lassen sich dem Bundes-Immissionsschutzgesetz und den entsprechenden Durchführungsverordnungen die einzuhaltenden Grenzwerte entnehmen.
Generell empfiehlt es sich, nicht in der Nähe von Aufenthaltsräumen oder -zelten, Garderoben bzw. dem Catering Position zu beziehen.

3.2 Tragbare Stromerzeuger

In diese Kategorie fallen normseitig alle Geräte bis zu einer Gesamtleistung von etwa 13 kVA. Das sind zum einen die durch den Fachhandel und die Baumärkte verkauften Apparate und zum anderen durchaus professionelle Betriebsmittel, die z. B. von der Feuerwehr, dem THW und anderen Hilfsorganisationen eingesetzt werden. Diese Stromerzeuger sind beweglich – also tragbar oder rollbar – und dafür vorgesehen, eine bestimmte, sehr begrenzte und vom normalen Netz unabhängige Versorgung zu übernehmen.

Anforderungen an tragbare Stromerzeuger sind in den folgenden Normen zu finden:

- DIN EN ISO 8528-13:2017-03 (Stromerzeugungsaggregate mit Hubkolben-Verbrennungsmotoren – Teil 13: Sicherheit)
- DIN 6280-10:1986-10 (Stromerzeugungsaggregate mit Hubkolben-Verbrennungsmotoren; Anforderungen und Prüfung)
- DIN 14685-1:2016-12 (Feuerwehrwesen – Tragbarer Stromerzeuger – Teil 1: Generatorsatz ≥ 5 kVA)
- DIN 14685-2:2016-12 (Feuerwehrwesen – Tragbarer Stromerzeuger – Teil 2: Generatorsatz < 5 kVA)
- DIN 14687-1:2015-12 (Feuerwehrwesen – Fest eingebaute Stromerzeuger (Generatorsatz) < 12 kVA, 230 V für den Einsatz in Feuerwehrfahrzeugen)
- DIN 14687-2:2017-09 (Feuerwehrwesen – Fest eingebaute Stromerzeuger – Teil 2: Generatorsatz < 12 kVA, 230/400 V für den Einsatz in Feuerwehrfahrzeugen)

Durch diese Normen wird sichergestellt, dass die herstellerseitige Anpassung von maschinentechnischer und elektrischer Seite so ausgeführt ist, dass die bestimmungsgemäße Verwendung dieser Stromerzeuger zu keiner Gefahrensituation führen kann. Da sie sich in erster Linie an die Hersteller von Stromerzeugern richten, werde ich nicht dezidiert auf den Inhalt eingehen.
Es werden aber auch direkte Hinweise gegeben, dass der Schutz gegen elektrischen Schlag gemäß IEC 60364-4-41 (das ist die internationale Version der DIN VDE 0100-410) gewährleistet sein muss.
Als Schutzmaßnahme kommt bei diesen Erzeugern durchweg „Schutztrennung“ zum Einsatz. Das ist gerade für kleine, transportable Aggregate vorteilhaft. Sie erfüllen alle Anforderungen an einen schnellen, unkomplizierten Einsatz und können leicht und flexibel eingesetzt werden, weil kein Erder erforderlich ist. Diese Stromerzeugungsaggregate sind ausdrücklich für die Benutzung durch Laien vorgesehen und ohne Installationsarbeiten sofort betriebsbereit. Der Anschluss der zu versorgenden Betriebsmittel erfolgt ausschließlich über Steckdosen. Je nach Bedarf sind sie sowohl in einphasiger Version als auch in dreiphasiger Ausführung erhältlich.

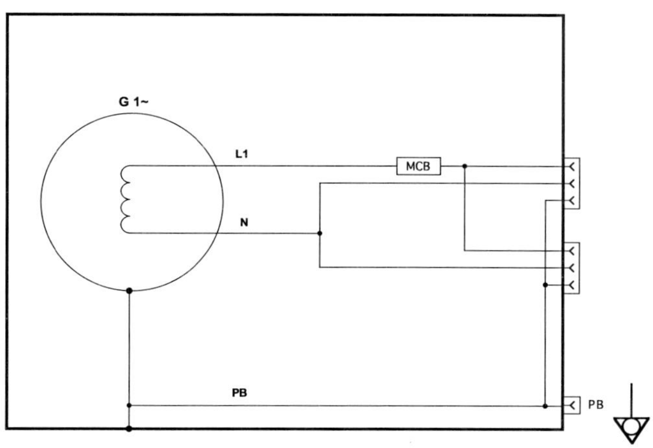

Abbildung 55: Einphasiger Stromerzeuger mit Schutzpotenzialausgleich

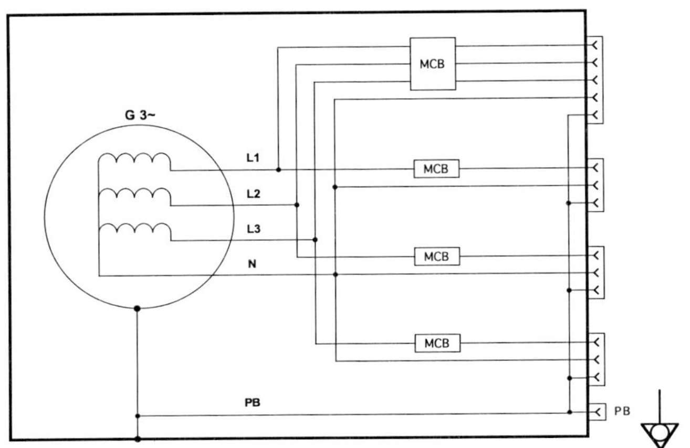

Abbildung 56: Drehstrom-Stromerzeuger mit Schutzpotenzialausgleich

Wie man erkennen kann, ist der Sternpunkt des Erzeugers (und somit auch der Neutralleiter) nicht mit dem Schutzleiter oder dem Gehäuse verbunden. Dennoch haben alle diese Geräte eine Anschlussklemme, die teilweise widersprüchlich oder falsch beschriftet ist, z. B. mit dem Piktogramm für Erder oder mit „GND" oder „PE" (je nach Heimatland des Herstellers und seiner Auslegung der europäischen Normen). Werfen wir deswegen zunächst noch einen Blick auf die in der IEC 60417 (Graphical Symbols for Use on Equipment) genormten Symbole, die man häufig an Schrauben oder Anschlussklemmen von Stromerzeugern sieht:

Abbildung 57: Symbol 5019 Schutzerdung

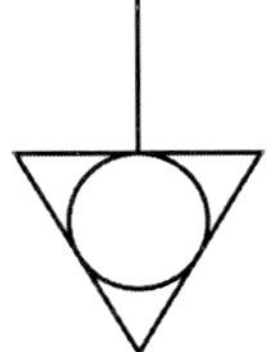

Abbildung 58: Symbol 5021 Schutzpotenzialausgleich

Der Sinn und Zweck dieser Klemmen ist oft nicht bekannt und sie werden gerne übersehen oder ignoriert. Da wir diese Stromerzeuger ausschließlich im Inselbetrieb verwenden, sind diese Klemmen höchstens dazu geeignet, einen (erdfreien) zusätzlichen Potenzialausgleich zwischen dem Gehäuse des Ersatzstromerzeugers bzw. dem ungeerdeten Schutzleiter und anderen metallischen Teilen in der Umgebung herzustellen oder um statische Aufladungen ableiten zu können. Der Neutralleiter darf bei diesen Geräten unter keinen Umständen mit dem Schutzleiter, dem Gehäuse oder einer vorhandenen PE- oder GND-Klemme verbunden sein bzw. werden!

Weiterhin beschränken die angeführten Vorschriften die maximal zulässige Leitungslänge auf 100 m bei einem Leiterquerschnitt von mindestens 2,5 mm². Diese Einschränkung ist darauf zurückzuführen, dass technisch bedingt nur ein verhältnismäßig geringer Kurzschlussstrom erzeugt werden kann. Bekanntermaßen ist aber gerade dieser Strom für die schnelle Abschaltung der Schutzeinrichtungen entscheidend. Um mit einem Leitungsschutzschalter der Charakteristik B 10 A eine Abschaltung innerhalb von 0,4 s zu erreichen, ist immerhin eine Stromstärke von über 50 A (zuzüglich einer einzurechnenden Sicherheit von ca. 30 %) notwendig. Sicherungen sind generell bei diesen tragbaren Stromerzeugern nicht zulässig.

Weil die geforderten Abschaltzeiten bei vielen kleinen Stromerzeugern durch zu geringe Dauerkurzschlussströme praktisch nicht erreichbar sind, muss im Falle eines doppelten Isolationsfehlers oder bei einem Doppel-Körperschluss die Spannung des Generators auf Werte unter 50 V sinken. In den oben angeführten Normen werden für den Einsatz bei Feuerwehren und anderen Hilfsorganisationen zusätzliche Anforderungen an die elektrische Ausrüstung gestellt, z. B. in Form einer Isolationsüberwachung mit optischer und akustischer Meldeeinrichtung.

Betrieb mit einem Verbraucher
Die kleinsten Geräte mit Leistungen bis ca. 4.000 W werden normalerweise von einem Benzinmotor angetrieben und sind mit nur einer Schukosteckdose ausgerüstet. Es werden sowohl Asynchron- als auch Synchrongeneratoren eingesetzt. Außerdem unterscheidet man geregelte und ungeregelte Generatoren. Ungeregelte Generatoren sind die Maschinen, die keine last- oder drehzahlabhängige Regelung der Ausgangsspannung besitzen. Bei geregelten Generatoren wird die Ausgangsspannung in Abhängigkeit von Last und Drehzahl durch Verändern der Erregung konstant gehalten.
Man kann festhalten, dass ein Synchrongenerator besser als ein Asynchrongenerator ist und ein geregelter besser als ein ungeregelter.

Neben den Anschaffungskosten sollte man den vorgesehenen Anwendungsfall unter die Lupe nehmen, bevor man sich zu schnell für ein Schnäppchen entscheidet.
Ein ungeregelter Asynchrongenerator ist für unsere Anwendungsfälle selten geeignet. Er ist höchstens in der Lage, einige (Glüh-)Lampen oder vielleicht einen Heizlüfter zu versorgen. Oder man kann ihn für Geräte verwenden, bei denen Spannungsschwan-

kungen und Frequenzabweichungen durch Lastwechsel in großem Maße toleriert werden können. Gut geeignet ist er z. B. für Heckenscheren und andere elektrisch betriebene Handwerkzeuge kleiner Leistung. Vom Anschluss elektronischer Geräte oder von Betriebsmitteln, die dem Generator ständige Lastwechsel abverlangen (Musikanlagen, Lichtorgeln, rollende Diskos, Gartenpartys), muss ich dringend abraten! Der professionelle Einsatz verbietet sich allerdings schon allein aufgrund der geringen Leistungsabgabe.

Wir sollten geregelten Synchrongeneratoren den Vorzug geben. Sie sind nicht nur gut, wenn es um höhere Anlaufströme geht (Pumpen oder Schweißgeräte), sondern auch für empfindliche elektronische Lasten geeignet.

Abbildung 59: Tragbarer Stromerzeuger mit Schutztrennung

Alle diese Stromerzeuger, egal ob geregelt oder ungeregelt, synchron oder asynchron, entsprechen der Schutzmaßnahme „Schutztrennung mit einem Verbraucher", die eine sehr hohe Schutzwirkung darstellt. Ein RCD ist nicht erforderlich. Zur Aufrechterhaltung der Schutzmaßnahme beschränkt sich der Einsatz auf die Versorgung eines einzelnen Verbrauchers, evtl. unter Verwendung von Verlängerungsleitungen (siehe auch in der jeweiligen Bedienungsanleitung), aber niemals unter Benutzung von Mehrfachsteckdosen oder Kleinverteilern! Falls an dem Gerät mehrere Steckdosen angebracht sind, dürfen diese auch nicht gleichzeitig verwendet werden, was den Sinn einer solchen Konstruktion mehr als in Frage stellt.

Betrieb mit mehreren Verbrauchern

Bei vielen Ersatzstromerzeugern kleiner und mittlerer Leistung werden 4-Takt-Ottomotoren oder selten auch Dieselmotoren eingesetzt, die mit einem Drehstromgenerator gekoppelt werden. Oft sind einige Schukosteckdosen und eine CEE-Drehstromsteckdose am Gerät vorhanden, welche über Leistungsschutzschalter abgesichert sind. RCDs sind nicht vorhanden. Diese Stromerzeuger entsprechen ebenfalls der Schutzmaßnahme „Schutztrennung“. Der Betrieb erfolgt immer ungeerdet – sowohl auf der Seite des Erzeugers als auch auf der Verbraucherseite! Es handelt sich demnach keinesfalls um ein IT-System, auch wenn das von vielen Kollegen immer wieder behauptet wird!

Nach der DIN VDE 0100-410 ist die Schutzmaßnahme „Schutztrennung mit mehreren Verbrauchern“ an eine Reihe von Anforderungen geknüpft, deren Erfüllung wir in der Regel nicht gewährleisten können. Außerdem ist die Anwendung nur unter Leitung und ständiger Aufsicht einer Elektrofachkraft zulässig. Werden mehrere Verbraucher angeschlossen, was zweifelsohne bei dem Vorhandensein mehrerer Steckdosen zu befürchten ist, macht auch die DIN VDE 0100-551 die ohnehin schon in der DIN 14685 geforderte Isolationsüberwachung (zwischen aktiven Teilen und dem ungeerdeten Schutzleiter) zur Bedingung.
Alternativ dazu bietet die DIN VDE 0100-551 allerdings auch eine Begrenzung der Gesamtlänge der angeschlossenen Leitungen an. Das Produkt aus der Leitungslänge und Netzspannung darf dabei nicht größer als 100.000 Vm (z. B. 400 V * 250 m) sein.
Die Gesamtlänge der angeschlossenen Leitungen darf wegen der auftretenden Leitungskapazitäten (gegen Erde) generell 500 m nicht überschreiten – das ist in unserem Fall allerdings schon nach der ersten Forderung nicht möglich, da unsere Versorgungsspannung nicht geringer als 230 V ist und 100.000 Vm / 230 V = 435 m ist. Außerdem sind wir durch die oben aufgeführten DIN-Normen bereits auf maximal 100 m beschränkt.

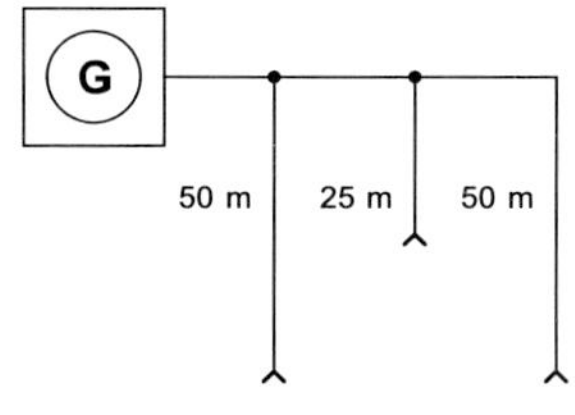

Zulässig, da die Leitungslänge zwischen zwei Verbrauchern 100 m nicht überschreitet.

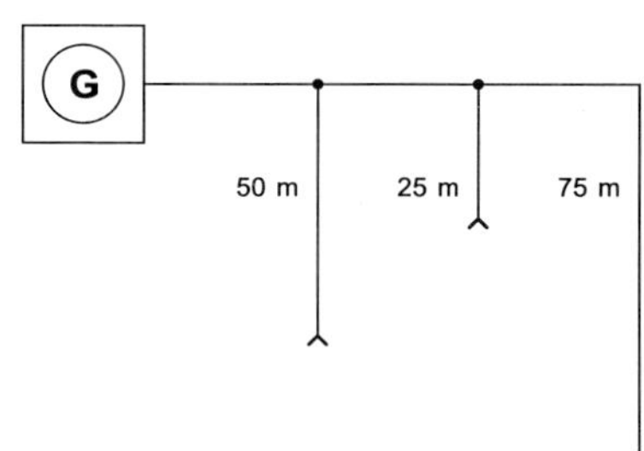

Unzulässig, da die Leitungslänge zwischen zwei Verbrauchern bis zu 125 m beträgt..

Abbildung 60: Leitungslänge an tragbaren Stromerzeugern

Wenn wir uns in unserer Branche umschauen, stellen wir fest, dass diese Art von Generatoren häufig in der Filmbranche am Set verwendet wird. Die kleinen Modelle werden oft dafür genutzt, Wohnwagen oder Wohnmobile, die als Garderoben oder Büros dienen, mit elektrischer Energie zu versorgen. Nicht selten werden sie dort von Laien in Betrieb genommen, ohne dass die für die Produktion verantwortliche Elektrofachkraft davon in Kenntnis gesetzt wird. Und das ist zunächst auch gar nicht schlimm – vorausgesetzt, der kleine Stromerzeuger wird bestimmungsgemäß, also entsprechend der Bedienungs- bzw. Betriebsanleitung verwendet.

Wenn tatsächlich nur ein Wohnwagen mit Hilfe von geeigneten Leitungen (Gummischlauchleitungen, vorzugsweise mit blauen CEE-Steckvorrichtungen) daran angeschlossen wird, ohne dass irgendjemand anfängt zu basteln, ist in der Regel nichts zu befürchten. Der Einsatz von RCDs ist nur dann sinnvoll, wenn auch wirklich für jeden einzelnen Verbraucher ein separater RCD verwendet wird und nicht ein gemeinsamer Haupt-RCD. Nach einem RCD dürfen niemals Schukoverteiler (3fach-Dosen, Kabeltrommeln) verwendet werden, da jedes einzelne Betriebsmittel über einen eigenen RCD verfügen muss, um den Schutz sicherzustellen.
Benutzt man z. B. die campingtypischen Einspeisesteckvorrichtungen hinter der weißen Klappe eines entsprechend ausgerüsteten Fahrzeugs, so hat man bei normgerechten Wohnmobilen den RCD bereits in der elektrischen Anlage des KFZ eingebaut (siehe auch DIN VDE 0100-721 „Elektrische Anlagen von Caravans und Motorcaravans"). Dann sind wir aber wieder bei der Schutztrennung mit mehreren Verbrauchern – und in dem Fall muss unbedingt eine Elektrofachkraft die Leitung und Aufsicht übernehmen.

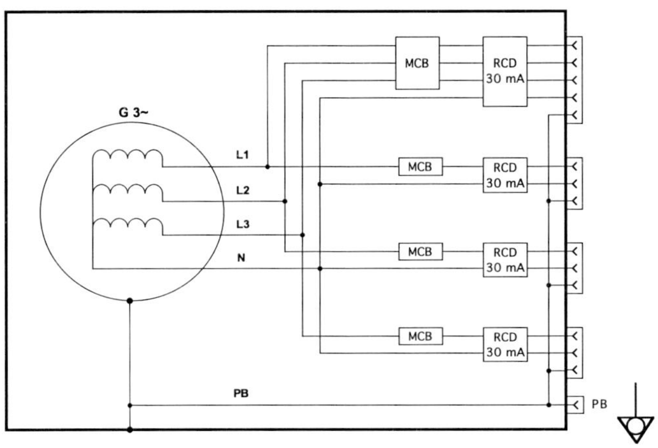

Abbildung 61: Stromerzeuger mit Schutztrennung und Schutz durch RCDs

Eine Leitungslänge von mehr als 100 m wird man selten erreichen. Zum einen, weil man nicht so weit zum Aggregat laufen möchte, um nachzutanken (man sollte bei den kleinen Stromerzeugern von einer Betriebsdauer von nur wenigen Stunden ausgehen). Und zum anderen, weil die baumarktüblichen „Kabeltrommeln" (und hier sei mir die kleine Spitze gestattet, dass wir VDE-gerecht über Leitungsroller sprechen sollten) nur mit einer maximalen Leitungslänge von 50 m erhältlich sind.

Darüber hinaus sollte man gerade bei Garderoben- und Maskenmobilen immer im Kopf haben, dass unter Umständen mehrere Haartrockner, Bügeleisen, Heizlüfter oder Wasserkocher zeitgleich verwendet werden, die unsere kleinen Freunde ohnehin sehr schnell an ihre Leistungsgrenze bringen.

Prüfen kleiner tragbarer Stromerzeuger

Da kleine tragbare Stromerzeuger immer wieder in unserem Wirkungsbereich auftauchen – gerade in Zusammenhang mit elektrotechnischen Laien –, möchte ich an dieser Stelle einige Anregungen geben, wie man als zuvorkommende Fachkraft vor Ort mit einem Hilferuf umgeht (Top 12, Platz 7: „Du kennst dich doch mit Strom aus. Kannst du mal eben ...?"). Natürlich kann man mit dem Hinweis „Das ist nicht meine Baustelle – dafür bin ich nicht zuständig" (Top 12, Platz 8) quasi als Totschlag-Argument kontern, aber auf der anderen Seite ist man ja vielleicht doch auch mal die Hilfe dieser Kollegen angewiesen?

Folgende Punkte sollte man überprüfen:

- Ist die Bedienungsanleitung vorhanden? Was steht dort über die Inbetriebnahme und den Betrieb?
- Gibt es Informationen/Aufzeichnungen über durchgeführte Prüfungen und Hinweise auf den nächsten Prüftermin?
- Zu einer Sichtprüfung gehört auch festzustellen, dass der Potenzialausgleichsleiter bei Schutztrennung nicht geerdet ist.
- Ist nur ein Verbraucher angeschlossen? Passt die Leistung des Verbrauchers zu der Abgabeleistung des Generators?
- Alle Leitungen sollten mindestens der Qualität H07RN-F3G2,5 oder gleichwertig entsprechen.
- Falls Leitungsroller Verwendung finden, sind diese vollständig abgewickelt?
- Ist die zulässige Gesamtleitungslänge eingehalten?
- Bei RCDs in Wohnmobilen: Ein RCD wird beim Drücken der Prüftaste auslösen – nicht aber bei einem Körperschluss – und das ist richtig so, sofern es sich um eine Schutztrennung handelt!
- Wenn das Gerät nicht anspringt, kann es daran liegen, dass der notwendige Treibstoff fehlt.

3.3 Nicht mehr tragbare Stromerzeuger

Dazu gehören die Maschinen, die fest auf bzw. in LKW, Containern sowie Anhängern installiert sind. Bei diesen Geräten sind häufig mehrere Schutzmaßnahmen möglich. Daher ist es auch unbedingt erforderlich, dass die Planung, die Installation, die Inbetriebnahme und der Betrieb einer Anlage mit solchen Ersatzstromerzeugern von Elektrofachkräften mit den entsprechenden Kompetenzen durchgeführt wird. Seit 2018 gibt es genau für diesen sehr speziellen Anwendungsfall ein eigens dafür geschaffenes Modul im IGVW Branchenstandard SQQ1: Das Erweiterungsmodul „mobile Stromerzeuger".

Ersatzstromerzeuger mit Isolationsüberwachungseinrichtungen

Teilweise verfügen Ersatzstromerzeuger über einen ISO-Wächter oder auch IMD (Insulation Monitoring Device) zur Abschaltung beim Auftreten des ersten Fehlers. Sie entsprechen den Anforderungen der Schutzmaßnahme „Schutztrennung mit mehreren Verbrauchern". Demnach kommt hier die bereits angesprochene Forderung aus der DIN VDE 0100-551 zur Anwendung. Bei einem Absinken des Isolationswertes zwischen dem ungeerdeten Potenzialausgleichsleiter und aktiven Teilen auf unter 100 Ω/V der Nennspannung müssen die Verbraucherstromkreise innerhalb einer Sekunde automatisch abgeschaltet werden. Wenn diese Bedingung eingehalten wird, braucht eine Begrenzung der Netzausdehnung nicht beachtet zu werden.

In der Regel sind die IMDs so eingestellt, dass die Abschaltung bei Unterschreiten eines Isolationswertes von 23 kΩ erfolgt. Der Isolationswert der elektrischen Anlage ist bei diesen Stromerzeugern häufig über ein Anzeigeinstrument ablesbar, so dass eine Verschlechterung des Isolationswertes der Anlage frühzeitig zu erkennen ist.

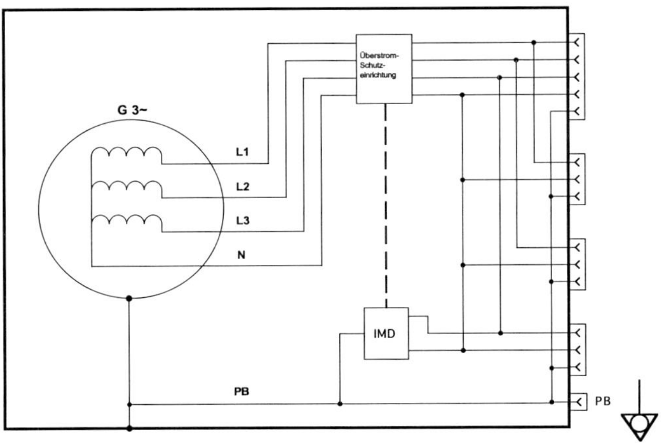

Abbildung 62: Stromerzeuger mit Isolationswächter

Einige IMDs bieten darüber hinaus die Möglichkeit zur Warnung vor einer drohenden Abschaltung. Diese Warnung kann sowohl optisch durch Leuchtmelder als auch akustisch durch Hupen oder Sirenen erfolgen.

Diese Ersatzstromerzeuger sind äußerst beliebt bei Feuerwehren und anderen Hilfsorganisationen zur kurzzeitigen Versorgung von Einsatzstellen, weil sie am Einsatzort sofort einsatzbereit sind und eine Erdung des Ersatzstromerzeugers nicht erforderlich ist. Außerdem können der Aufbau und die Bedienung von elektrotechnisch unterwiesenen Personen durchgeführt werden. Auch auf Baustellen erfreuen sich diese Geräte großer Beliebtheit. Da wir unsere Generatoren ab und zu auch über die Hilfsorganisationen oder Baumaschinenvermieter beziehen, ist dieser Punkt für uns durchaus von Interesse. Nach dem Starten des Antriebsmotors und nach Kontrolle der Betriebsdaten wie Frequenz und Spannung ist der IMD zu erproben. Danach können die Verbraucher über Steckvorrichtungen angeschlossen werden. Zu bedenken ist, dass jede Leitung und jeder Verbraucher durch seinen Isolationswiderstand zu einer Verschlechterung des Gesamt-Isolationswiderstands führen. Zudem stellt jede angeschlossene Leitung eine Kapazität gegen Erde dar, die natürlich mit der Ausdehnung des Leitungsnetzes zunimmt. Irgendwann ist also zwangsläufig eine Netzgröße erreicht, die mit einem IMD nicht mehr zu betreiben ist.

Normalerweise verfügen auch diese Ersatzstromerzeuger über Punkte am Gehäuse, die zum Anschluss eines Erders vorgesehen und entsprechend beschriftet oder mit den bereits vorgestellten Piktogrammen versehen sind. Diese Anschlusspunkte dienen in erster Linie dazu, einen Potenzialausgleich zwischen dem Gehäuse des Ersatzstromerzeugers bzw. dem ungeerdeten Potenzialausgleichsleiter und anderen metallischen Teilen in der Umgebung herzustellen oder um eine Möglichkeit zu geben, statische Aufladungen abzuleiten.

Ersatzstromerzeuger im IT-System

Im Grunde ist der Aufbau von IT-Systemen mit Hilfe von Ersatzstromerzeugern identisch mit dem Aufbau gemäß den Anforderungen der Schutzmaßnahme „Schutztrennung mit mehreren Verbrauchern und Isolationsüberwachung“. Für die Sicherstellung dieser Schutzmaßnahme ist jedoch zwingend ein Anlagenerder erforderlich, der mit dem Schutzleiter aller angeschlossenen Betriebsmittel verbunden sein muss.
Nach DIN VDE 0100-551 ist ein Widerstand des Anlagenerders $R_A \leq 100\ \Omega$ als ausreichend anzusehen, in der DIN 6280-10 ist der Schleifenwiderstand mit höchstens $1{,}5\ \Omega$ vorgeschrieben. Diese Tatsachen bedeuten aber im Umkehrschluss, dass eine qualifizierte Erdwiderstandsmessung mit geeigneten geeichten und zugelassenen Messgerä-

ten durchzuführen und zu dokumentieren ist – was wiederum zwingend eine Elektrofachkraft erfordert.

Im Gegensatz zum zuvor beschriebenen System sorgt der eingebaute IMD hier in der Regel nicht für eine Abschaltung der Verbraucher, sondern meldet den vorhandenen Isolationsfehler nur optisch und/oder akustisch. Bekanntermaßen muss eine Abschaltung im IT-System erst beim Auftreten eines zweiten Fehlers stattfinden. Diese Abschaltung kann dann durch MCB oder RCDs erfolgen.

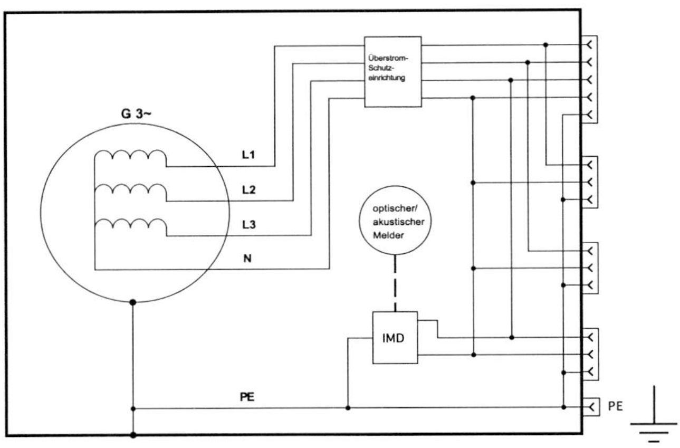

Abbildung 63: Stromerzeuger im IT-System

Der große Vorteil des IT-Systems liegt darin, dass die Anlage trotz eines bestehenden Fehlers weiterbetrieben werden kann. Bei einem Einsatz im Bereich der Veranstaltungstechnik würde sich jedoch meiner Meinung nach dieser Vorteil des IT-Systems eher nachteilig auswirken. Der erste Fehler würde zwar wahrgenommen werden, eine Fehlersuche und das Beheben des Fehlers würden allerdings ausbleiben (Platz 9 der Top 12: „Das machen wir morgen ...!"). Trotz des bekannten Fehlers würden wir das Netz vermutlich so lange weiter betreiben, bis schließlich der zweite Fehler auftritt und eine Schutzeinrichtung die dann dringend notwendige Abschaltung vornimmt (was uns zwangsläufig zu Platz 10 der Top 12 führt: „Ich war das nicht. Ich habe nichts angefasst. Das war schon so!").

Ersatzstromerzeuger mit Schutz durch RCDs
Mit diesen Ersatzstromerzeugern wird ein ganz normales TN-S-System aufgebaut, in dem die Abschaltung im Fehlerfall durch einen oder mehrere RCDs sichergestellt ist. Hier ist zur Sicherstellung der Schutzmaßnahme unbedingt ein Erder erforderlich! Dieser muss auf die RCDs abgestimmt sein und die Bedingung (üblicherweise mit UL = 50 V) erfüllen.

$$R_B \leq \frac{U_L}{I_{\Delta N}}$$

Formel 8: Wiederstand des Betriebserders im TN-System

Beim Einsatz eines RCD mit einem Bemessungsdifferenzstrom $I_{\Delta N} \leq 30$ mA wäre demnach rein rechnerisch ein Betriebserder mit einem Widerstand von $R_B \leq 1.667\ \Omega$ ausreichend.

Allerdings wird man nach einem Blick in die DGUV Information 203-032 (Auswahl und Betrieb von Ersatzstromerzeugern auf Bau- und Montagestellen) feststellen, dass hier für den Betriebserder ein Widerstand $R_B \leq 50\ \Omega$ als ausreichend und praktikabel angesehen wird.

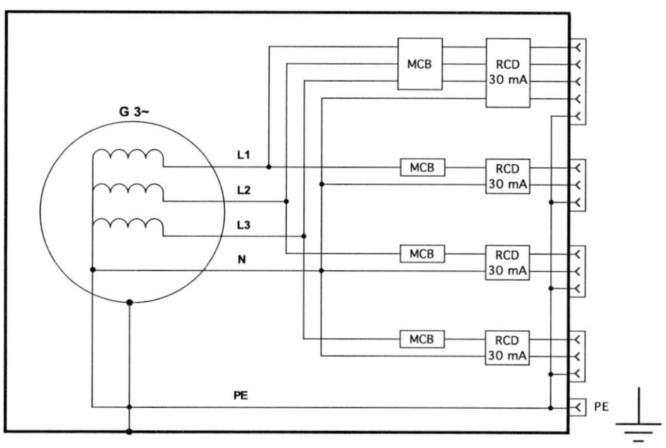

Abbildung 64: Stromerzeuger mit RCD im TN-System

3.4 Große Ersatzstromerzeuger

Ersatzstromerzeuger mit großen Leistungen waren ursprünglich zur Einspeisung in vorhandene Netze vorgesehen. Diese Maschinen sind häufig reduziert auf den Antriebsmotor mit Generator, einen Hauptschalter mit Überstrom- und Kurzschlussauslöser sowie eine (trennbare) Verbindung zwischen dem Generatorsternpunkt und dem Gehäuse. Auch gibt es immer die Möglichkeit, einen Betriebserder anzuschließen. Hinsichtlich der anzuwendenden elektrischen Schutzmaßnahmen stehen uns somit alle Möglichkeiten offen, denn es ist das Versorgen von Netzen bzw. Verbraucheranlagen als IT-, TN- oder TT-System möglich.

Für die Abgabe der elektrischen Energie stehen je nach Ausführung Schraubklemmen, Power-Lock-Steckverbindungen oder auch eine Auswahl verschiedener CEE-Steckdosen zur Verfügung. Manchmal existieren zusätzlich noch einige Arbeitssteckdosen (z. B. Schuko), denen bereits ein RCD vorgeschaltet ist. Synchronisiereinrichtungen in den Geräten gestatten den Parallelbetrieb zu einem vorhandenen Netz oder zu einem oder mehreren weiteren Ersatzstromerzeugern (Twin- oder Triple-Betrieb).

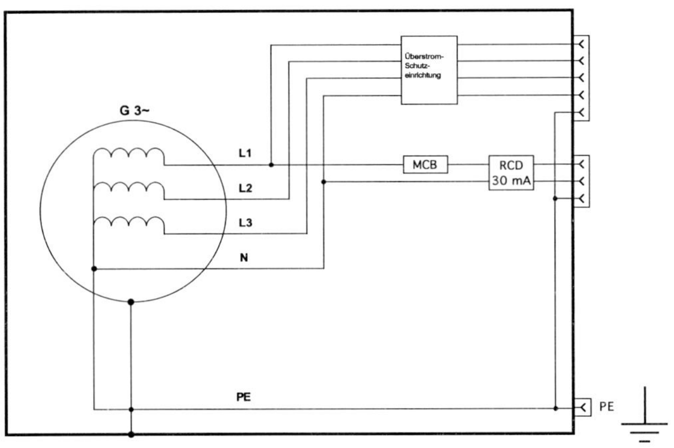

Abbildung 65: Stromerzeuger zur Einspeisung in vorhandene Netze

Da ortsfeste Verteilnetze in der Regel als 4-Leiter-Netze (TN-C-Systeme) errichtet werden, gibt es durchaus Ersatzstromerzeuger (z. B. bei den Energieversorgungsunternehmen), die nur einen als PEN gekennzeichneten Leiter herausführen. Das ist für unseren Anwendungsbereich problematisch und nicht normgerecht. Wenn es irgendwie möglich ist, sollte man auf diese Ausführungsform verzichten. Ansonsten muss unbedingt darauf geachtet werden, dass es nur eine einzige Verbindung zwischen dem Schutzleiter und dem Neuralleiter gibt und dass im Bereich des PEN-Leiters ebenfalls nur eine Verbindung zur Erde existiert (siehe dazu unbedingt auch Kapitel 5).

Hinweis zum TT-System:
Auch wenn das vorhandene Versorgungsnetz ein TT-System ist, kommt dieses beim Betrieb mit Ersatzstromerzeugern in der Regel nicht zur Anwendung, weil die Entfernung zwischen dem Generator und den Verbrauchern üblicherweise gering ist. Wenn sich das Aggregat im oder am gleichen Gebäude wie die Verbraucher befindet, ist das TT-System sogar unzulässig, weil dieses zwei getrennte Erder (einen Betriebserder für den Generator und einen Anlagenerder für die Verbraucher) voraussetzt, jedoch gleichzeitig die Forderung nach einem gemeinsamen Schutzpotenzialausgleich, also der elektrisch leitenden Verbindung dieser beiden Erder besteht.

3.5 Selbstfahrer-Generatoren

Vor allem bei Filmproduktionen wird häufig auf sogenannte Selbstfahrer-Gennys gesetzt. Darunter versteht man Transporter oder LKW, üblicherweise bis zu einem zulässigen Gesamtgewicht von 7,49 t, auf bzw. in denen ein Generatorsatz fest verbaut ist, in der Regel auch mit eigenem Tank. Diese werden üblicherweise verwendet wie im Abschnitt zuvor beschrieben. Über die elektrotechnischen Eigenschaften hinaus sind aber etliche Sondervorschriften zu beachten, die ich hier nicht unerwähnt lassen möchte.

Abbildung 66: Selbstfahrer-Generator

Durch die Kombination von Fahrzeug und Maschine unterliegt dieses Vehikel besonderen Vorschriften und Regeln – vorausgesetzt, es handelt sich um ein ordnungsgemäß angemeldetes und abgenommenes Sonder-KFZ „selbstfahrende Arbeitsmaschine". Selbstfahrende Arbeitsmaschinen sind gemäß § 3 Absatz 2 Nr. 1a Fahrzeug-Zulassungsverordnung (FZV) zulassungsfrei und gemäß Kraftfahrzeugsteuergesetz (KraftStG) § 3 Nr. 1 von der KFZ-Steuer befreit.

Liegt eine bauartbedingte Höchstgeschwindigkeit von mehr als 20 km/h vor (und das hoffen wir für die betroffenen Fahrer an dieser Stelle), muss für das Fahrzeug eine Haftpflichtversicherung abgeschlossen und ein amtliches Kennzeichen beantragt werden. Die Steuerbefreiung ist dann an dem grünen Kennzeichen zu erkennen (§ 4 Absatz 2 Nr. 1 FZV, § 9 Absatz 2 FZV). Für selbstfahrende Arbeitsmaschinen mit (grünem) Kennzeichen wird eine Zulassungsbescheinigung ausgegeben, die beim Betrieb des Fahrzeugs ständig mitzuführen ist.

Mit selbstfahrenden Arbeitsmaschinen darf kein Material transportiert werden! Dies widerspricht ihrer Bestimmung und durch diese Zweckentfremdung (Güterverkehr) entfällt die Steuerfreiheit. Damit macht man sich der Steuerhinterziehung strafbar!
Es sollte ferner klar sein, dass ein dem zulässigen Gesamtgewicht entsprechender Führerschein benötigt wird, um dieses Fahrzeug auf öffentlichen Straßen zu bewegen.
Ich möchte in diesem Zusammenhang nicht versäumen, noch auf das Güterkraftverkehrsgesetz (GüKG) zu verweisen: Bei dem Transport von eigenem oder gemietetem Equipment (Veranstaltungstechnik) mit dafür geeigneten Transportern oder LKW handelt es sich in der Regel um Werkverkehr. Dieser bedarf keiner Zulassung, ist aber anzeigepflichtig.

GüKG § 1 Begriffsbestimmungen
(1) Güterkraftverkehr ist die geschäftsmäßige oder entgeltliche Beförderung von Gütern mit Kraftfahrzeugen, die einschließlich Anhänger ein höheres zulässiges Gesamtgewicht als 3,5 Tonnen haben.
(2) Werkverkehr ist Güterkraftverkehr für eigene Zwecke eines Unternehmens, wenn folgende Voraussetzungen erfüllt sind:
1. Die beförderten Güter müssen Eigentum des Unternehmens oder von ihm verkauft, gekauft, vermietet, gemietet, hergestellt, erzeugt, gewonnen, bearbeitet oder instand gesetzt worden sein.

2. Die Beförderung muss der Anlieferung der Güter zum Unternehmen, ihrem Versand vom Unternehmen, ihrer Verbringung innerhalb oder – zum Eigengebrauch – außerhalb des Unternehmens dienen.
3. Die für die Beförderung verwendeten Kraftfahrzeuge müssen vom eigenen Personal des Unternehmens geführt werden oder von Personal, das dem Unternehmen im Rahmen einer vertraglichen Verpflichtung zur Verfügung gestellt worden ist.
4. Die Beförderung darf nur eine Hilfstätigkeit im Rahmen der gesamten Tätigkeit des Unternehmens darstellen.

Wichtig hierbei ist, dass der Fahrer sozialversicherungspflichtig bei dem Unternehmer, der den Transport durchführt, angestellt sein muss, sobald es sich um Fahrzeuge über 3,5 t handelt!

Freie Mitarbeiter dürfen ausdrücklich nicht für Transportfahrten eingesetzt werden. Die Regelung unter § 1 Absatz 2 Nr. 3. bedeutet, dass der Fahrer über ein Unternehmen per Arbeitnehmerüberlassung (AÜG) beschäftigt werden darf. Dazu gibt es auf der Homepage des Bundesamtes für Güterverkehr (BAG) unter „Fragen und Antworten" auch entsprechende Informationen.

3.6 Stromerzeuger auf sich fortbewegenden Kraftfahrzeugen

Ein Fall, der in der gesamten Vorschriftenwelt nur sehr vage behandelt wird, ist der Spezialeinsatz eines mobilen Stromerzeugers auf einem sich bewegenden LKW oder einem ähnlichen Vehikel („Showtruck"). Diese Konstellation ist häufig bei Festumzügen oder Paraden anzutreffen. Auf einem Fahrzeug sollen beispielsweise eine Beschallungs- und eine Beleuchtungsanlage verwendet werden, während das Fahrzeug in Bewegung ist. Es ist offensichtlich, dass das Problem der „Erdung" in diesem Fall eine ernst zu nehmende Hürde darstellt. Eine dauerhaft leitfähige und niederohmige Verbindung mit geeignetem Querschnitt ist schlicht unmöglich, es sei denn, man benutzt Schienenfahrzeuge. Uns allen sollte klar sein, dass eine „fliegende Leitungsverlegung" völlig unakzeptabel ist – und sei es nur aufgrund der großen erforderlichen Leitungslängen und der damit entstehenden Stolperfallen ...

Was also müssen wir tun, um bei einem solchen Einsatzzweck ruhigen Gewissens beraten und tätig werden zu können, ohne die ganze Zeit hoffen zu müssen, „dass schon

nichts passieren wird“ (eine Abwandlung von Top 12, Platz 2).
Bei dieser besonderen Herausforderung möchte ich mich dem Thema „elektrische Sicherheit“ mit der Durchführung einer Gefährdungsbeurteilung strukturiert annähern.

1. Analyse der Situation, Ermitteln von Gefährdungen
Ich betrachte im Folgenden ausdrücklich nur die Gefährdung durch elektrischen Schlag und lasse alle anderen möglichen und mit Sicherheit auftretenden Gefährdungen wie mechanische oder physikalische Gefährdungen oder Gefährdungen durch Gefahrstoffe unberücksichtigt.
Zunächst wollen wir ganz allgemeine Fakten zusammentragen, ohne uns mit Details aufzuhalten:

1. Es handelt sich um ein für den Straßenverkehr zugelassenes Fahrzeug mit gummibereiften Rädern.
2. Auf der metallischen Konstruktion (Chassis/Karosserie des KFZ) soll eine Stromversorgung auf Netzspannungsebene (AC 230/400 V) mit Hilfe einer Niederspannungsstromerzeugungseinrichtung mit einem Verbrennungsmotor als Energiequelle errichtet und betrieben werden.
3. An diesem Stromerzeuger sollen diverse elektrische Betriebsmittel (Leitungen, Verteiler) angeschlossen und viele Verbrauchsmittel (Scheinwerfer, Verstärker) betrieben werden.
4. Es befinden sich Personen in unmittelbarer Nähe zu den Betriebsmitteln auf dem Fahrzeug. Einige Verbrauchsmittel werden im Betrieb angefasst oder berührt (zufällig oder bewusst), z. B. Verfolgerscheinwerfer, Mischpulte, Stative oder Traversen, an denen elektrische Betriebsmittel befestigt sind.
5. Das Fahrzeug fährt, während Personen auf dem Fahrzeug sind und die Betriebsmittel in Benutzung sind.
6. In unmittelbarer Nähe zum sich bewegenden Fahrzeug sind weitere Personen auf der Fahrbahn, die sich ebenfalls bewegen, die mit dem Fahrzeug mitlaufen, auf das Fahrzeug klettern oder das Fahrzeug verlassen möchten. Diese Personen können sowohl die metallische Konstruktion des KFZ selbst als auch einige Betriebsmittel (Leitungen, Scheinwerfer) vom „Standort Fahrbahn“ aus berühren.
7. Noch einmal in aller Deutlichkeit: Dass hier eine extreme Gefährdung durch sich bewegende Fahrzeuge mit Personen in unmittelbarer Nähe besteht (anfahren, umfahren, überfahren etc.), ist völlig unstrittig und unbedingt zu beachten, findet aber bei meiner Betrachtung der elektrischen Gefährdung keine Berücksichtigung!
8. Aus dieser Aufzählung ergibt sich bereits, dass zwei Personengruppen der Gefährdung durch elektrischen Schlag ausgesetzt sind:
   A. Personen auf dem KFZ
   B. Personen neben dem KFZ

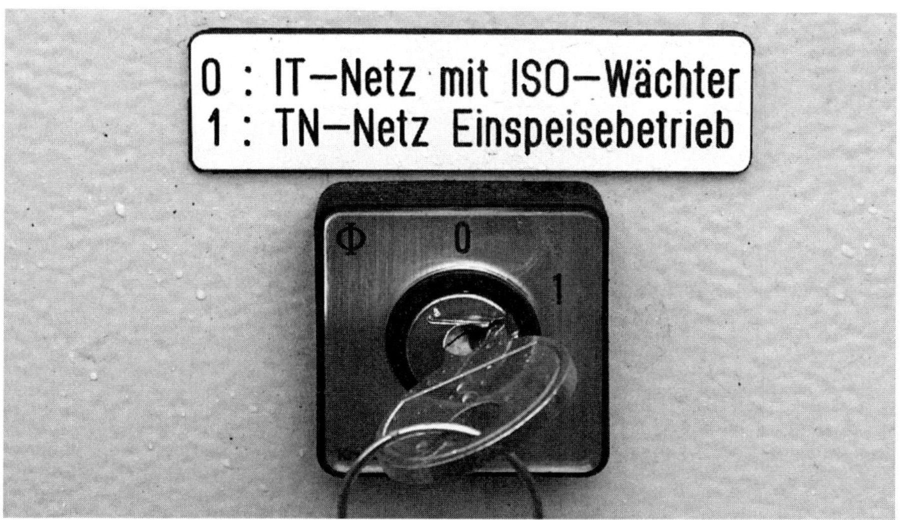

Abbildung 67: Umschaltung TN - IT

2. Beurteilung der identifizierten Gefährdung

Für beide Personengruppen gilt allgemein: Eine Gefährdung durch direktes oder indirektes Berühren ist vorstellbar. Eine Gefährdung durch elektrischen Schlag ist konkret möglich, wenn sich über die betroffene Person ein Stromkreis schließen kann (standortabhängig) und wenn entweder

- ein aktives Teil (z. B. blanker Leiter) berührt wird oder
- ein defektes elektrisches Betriebsmittel (z. B. Körperschluss) berührt wird oder
- ein leitfähiges Teil (z. B. Stativ, Traverse) berührt wird, an dem ein defektes Betriebsmittel befestigt ist oder das direkten Kontakt zu einem aktiven Teil hat (z. B. Kupfer einer eingeklemmten/beschädigten Leitung).

Die Wahrscheinlichkeit, dass es zu einem oder mehreren der oben aufgeführten Szenarien kommt, hängt zunächst wesentlich von den folgenden Faktoren ab:

- Erfüllen die verwendeten Betriebsmittel die erste Verordnung zum Produktsicherheitsgesetz (Niederspannungsrichtlinie)?
- Sind die Betriebsmittel für den vorgesehen Einsatzzweck geeignet?
- Werden nur funktionstüchtige und sichere Betriebsmittel verwendet?
- Gibt es äußerlich erkennbare Schäden/Mängel?

- Werden/wurden Prüfungen durchgeführt? Sind Unterlagen darüber verfügbar?
- Wird die Anlage von erfahrenen Elektrofachkräften errichtet?

Diese Punkte wollen wir als erfüllt annehmen. Schon allein deshalb, weil sie meiner Meinung nach die Grundlage für sicherheitsbewusstes Arbeiten bilden. Wenn wir einen oder gar mehrere der aufgelisteten Faktoren in Frage stellen, sollten wir zunächst dort ansetzen. Doch selbst bei Einhaltung aller Punkte ist die Eintrittswahrscheinlichkeit vorstellbar, wenn auch unwahrscheinlich. Sollte es tatsächlich zu einem Schaden kommen, ist die schlimmste Folge der Tod.

Für eine erste Einschätzung des möglichen Risikos leistet eine Risikomatrix gute Dienste. Vielleicht könnte man auch zu einer anderen Bewertung kommen, aber ich denke, zunächst sollte man nicht allzu optimistisch beginnen.

Eintrittswahrscheinlichkeit	**Schadensschwere**				
	keine gesundheitlichen Folgen	Bagatellfolgen (die Arbeit kann fortgesetzt werden)	Mäßig schwere Folgen (Arbeitsausfall, keine Dauerschäden)	Schwere Folgen (irreparable Dauerschäden möglich)	Tödliche Folgen
Praktisch unmöglich, sehr selten („noch nie davon gehört")	gering	gering	gering	mittel	mittel
Vorstellbar, selten („schon davon gehört")	gering	gering	mittel	mittel	hoch
Durchaus möglich, gelegentlich („in der Branche schon vorgekommen")	gering	mittel	mittel	hoch	hoch
Zu erwarten, oft („bei uns schon passiert")	gering	mittel	hoch	hoch	hoch
Fast gewiss, sicher („bei uns schon mehrmals passiert")	gering	mittel	hoch	hoch	hoch

Abbildung 68: Risikomatrix

Wie man an dieser Matrix erkennen kann, landen wir mit unserer Einschätzung im „roten Bereich". Wir befinden uns im Gefahrenbereich, der nicht toleriert werden kann, und es sind unbedingt Maßnahmen erforderlich.

3. Ziel setzen

Bereits bei der Planung der Anlage und vor Beginn der diesbezüglichen Arbeiten muss sichergestellt werden, dass beim Errichten, Betreiben und Benutzen der Anlage die mögliche Gefährdung aller beschriebenen Personen im Akzeptanzbereich angesiedelt ist („grüner Bereich"). Das muss natürlich auch für Passanten gelten. Unser Ziel ist also: Niemand darf durch elektrischen Strom verletzt oder gar getötet werden!

4. Lösungen suchen

Und nun wird es spannend: Wir müssen Wege finden, um dieses Ziel erreichen zu können. Dabei legen wir die Maßnahmenhierarchie, die uns vom ArbSchG und der BetrSichV vorgeben wird, zu Grunde:

Substitution der Gefahrenquelle, Vermeiden bzw. Beseitigen der Gefahr, Eigenschaft der Quelle verändern	**S**	Arbeitsverfahren so gestalten, dass keine Gefährdung vorhanden ist. Gefahrenquelle ersetzen/ beseitigen
Technische Maßnahmen suchen, finden und anwenden!	**T**	Gefährdung durch technische Lösungen ab- bzw. ausschalten oder erheblich mindern. Zum Beispiel automatische Schutzeinrichtungen mit zwangsläufiger Wirkung
Organisatorische Maßnahmen suchen, finden und anwenden!	**O**	Risiko minimieren/ verhindern durch zeitliche oder räumliche Trennung. Expositionszeiten verringern
Personenbezogene Maßnahmen suchen, finden und anwenden!	**P**	Persönliche Schutzeinrichtungen oder Persönliche Schutzausrüstungen bereitstellen und anwenden/ verwenden
Verhaltensbezogene Maßnahmen anwenden	**V**	Verhaltensregeln aufstellen, regelmäßig unterweisen und kontrollieren

Abbildung 69: Maßnahmenhierarchie

Wir gehen bei der Suche nach geeigneten Maßnahmen von „oben nach unten“ vor:

1. **Gefahrenquelle beseitigen** ist zwar die sicherste Lösung, für uns aber in diesem Fall nicht unbedingt zielführend, da wir auf die elektrische Energie verzichten müssten. Eine Möglichkeit, die vermutlich schon bald in greifbare Nähe rücken wird, ist die Anwendung der Schutzmaßnahme Kleinspannung (SELV oder PELV), was einer Beseitigung der Gefahrenquelle gleichkäme. An dieser Stelle jedoch bleiben wir bei Verbrauchern, die mit Netzspannung versorgt werden sollen.
2. **Gefährdungen ausschalten oder mindern durch technische Lösungen**, z. B. durch konsequentes Anwenden von Schutzeinrichtungen ist möglich. Hier müssen wir also ansetzen!
3. Wir brauchen uns keine Gedanken über organisatorische Lösungen machen, wenn wir bereits mit einer technischen Lösung das gesetzte Ziel erreichen können.
4. Über persönliche Schutzausrüstung (PSA) macht man sich in einer Situation wie der eingangs beschriebenen am besten gar keine Gedanken. Diese Maßnahmen sind gerade in Bezug auf die Tatsache, dass wir es mit Beschäftigten, Mitwirkenden, Zuschauern, Gästen und unbeteiligten Dritten in großer Zahl zu tun haben, schlicht nicht zu realisieren. Außerdem ist das Anwenden von PSA immer die letzte, ich möchte fast sagen Notlösung, wenn alle vorherigen Maßnahmen nicht umsetzbar sind.

Begeben wir uns nun auf die Suche nach technischen Maßnahmen, um die Gefährdung durch elektrische Körperdurchströmung zu verhindern oder zumindest bis in den Akzeptanzbereich zu reduzieren. Es gibt derzeit keine anwendbaren spezifischen Verfahren, so dass wir uns an qualitativen Anforderungen orientieren müssen. In unserem Fall bedeutet das, dass die einschlägigen VDE-Bestimmungen auf Inhalte, Anwendbarkeit und Einhaltung geprüft werden müssen.
Bezogen auf unsere Ausgangssituation sind das auf jeden Fall die folgenden Teile der DIN VDE 0100 „Errichten von Niederspannungsanlagen“:

- DIN VDE 0100-410 (Schutz gegen elektrischen Schlag)
- DIN VDE 0100-717 (Ortsveränderliche oder transportable Baueinheiten)
- DIN VDE 0100-551 (Niederspannungsstromerzeugungseinrichtungen)
- DIN VDE 0100-600 (Prüfungen)

Wichtiger Hinweis zur Anwendung von VDE-Bestimmungen:
Bei den aufgezählten VDE-Bestimmungen handelt es sich durchweg um Teile des umfangreichen Gesamtwerks DIN VDE 0100, die immer gemeinsam berücksichtigt und auf Anwendbarkeit geprüft werden müssen.
Insbesondere sind die Teile der Gruppe 700 immer in Verbindung mit der DIN VDE 0100-410:2018-10 zu betrachten, welche den Status einer Gruppensicher-

heitsnorm hat und deren Inhalte aus der Sicherheitsgrundnorm für den Schutz von Personen und Nutztieren (DIN VDE 0140-1) abgeleitet sind.

Wenn es keine Hinweise auf einen bestimmten Teil oder Abschnitt gibt, sind generell **immer** zusätzlich die Normen der Gruppen 100 bis 600 und – soweit zutreffend – der Gruppe 700 zu beachten und anzuwenden.

Beginnen wir mit der DIN VDE 0100-551. Hier finden wir bereits zwei wichtige Hinweise in Bezug auf Schutzmaßnahmen:

DIN VDE 0100-551:2017-2, 551.4.3 Schutz durch automatische Abschaltung der Stromversorgung
Wenn die Schutzmaßnahme Schutz durch automatische Abschaltung der Stromversorgung als Maßnahme zum Schutz gegen elektrischen Schlag angewendet wird, gelten die Anforderungen nach DIN VDE 0100-410, Abschnitt 411; die Einzelfälle nach 551.4.3.2, 551.4.3.3, 551.4.4 oder 551.4.5 sind zu beachten.

Während die Einzelfälle 551.4.3.2, 551.4.3.3 und 551.4.4 in unserem Beispiel keine Rolle spielen und daher hier unerwähnt bleiben, ist der Fall 551.4.5 durchaus von Interesse:

DIN VDE 0100-551:2017-2, 551.4.5 Zusätzliche Anforderungen bei Schutztrennung
Wenn Schutztrennung angewendet wird, müssen folgende Bedingungen erfüllt sein:

- *Sofern die Stromerzeugungseinrichtung nicht als Betriebsmittel der Schutzklasse II oder mit gleichwertiger Isolierung ausgeführt ist, müssen die Körper der angeschlossenen Betriebsmittel mit dem ungeerdeten Potenzialausgleichsleiter verbunden sein.*
- *Werden mehrere elektrische Verbrauchsmittel an eine Stromerzeugungseinrichtung angeschlossen, muss entweder Maßnahme 1) oder 2) erfüllt sein.*

1) Schutztrennung mit Isolationsüberwachung und Abschaltung
Beim Sinken des Isolationswiderstands zwischen aktiven Teilen und dem ungeerdeten Potenzialausgleichsleiter unter 100 Ohm je Volt Nennspannung müssen die Stromkreise der elektrischen Verbrauchsmittel innerhalb 1 s selbsttätig von der Stromerzeugungseinrichtung abgeschaltet werden. Eine Begrenzung der Netzausdehnung und die Einhaltung der Abschaltbedingungen beim Auftreten von zwei Fehlern sind dann nicht erforderlich.

> *2) Schutztrennung mit Leitungslängenbegrenzung und Abschaltung*
> *Die Gesamtlänge der Kabel und Leitungen muss so begrenzt sein, dass das Produkt aus Nennspannung in Volt und Gesamtlänge in Meter nicht größer als 100.000 ist, jedoch darf die Gesamtlänge der Leitungen 500 m nicht überschreiten und es sind die Abschaltbedingungen nach DIN VDE 0100-410:2007-6. 411.6.4 einzuhalten.*

Wenn wir nun in die DIN VDE 0100-717 schauen, finden wir schnell den entscheidenden Satz, der die drängende Frage beantwortet, wie wir ein TN-System ohne Erdung errichten sollen:

> ***DIN VDE 0100-717:2010-10, 717.312.2 Systeme nach Art der Erdverbindungen***
> *Wo die Bezeichnung TN oder TT oder IT in diesem Teil 7-717 verwendet wird, bedeutet das, dass nur die Schutzprinzipien dieser Systeme anzuwenden sind. Wenn eine Verbindung mit einem Erder nicht vorgesehen wird, darf die Verbindung mit dem leitfähigen Gehäuse oder mit der Hauptschutzverbindung der Baueinheit als ausreichend betrachtet werden.*

Und im folgenden Absatz findet man noch den wichtigen Hinweis, dass die Verbindung mit einer Niederspannungsstromerzeugungseinrichtung in Übereinstimmung mit DIN VDE 0100-551 herzustellen ist.

Zu guter Letzt rufen wir uns noch die entscheidenden und eigentlich bekannten Eckpunkte der DIN VDE 0100-410 in Bezug auf automatische Abschaltung im TN-System in Erinnerung:

- Grundprinzip: Schutz durch automatische Abschaltung der Stromversorgung ist eine Maßnahme, bei der der Basisschutz (Schutz gegen direktes Berühren) durch eine Basisisolierung der aktiven Teile oder durch Abdeckung oder Umhüllungen vorgesehen ist und der Fehlerschutz (Schutz bei indirektem Berühren) durch Schutzpotenzialausgleich über die Haupterdungsschiene und über eine automatische Abschaltung im Fehlerfall erreicht werden soll.
- Die maximale Abschaltzeit in Endstromkreisen darf 0,4 s nicht überschreiten.
- Für jeden Stromkreis ist ein Schutzleiter erforderlich.
- Es sind Personenschutz-RCDs als zusätzlicher Schutz in den Endstromkreisen und Steckdosenstromkreisen vorzusehen.

Man wird bei intensiver Beschäftigung mit dem Thema auch andere Lösungsmöglichkeiten in Betracht ziehen können – vor allem das Anwenden der Schutzmaßnahme „Schutztrennung mit mehreren Verbrauchern" ist manchmal eine gute Alternative, allerdings ist diese in der Praxis technisch nur schwer umzusetzen, wenn man viele Verbraucher hat.

Darüber hinaus sei hier noch angemerkt, dass es Stromerzeuger gibt, die herstellerseitig nur das eine (TN-System) oder das andere (Schutztrennung) können – an den vorgegebenen Systemen darf man natürlich nicht einfach Änderungen vornehmen, wie etwa Schutz- und Neutralleiter trennen oder verbinden.
Es gibt aber auch Anbieter von Stromerzeugern, die dem fachkundigen Nutzer genau diese Möglichkeit geben, damit dieser frei entscheiden kann, welches System er errichteten möchte.

5. Auswahl einer geeigneten Lösung
Aus der hier beschriebenen Vorschriftenlage lässt sich die folgende Lösungsmöglichkeit herauskristallisieren: Wir betreiben die elektrische Anlage als TN-S-System, wobei wir das Chassis des KFZ als Bezugserde betrachten. Jemand anderes kommt vielleicht auf eine andere Lösungsmöglichkeit – und das ist gut und richtig so, denn das bedeutet, Verantwortung zu übernehmen!
Wenn es nur eine einzige Möglichkeit gäbe, um das Schutzziel zu erreichen, hätte man keine Entscheidungsverantwortung. Sobald es aber zwei oder mehrere Möglichkeiten gibt, muss man sich gut überlegen, warum man sich für eine der existierenden Lösungen entscheidet, und dann die Verantwortung für seine Entscheidung übernehmen.

6. Durchsetzen und Umsetzen
Wenn wir uns nun für die oben genannte Lösung entschieden haben, müssen wir entsprechend der Normen handeln und auf eine konsequente Einhaltung der Punkte hinwirken. Alle Beteiligten müssen in die Situation eingewiesen und bzgl. ihres Verhaltens angemessen unterwiesen werden.

7. Kontrolle
Zum Schluss müssen wir überprüfen, ob alles technisch korrekt installiert worden ist, ob die beabsichtigte Wirkung tatsächlich erreicht wird und ob dadurch oder unabhängig davon unerwünschte Nebenwirkungen oder vorher nicht bedachte Folgen aufgetreten sind oder auftreten können. Auch müssen nach der Errichtung der Anlage natürlich die entsprechenden Messungen und Prüfungen durchgeführt werden (siehe Kapitel 2).

An dieser Stelle ist es sinnvoll, die beiden Personengruppen A und B noch einmal gesondert zu betrachten, da unterschiedliche Standorte auf unterschiedlichen Potenzialen zu unterschiedlichen Beurteilungen führen (können).

Personengruppe A:
Die Personen stehen auf in der Regel gut leitfähigem Material (Chassis des KFZ). Damit sich ein Stromkreis über diese Personen schließen kann, muss der Standort mit dem Sternpunkt des Erzeugers verbunden sein. Diese Bedingung ist dadurch erfüllt, dass das Chassis als Bezugserde angenommen wird. Damit der Strom innerhalb der geforderten Zeit abgeschaltet werden kann, sind RCDs für den Personenschutz zu verwenden. Die Funktion der RCDs ist nachzuweisen!

Personengruppe B:
Diese Personen stehen in der Regel auf Material (Asphalt, Beton, Gras, Steine o. Ä.), dessen Leitfähigkeit schwer abzuschätzen ist, sich ständig ändert bzw. sich durch Umgebungseinflüsse verändern kann, z. B. durch Regen.
Es gibt leider die weitverbreitete Meinung, dass zwar die Sicherheit der Personen auf dem Fahrzeug gewährleistet ist, jedoch nicht die der neben dem KZF stehenden Personen. Damit sich aber ein Stromkreis über diese Personen schließen kann, muss deren Standfläche zusätzlich zu einem der oben beschriebenen möglicherweise auftretenden Fehler mit dem Sternpunkt des Erzeugers sehr gut leitend verbunden sein. Das ist aufgrund der Konstruktionsweise von KFZ und Reifen technisch fast auszuschließen. Und sollte diese Leitfähigkeit doch in irgendeiner Art und Weise zu Stande kommen, würde ein vorgeschalteter RCD auslösen (siehe Personengruppe A).

Fazit
Für die Praxis heißt das meiner Meinung nach, dass eine Elektrofachkraft, die viel Erfahrung mit dem Thema hat, die richtigen Betriebsmittel auswählen, konfigurieren, in Betrieb nehmen und überwachen muss. Und natürlichen müssen die entsprechend geforderten Prüfungen durchgeführt und dokumentiert werden. Ich empfehle an dieser Stelle dringend, die Inhalte des Erweiterungsmoduls „mobile Stromerzeuger" aus dem IGVW Standard SQQ1 verinnerlicht und mehrfach angewendet zu haben, bevor man sich alleinverantwortlich auf unsicheres Terrain begibt.

3.7. Prinzip „WOLKE“

Unabhängig von den durchzuführenden Prüfungen zur Bestätigung der elektrischen Sicherheit (siehe Kapitel 2) muss bei der Erst- bzw. Wiederinbetriebnahme nach gewisser Zeit oder an einem anderen Ort die Maschine gründlich überprüft werden, bevor der Anlasser betätigt wird. Für den Kurzcheck und den Schnelleinstieg empfehle ich, nach dem Prinzip „WOLKE“ vorzugehen:

- **W**: Ist ausreichend KühlWasser vorhanden?
- **O**: Ist der Oelstand korrekt?
- **L**: Ist der Luftfilter und der Ansaugstutzen sauber?
- **K**: Wie hoch ist der Kraftstoffstand?
- **E**: Wie sieht es mit der Elektrischen Anlage und den Schutzeinrichtungen etc. aus?

Dazu gehören auch die Starterbatterie der Maschine und der entsprechende (Haupt-)Schalter.

Stromerzeugungsaggregate sind sehr komplexe Systeme und müssen auch dementsprechend behandelt werden. Insbesondere, weil wir uns in vielen Fällen einhundertprozentig auf sie verlassen müssen. Wir haben es auf der einen Seite mit einem elektrischen Betriebsmittel zu tun, das in Bezug auf die elektrische Sicherheit geprüft werden muss. Auf der anderen Seite müssen wir uns auch um den Maschinenteil kümmern. Bei einem Motor fallen im Gegensatz zum wartungsfreien Generatorsatz die üblichen Wartungsarbeiten an, die wir auch von Kraftfahrzeugen kennen.
Die folgenden Tätigkeiten können, falls erforderlich und mit dem Vermieter vereinbart, von uns selbst durchgeführt werden:

- Ölwechsel und Ölfilterwechsel (einmal im Jahr bzw. alle 500 Betriebsstunden)
- Luftfilterwechsel (einmal im Jahr)
- Kraftstofffilterwechsel (alle 500 bis 800 Betriebsstunden bzw. nach Bedarf)
- Kühlmitteltausch (alle vier Jahre)
- Keilriemenwechsel und Einstellen des Ventilspiels (nach Bedarf)

Die angegebenen Intervalle sind Erfahrungswerte zur Orientierung. Der Hersteller bzw. Vermieter gibt verbindliche Wartungsintervalle vor.

Sollte ein Stromerzeugungsaggregat für die Sicherheitsstromversorgung verwendet werden, so sind weitreichende Maßnahmen und Anforderungen zu erfüllen, deren Darstellung den Rahmen bei weitem sprengen würde. Hier verweise ich auf entsprechende weiterführende Literatur.

3.8 Zusammenfassung

Bei Verwendung eines mobilen Stromerzeugers im TN-System, TT-System oder IT-System ist immer ein Erdungssystem und zur Inbetriebnahme eine Elektrofachkraft zur Kontrolle der ordnungsgemäßen Funktion der notwendigen Schutz und Überwachungseinrichtungen erforderlich.
Es war schon immer so, dass ein Stromerzeuger mit mehr als einem Betriebsmittel nur durch eine Elektrofachkraft oder zumindest eine elektrotechnisch unterwiesene Person in Betrieb genommen werden durfte.

Die DIN VDE 0100-551 lässt mittlerweile ein Einschalten ohne Elektrofachkraft zu, wenn sichergestellt ist, dass die folgenden Anforderungen erfüllt sind:

- Der Stromerzeuger wird in regelmäßigen Abständen durch eine Elektrofachkraft überprüft. Es wird eine Prüffrist von sechs Monaten empfohlen.
- Nach jedem Einschalten bzw. vor jeder Verwendung muss die Funktionsfähigkeit des RCD bzw. IMD durch Betätigen der Prüftaste kontrolliert werden.
- Sämtliche Verlängerungs- und Anschlussleitungen sowie alle Steckvorrichtungen müssen regelmäßig auf mechanische Beschädigungen überprüft werden.
- Es dürfen nur Leitungen verwendet werden, die dauerhaft für den beabsichtigen Einsatz geeignet sind.

<table>
<tr><th colspan="5">mobile Stromerzeuger</th></tr>
<tr><td colspan="3">mit Anschluss für einen Schutzpotentialausgleich</td><td colspan="2">mit Anschluss für eine erforderliche Schutzerdung</td></tr>
<tr><td colspan="2">mit einer oder mehreren Steckdosen ohne RCDs</td><td>mit einer oder mehreren Steckdosen und RCDs für jede Steckdose</td><td>mit RCDs für jede Steckdose</td><td>nur Übergabepunkt (ohne Personenschutz)</td></tr>
<tr><td>nur ein elektrisches Gerät</td><td>mehrere elektrische Geräte nur entweder mit Trenntrafos oder RCDs für Personenschutz für jedes einzelne Betriebsmittel</td><td>nur ein elektrisches Gerät pro Steckdose. Keine Mehrfachsteckdosen/ Verteiler nach den RCDs!</td><td>beliebig viele elektrische Geräte</td><td>Kein direkter Anschluss elektrischer Geräte! Schutzmaßnahmen ergeben sich erst aus der nachfolgenden Anlage</td></tr>
<tr><td colspan="3">Inbetriebnahme auch durch Laien ohne weitere Maßnahmen</td><td colspan="2">Inbetriebnahme erst nach Messung und Prüfung der Schutzmaßnahmen vor Ort durch eine Elektrofachkraft!</td></tr>
</table>

Abbildung 70: Inbetriebnahme mobiler Stromerzeuger

3.9 Checklisten

	Check	Okay? Oder sind Maßnahmen erforderlich? Welche?
	A: Übernahme/Übergabe des Stromerzeugers	
1	Sichtprüfung: Zustand Betriebsmittel/ Fahrzeug? Äußerer Eindruck, Reifen (Profiltiefe, Luftdruck, Risse ...), Schlösser inkl. Schlüssel vorhanden, Warnwesten, Verbandskasten (noch aktuell und vollständig?), Warnleuchte, Warndreieck, Feuerlöscher, Fahrzeugpapiere etc.? Bei Anhängern bzw. KFZ: TÜV, Prüfprotokoll?	
2	Welcher Abgasnorm entspricht das KFZ bzw. die Antriebsmaschine? Für den vorgesehenen Zweck ausreichend? Gibt es Städte oder Straßen im zukünftigen Einsatzbereich mit Verboten?	
3	Dokumentation/Betriebsanleitung vorhanden? Schaltpläne? Bezeichnungen der Schutzeinrichtungen/ Steckdosen/Anschlüsse? Unterlagen über durchgeführte Prüfungen (Umfang, Datum etc.) Ist ein Erder erforderlich? Ist er vorhanden und benutzbar? Richtige Leitung mit ausreichender Länge und Querschnitt?	
4	Wird das Betriebsmittel inkl. Personal zur Verfügung gestellt? Ist das Personal ausreichend qualifiziert? Ansonsten ist eine Einweisung/Unterweisung in alle Bedienungsvorgänge und etwaige Besonderheiten erforderlich. Dokumentieren!	

Tabelle 11: Übernahme/Übergabe Stromerzeuger

	Check	Okay? Oder sind Maßnahmen erforderlich? Welche?
	B: Inbetriebnahme des Stromerzeugers	
5	Stellplatz entsprechend den Gegebenheiten auswählen. Ebener Standort, ausreichende Bodenbelastbarkeit, ausreichend Bewegungsfreiraum, gehen alle Türen und Klappen vollständig auf? Wohin gehen die Abgase? Ist Zuluft gewährleistet? Ist ausreichend Abstand zu anderen Gebäuden/Bäumen/(Vor-)Dächern gewährleistet? Sind erforderliche Flucht- und Rettungswege frei und zugänglich? Kann die Feuerwehr im Zweifelsfall das Betriebsmittel erreichen? Lärmbelästigung von Anwohnern oder Mitwirkenden (Zelte)? Ist ein Not-Aus-Schalter vorhanden, erkennbar und erreichbar?	
6	Bei Installation eines TN-Systems: Wie/Wo kann das Betriebsmittel geerdet werden? Ist ein Potenzialausgleich zu einem Gebäude notwendig? Erdnagel setzen, Potenzialausgleich herstellen und Durchgängigkeit mit geeignetem Messgerät messen und dokumentieren.	
7	Maschine ohne angeschlossene Verbraucher oder Leitungen in Betrieb nehmen. Stimmen Drehzahl, Frequenz, Spannung? Lösen vorhandene RCDs beim Betätigen der Prüftaste aus? Sind Isolationswächter richtig eingestellt und überprüft? Weitere Schutzeinrichtungen vorhanden und funktionstüchtig? Funktioniert der Not-Aus-Schalter? Abgaswege kontrollieren.	
8	Wenn die anzuschließende mobile elektrische Anlage errichtet ist, ist diese mit dem Generator in spannungsfreiem Zustand zu verbinden. Die elektrische Anlage ist dann gesondert zu prüfen! Evtl. erfolgt Übergabe an die Elektrofachkraft der Anlage. Schnittstellen/Verantwortlichkeiten festlegen und dokumentieren.	

Tabelle 12: Inbetriebnahme Stromerzeuger

3.10 Beispiel-Prüfprotokoll Stromerzeuger

Prüfprotokoll für mobile Stromerzeuger		Prüfer/Prüferin:
Zu prüfendes Gerät:	Hersteller/Herstellerin: ____ Typ: ____ Baujahr/Serien-Nr. ____	
Grund der Prüfung:	Wiederholungsprüfung ☐	Inbetriebnahme vor Ort ☐

Sichtprüfung auf:	**Mangel** ja / nein:
1. Schäden am Gehäuse	☐ ☐
2. Anzeichen von Überlastung und unsachgemäßem Gebrauch	☐ ☐
3. Unzulässige Eingriffe/Änderungen	☐ ☐
4. Ordnungsgemäßer Zustand der Schutzabdeckungen	☐ ☐
5. Verschmutzung oder Korrosion	☐ ☐
6. Luftfilter	☐ ☐
7. Freie Kühlluft-Öffnungen	☐ ☐
8. Dichtheit von Kraftstoff-, Schmierstoff- und Kühlsystem	☐ ☐
9. Kühlwasser	☐ ☐
10. Lesbarkeit von Aufschriften und Warnhinweisen	☐ ☐
11. Aufstellung standsicher	☐ ☐
12. Schutzart entsprechend den Umgebungsbedingungen	☐ ☐
13. ____	☐ ☐
Ergebnis Sichtprüfung: bestanden / nicht bestanden	

Messung Widerstand Schutzleiter [R_{PE}]/ Potentialausgleichsleiter [R_{PB}]

Messstelle	**Grenzwert [Ω]**	**Istwert [Ω]**	**Mangel** ja / nein:
PE/PB der Steckdosen untereinander	≤ 0,1		☐ ☐
PE/PB der Steckdosen → Klemme PB/PE	≤ 0,1		☐ ☐

Messung Isolationswiderstand [R_{ISO}]
Bei Stromerzeugern mit Isolationsüberwachung (IMD) entfällt diese Messung. Die IMD kann durch die Messung beschädigt werden.

Messstelle	**Grenzwert [MΩ]**	**Istwert [MΩ]**	**Mangel** ja / nein:
aktiver Leiter → Klemme PB	≥ 1		☐ ☐

Prüfung Isolationsüberwachung, soweit vorhanden Die Isolationsüberwachung muss auf Funktion überprüft werden.		**Mangel** ja / nein:
Test / Reset	Test / Hauptschalter löst aus	☐ ☐
	Reset	☐ ☐
Quittierung (falls vorhanden)		☐ ☐

Prüfung Fehlerstrom-Schutzeinrichtung (RCD) – soweit vorhanden

Auslösezeit t_A und Bemessungsdifferenzstrom $I_{\Delta n}$

Die Messungen sind für jeden RCD durchzuführen und zu dokumentieren.

RCD Nr.	Auslösezeit Istwert [ms]	Grenzwert [ms]	Bemessungsdifferenzstrom $I_{\Delta n}$ Messwert [ms]	Mangel ja / nein:
1		≤ 300		☐ ☐
2		≤ 300		☐ ☐
3		≤ 300		☐ ☐
4		≤ 300		☐ ☐
5		≤ 300		☐ ☐
6		≤ 300		☐ ☐

Erprobung

Antrieb		**Mange** ja / nein:
Starten (von Hand und Elektrostart)		☐ ☐
Motor läuft gleichmäßig		☐ ☐
Rauchentwicklung/ Abgase		☐ ☐
Geräusche/ Gerüche/ …		☐ ☐
Anmerkungen:		

Spannung und Frequenz		**Mangel** ja / nein:
Die Ausführungsklassen nach DIN EN 12601 unterteilen die Anforderungen für Stromerzeuger hinsichtlich Spannungs- und Frequenzverhalten in gering (G1), mittel (G2) und hoch (G3).	Spannung U_0 (zwischen Außenleiter und Neutralleiter) ohne Belastung an jeder Steckdose messen **Zulässige Spannungsabweichung** ***Klasse (gemäß Typschild):*** **G1:** ± 10 % bei Stromerzeugern **≤ 10 kW**, $U_{0,max.}$ 253 V **G1:** ± 5 % bei Stromerzeugern **> 10 kW**, $U_{0,max.}$ 242 V **G2:** ± 2,5 %, $U_{0,max.}$ 236 V **G3:** ± 1 %, $U_{0,max.}$ 232 V gemessen:______V	☐ ☐
	Zulässige Frequenzabweichung (darf ohne Belastung gemessen werden) ***Klasse (gemäß Typschild):*** **G1:** ≤ 8 %, $f_{o,max.}$ 54,0 Hz **G2:** ≤ 5 %, $f_{o,max.}$ 52,5 Hz **G3:** ≤ 3 %, $f_{o,max.}$ 51,5 Hz gemessen:______Hz	☐ ☐
Rechtsdrehfeld		☐ ☐
Funktion der Anzeigeinstrumente und der Bedienelemente **Anmerkungen:**		☐ ☐
Funktion des Betriebsstundenzählers (falls vorhanden) **Anmerkungen:**		☐ ☐

Bewertung der Prüfung	
	Mangel ja / nein:
Funktions- und Sicherheitsprüfung mängelfrei?	☐ ☐
Prüfplakette angebracht? **Nächster Prüftermin:** ______ / ______ / 20______	☐ ☐
Anmerkungen:	
Unterschrift Prüfer/Prüferin: ______________________ Ort: ______________________ Prüfdatum: ______________________	
Verwendete Prüf- und Messgeräte	kalibriert bis (TT.MM.JJJJ)

Abbildung 71: Prüfprotokoll Stromerzeuger (Beispiel)

Kapitel

4

Potenzialausgleich, Erdung und Blitzschutz

Potenzialausgleich, Erdung und Blitzschutz

Bei einem Großteil der Anlagen für die Energieversorgung von Veranstaltungen werden der Potenzialausgleich und die Erdungsmaßnahmen – wenn sie überhaupt bedacht werden – zunächst im Hinblick auf anzuwendende Schutzmaßnahmen errichtet (und das meistens auch noch unvollständig, halbherzig oder sogar fehlerhaft). Doch ausgerechnet in unserer Branche, in der eine Vielzahl von Daten (analog und digital) über oft große Entfernungen mit teilweise sehr geringen Pegeln übertragen werden, wird der Schutz gegen Störungen in diesen Übertragungsstrecken nicht mit einem vernünftigen Potenzialausgleichs- und Erdungssystem in Verbindung gebracht. In der Praxis stellt man mit erstaunlicher Regelmäßigkeit fest, dass Teile der Anlage sukzessive in Betrieb genommen werden und dann irgendwann Funktionsbeeinträchtigungen, Störungen (wer kennt nicht das Brummen oder andere Geräusche in Tonanlagen, sich bewegende Streifen bei der Bildwiedergabe oder DMX-Probleme?) oder sogar Ausfälle festgestellt werden. Hektisch wird versucht, die Funktionsfähigkeit (wieder) herzustellen. Meistens unter extremem Zeitdruck, nachts und mit unkoordinierten und teilweise kontraproduktiven Maßnahmen: An allen möglichen Stellen werden Trenntrafos eingebaut oder entfernt, DI-Boxen und Line-Trafos verbaut, DMX-Splitter und Booster eingeschleift.

Wenn nichts mehr hilft, um die Veranstaltungstechnik störungsfrei an den Start zu bekommen, wird an den ursprünglich für die Sicherheit installierten Systemen herumgewerkelt. Und, wenn es ganz schlimm kommt, wird an der einen oder anderen Stelle der Schutzleiter aufgetrennt, abgeklebt, abgeklemmt oder mit eigens dafür angefertigten Adaptern unterbrochen. Sogar Schutzleiter-ON/OFF-Schalter sind schon bei Stromverteilern aufgetaucht! Das Tragische ist: Unter Umständen führen diese Lösungsansätze tatsächlich zur Verbesserung der Symptome.
Und man nimmt billigend in Kauf, dass die Sicherheit nicht mehr gewährleistet ist.

Meiner Meinung nach kann man sich in vielen Fällen eine Menge aufwändiger Improvisationen und Stress auf der Produktion ersparen, wenn das gesamte System im Vorfeld sozusagen ganzheitlich betrachtet wird und eine dementsprechende Planung stattfindet. Es ist von entscheidender Bedeutung, dass ein Gesamtsystem auch als solches betrachtet wird und nicht als eine Ansammlung mehrerer Gewerke, die unabhängig voneinander, nebeneinander und ohne gegenseitige Beeinflussung arbeiten. Wir brauchen einen systemischen Ansatz!

Die Erdung von Netzen und Betriebsmitteln ist ein Thema, das die Grenzen aller beteiligten Disziplinen überschreitet. Manchmal sprechen die verschiedenen Akteure aber nicht einmal dieselbe (Fach-)Sprache oder sind sich nicht im Klaren über die Anforderungen der jeweils anderen an die Anlage.

Jedes Erdungssystem muss grundsätzlich drei Anforderungen genügen:

1. Blitzschutz/Kurzschlussschutz: Das Erdungssystem muss alle Personen vor Schäden wie Feuer, Überschlägen oder Explosionen durch direkten Blitzschlag und Überhitzung durch Kurzschlussströme schützen.
2. Stromschlag: Das Erdungssystem muss Blitz- und Kurzschlussströme ohne gefährliche Schritt- und Berührungsspannungen ableiten.
3. Schutz und Funktionsfähigkeit der Betriebsmittel: Das Erdungssystem muss die Elektronik durch das Vorhandensein eines niederohmigen, alle Betriebsmittel untereinander verbindenden Potenzialausgleichs schützen. Wichtige Gesichtspunkte dabei sind
   - richtige Leitungswege,
   - eine sinnvolle Einteilung in geeignete Bereiche und
   - Abschirmung von anfälligen/sensiblen Leitungen genauso wie von Störquellen.

Anforderungen an Erdungs- und Potenzialausgleichsmaßnahmen werden in DIN-Normen und VDE-Bestimmungen für die unterschiedlichsten elektrotechnischen Anwendungsbereiche und unter verschiedenen Gesichtspunkten betrachtet. Diese Anwendungsbereiche treten nicht nur in Gebäuden mit moderner technischer Infrastruktur, sondern auch bei fast allen vorübergehend errichteten Anlagen der Veranstaltungstechnik kombiniert auf. Sie dürfen daher nicht voneinander isoliert betrachtet werden. Vor allem Planer und Errichter müssen darauf achten, dass Erdungs- und Potenzialausgleichsmaßnahmen allen oben genannten Anforderungen gerecht werden, damit die Sicherheit und Funktionsfähigkeit der elektrotechnischen Systeme und Anlagen gegeben ist und, solange es erforderlich ist, natürlich auch erhalten bleibt.

Die Realisierung eines Erdungs- und Potenzialausgleichskonzeptes, das allen Anforderungen gerecht wird, bedarf einer frühzeitigen Planung durch kompetente Fachkräfte, die mit den Anforderungen vertraut sind. Um Schnittstellenprobleme zu vermeiden, sollte die Ausführung aller Erdungs- und Potenzialausgleichsmaßnahmen nur durch eine Elektrofachkraft (oder zumindest unter ihrer Leitung) erfolgen, die Kenntnisse im Bereich Elektrotechnik, Blitzschutz, Überspannungsschutz und elektromagnetische Verträglichkeit hat.

Vor allem im Bereich von Open-Air-Veranstaltungen ist eine Koordination unbedingt erforderlich. Es ist nicht sinnvoll, wenn jedes Gewerk eigene Maßnahmen durchführt (Der Aggregatlieferant setzt einen Erdnagel für den Stromerzeuger, der Bühnenbauer setzt einen Erdnagel für die Bühne und, wenn man ganz viel Pech hat, womöglich noch einen für den FoH-Tower oder die Delay-Tower, der Tonkollege besteht auf seinen eigenen Erdnagel – Hauptsache möglichst weit weg vom Erdnagel des Lichts ...). Nicht zuletzt liest man teilweise sogar in Bühnenanweisungen oder technischen Anforderungen einen meiner Lieblingssätze (Platz 11 der Top 12): „Wir benötigen jeweils separate Erden für Licht, Ton und Video." Seit geraumer Zeit ist relativ sicher, dass wir auf einer Kugel leben. Diese heißt im alltäglichen Sprachgebrauch Erde. Und soweit mir bekannt ist, gibt es auch nur diese eine (zumindest in der näheren Umgebung).

Um Blitzströme und Kurzschlussströme in die Erde abzuleiten, ist eine Verbindung zur Erde mit niedriger Impedanz erforderlich. Diese Haupterdungsanlage muss aus einem System von niederohmigen Verbindungen zwischen allen Objekten bestehen und einen großflächigen Kontakt zum Erdreich haben. Das Haupterdungs- und Potenzialausgleichssystem muss in der Lage sein, alle möglichen (und unmöglichen) auftretenden Ströme abzuleiten, und gleichzeitig gefährliche Berührungsspannungen unmöglich machen. Darüber hinaus muss es verhindern, dass ein hoher Strom zu räumlich entfernten Objekten über verbindende Leitungen oder andere leitfähige Teile fließen kann. Ich möchte in diesem Kapitel die wichtigsten Parameter zusammenfassen und einen kleinen Leitfaden entwickeln, der Tipps für einen sicheren und störungsfreien Betrieb unserer Anlagen gibt.

Die Zielsetzung ist dabei immer
- die Sicherheit (gefährliche Berührungsspannungen sollen verhindert werden) und
- die Funktion, auch unter EMV-Gesichtspunkten (nicht beabsichtigte Ströme dürfen nicht über dafür nicht bemessene oder zufällige Potenzialausgleichsleiter fließen, wie z. B. über Abschirmungen).

4.1 Definition und Abgrenzung der Begriffe

Schutzpotenzialausgleich und Funktionspotenzialausgleich
Der Begriff Potenzialausgleich, kurz PB (aus dem Englischen: potential bonding), gewissermaßen als Oberbegriff, erklärt sich selbst und bedeutet kurz und knapp formuliert: Herstellen elektrischer Verbindungen zwischen leitfähigen Teilen, um Potenzialgleichheit zu erzielen.

Die eingangs angedeuteten Maßnahmen machen exakt das Gegenteil: Sie stellen Potenzialdifferenzen her, so dass zwischen leitfähigen Teilen Spannungen entstehen können. Wenn diese dann gewollt oder zufällig über Leitungen, Abschirmungen, metallische Gehäuse, Cases, Rohre, Traversen, Gerüste etc. oder auch Personen überbrückt werden, entsteht ein Stromfluss. Diesen Strom nennt man wunderbar anschaulich „vagabundierenden Strom". Er kann im Großen und Ganzen zwei Auswirkungen haben,

weshalb wir das Thema Potenzialausgleich und Erdung auch immer von zwei Seiten betrachten müssen:
Ein vagabundierender Strom kann zu
1. Personengefährdung (elektrischer Schlag) und zu
2. Sachschäden (z. B. Brand) oder Störungen im Betrieb führen.

Deswegen unterscheidet man auch den Schutzpotenzialausgleich zum Zweck der Sicherheit und den Funktionspotenzialausgleich aus betrieblichen Gründen, aber eben nicht zum Zweck der Sicherheit.
Der Schutzpotenzialausgleich verhindert das Auftreten von zu hohen Spannungen zwischen leitfähigen und gleichzeitig berührbaren Teilen, während der Funktionspotenzialausgleich die Spannung zwischen leitfähigen Teilen auf einen ausreichend geringen Wert reduziert, um die einwandfreie Funktion eines oder mehrerer Betriebsmittel oder einer gesamten Anlage sicherzustellen. Natürlich kann man nicht immer beides voneinander getrennt betrachten – genaugenommen erfüllen viele bei uns verwendete Leiter bewusst oder zufällig beide Funktionen mehr oder weniger gut. Ein Potenzialausgleich hat übrigens nicht zwangsläufig mit einer Erdung oder der Erde zu tun – es gibt ja bekanntermaßen auch den „erdfreien Potenzialausgleich".

Erdung, Erden, Erde, Erder
Im Allgemeinen versteht man unter Erdung die absichtliche oder zufällige Verbindung eines elektrischen Stromkreises oder einer elektrischen Anlage zur Erde oder zu einem leitenden Teil, das mit der Erde verbunden ist. Ich möchte zunächst eine VDE-gerechte und damit eindeutige Abgrenzung der Begriffe vornehmen:

- Mit Erdung beschreibt man die Gesamtheit aller Maßnahmen zum Erden.

- Erden bedeutet, einen Punkt der elektrischen Anlage mit dem Erdreich zu verbinden. Dieser dadurch mit der Erde verbundene Punkt ist dann geerdet.

- Der Begriff Erde ist mehrfach belegt. Zunächst bezeichnet man damit das Erdreich als Bodenart (z. B. Humus, Lehm, Sand, Kies) und in der Gesamtheit dieser Substanzen wird unser Planet als ganzer Erde genannt. Zweitens wird unter Erde ein im elektrotechnischen Sinne leitender Teil dieser Gesamtheit verstanden, dessen Potenzial außerhalb des Einflussbereichs von anderen Erdern liegt und immer als null betrachtet wird. Diesen Teil nennt man auch die neutrale Erde oder Bezugserde. Zuletzt betrachtet man noch die örtliche Erde. Dies ist ein Teil der (Gesamt-)Erde, der sich in Kontakt mit oder in räumlicher Nähe zu einem Erder befindet und dessen Potenzial nicht zwangsläufig null ist.
- Als Erder wird ein unmittelbar in die Erde oder in ein Fundament eingebrachter Leiter

bezeichnet, mit dem das Erden vollzogen wird. Erder sind aus folgenden Teilen aufgebaut:
- Erdungselektrode (Staberder, Tiefenerder, Erdungsband)
- Erdungsleiter (Anschlussleitung zum Erder)
- Verbindungselemente zwischen dem Erdungsleiter und der Erdungselektrode (Anschlussklemmen, Schrauben)

Die offizielle Definition gemäß DIN VDE 0100-200 darf hier auf keinen Fall vorenthalten werden:

> ***DIN VDE 100-200 Begriffe 826-13-5 Erder***
> *Leitfähiges Teil, das in das Erdreich oder in ein anderes bestimmtes leitfähiges Medium, zum Beispiel Beton oder Koks, das in elektrischem Kontakt mit der Erde steht, eingebettet ist.*
> *ANMERKUNG: In Deutschland hat Koks als Medium zum Einbetten von Erdern keine Bedeutung.*

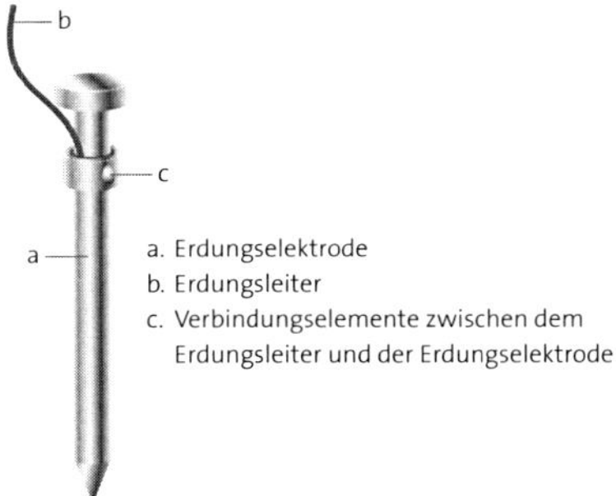

Abbildung 72: Aufbau eines Erders

Äquivalent zum Potenzialausgleich wird auch bei der Erdung zwischen Schutzerdung und Funktionserdung unterschieden:
1. Die Schutzerdung dient der elektrischen Sicherheit zum Schutz von Personen und Tieren,
2. die Funktions- oder auch Betriebserdung dient dem sicheren Betrieb der Anlage.

Diese beiden Systeme sind in der Regel voneinander getrennt und werden an einer einzigen Stelle miteinander verbunden, um Potenzialdifferenzen, z. B. im Falle eines Blitzschlags, zu verhindern. Neben dem Schutz von Personen und Anlagen wird die Erdung auch zur Ableitung von Fehlerströmen, Blitzeinschlägen, statischen Entladungen und elektromagnetischen Störungen verwendet. Ein funktionsfähiges und den Anforderungen der elektrischen Anlage angepasstes Erdungssystem kann die Zuverlässigkeit erheblich erhöhen und Beschädigungen und Beeinflussung durch Fehlerströme vermindern. Und uns beschert es weniger Stress.

Erdungswiderstand und Erdungssysteme

Es gibt viele Meinungen und noch mehr Unklarheiten darüber, wie ein gutes Erdungssystem errichtet wird, woran man erkennt, ob es gut oder mangelhaft ist und welchen maximalen Wert der Erdungswiderstand haben sollte. Einen allgemein gültigen Grenzwert gibt es leider nicht. Die Anforderungen sind sehr unterschiedlich und die jeweiligen Werte hängen von der Form des Erders, dem verwendeten System und dessen Abschaltbedingungen unter Berücksichtigung der maximalen Berührungsspannung ab. In der Praxis sollte man immer bestrebt sein, den niedrigsten Erdungswiderstand zu erreichen, der mit wirtschaftlichem Aufwand und vorhandenem Material vertretbar ist. Der Widerstand eines Erders setzt sich aus drei Komponenten zusammen:

1. Widerstand der Erdungselektrode und der Verbindungselemente zum Erdungsleiter: Dieser ist im Allgemeinen sehr niedrig, da Erdungsspieße in der Regel aus gut leitendem Material wie Stahl oder Kupfer bestehen.

2. Übergangswiderstand der Erdungselektrode zum umgebenden Erdreich: Auch dieser ist zu vernachlässigen, wenn die Erdungselektrode frei von Farbe, Rost oder Fett ist und direkten Kontakt zum umgebenden Erdreich hat.

3. Widerstand des umgebenden Erdreichs: Die Erdungselektrode ist von Erde umgeben, die man sich als konzentrische Schalen von gleicher Dicke vorstellen kann. Diejenigen Schalen, die der Erdungselektrode am nächsten sind, haben die kleinste Fläche und damit den größten Widerstand. Jede nachfolgende Schale verfügt über eine größere Fläche und einen entsprechend geringeren Widerstand.

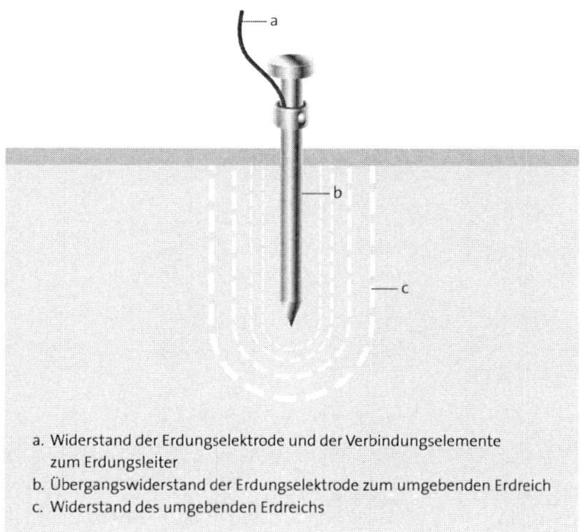

Abbildung 73: Widerstand eines Erders

Der Erdungswiderstand bzw. Erdankoppelwiderstand wird also hauptsächlich durch die Kontaktfläche der Erdungselektrode und die Leitfähigkeit des umgebenden Erdreichs bestimmt. Der spezifische Erdwiderstand ist ein Maß für Leitfähigkeit des Erdreichs und wird in Ωm (Ohmmeter) angegeben. Um die Kontaktfläche zum umgebenden Erdreich zu vergrößern, kann man die Erdungselektrode tiefer in den Boden treiben oder den Durchmesser der Erdungselektrode vergrößern. Das Vergrößern des Durchmessers eines Erdspießes führt kaum zu einem kleineren Widerstand, da bei Verdopplung des Durchmessers der Widerstand nur um etwa 10 % geringer wird. Eine Verdopplung der Länge der Erdungselektrode bewirkt immerhin eine Reduzierung des Widerstands um 40 %. Deswegen ist insbesondere bei mobilen elektrischen Anlagen in Verbindung mit Stromerzeugern darauf zu achten, dass der Erdnagel nicht nur auf der Erde liegt oder kaum in sie eingeschlagen wurde.

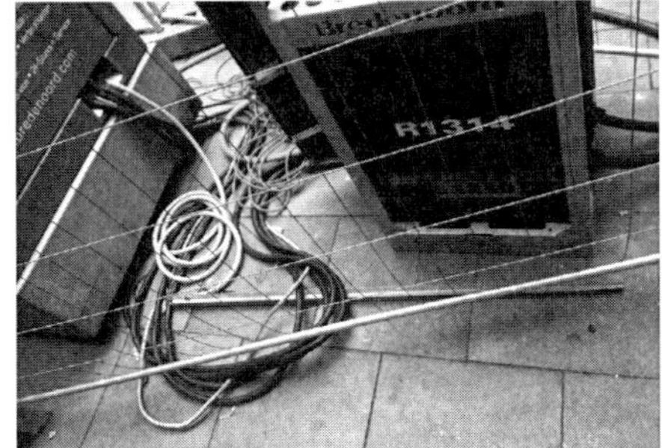

Abbildung 74: Nicht fachgerechte Ausführungen von Erdungsmaßnahmen

Da das Erdreich keinen einheitlichen spezifischen Widerstand hat, ist das Ergebnis nicht immer vorhersehbar. Es gibt natürlich auch Fälle, in denen es physikalisch gar nicht möglich ist, die Erdungsspieße tief in den Boden zu treiben, beispielsweise wenn man auf Felsgestein oder Granit stößt oder die Gefahr besteht, Versorgungs- oder Kommunikationsleitungen zu treffen (insbesondere in bebauten Gebieten).

Eine Möglichkeit, die häufig praktiziert wird, um den Widerstand zu reduzieren, ist das Setzen von mehreren Erdern, welche parallelgeschaltet werden. Dabei muss der Abstand der Spieße mindestens der Eindringtiefe der in den Boden getriebenen Spieße entsprechen.

Einfache Erder bestehen aus einer einzelnen Erdungselektrode (z. B. Erdspieß, Erdnagel), die in den Boden getrieben wird. Die Verwendung einer einzelnen Erdungselektrode ist eine übliche Form der Erdung bei Open-Air-Veranstaltungen bzw. bei einem

Inselbetrieb mit einem mobilen Stromerzeuger. Erdungssysteme für Gebäude bestehen aus mehreren miteinander verbundenen Erdungsspießen, Erdungsschleifen, Fundamenterdern, Maschen-, Ring- oder Plattenerdern. Bei diesen Erdungssystemen gibt es wesentlich mehr Kontaktstellen mit der umgebenden Erde. So erreicht man einen sehr geringen Erdungswiderstand und vermeidet gleichzeitig auch Potenzialdifferenzen innerhalb des Gesamtsystems.

Bei der Planung eines Erdungssystems bzw. vor dem Setzen eines Erders kann die folgende Tabelle als Praxishilfe genommen werden – natürlich nur als grober Anhaltspunkt. Der Erdboden ist selten homogen und somit können die Widerstandswerte erheblich variieren. Außerdem unterliegt der spezifische Erdwiderstand witterungsbedingten und jahreszeitlichen Schwankungen (Trockenheit, Kälte oder Veränderungen des Grundwasserspiegels). Im Boden verlegte metallische Rohre, Erdkabel, Wasseradern oder Wurzeln beeinflussen den Erdwiderstand ebenfalls. Ein verlässliches Erdungssystem muss allerdings auch bei den schlechtesten Bedingungen den geforderten Erdungswiderstand gewährleisten.

Art des Bodens	Spezifischer Erdwiderstand Ωm	Erdungswiderstand in Ω					
		Staberder (Tiefe in m)			Banderder (Länge in m)		
		3	6	10	5	10	20
Feuchter Boden, Moor, Morast, Sumpf	30	10	5	3	12	6	3
Ackerboden, Lehm, Ton	100	33	17	10	40	20	10
Sandiger Lehm	150	50	25	15	60	30	15
Feuchter Sandboden	300	66	33	20	80	40	20
Beton 1:5	400	-	-	-	160	80	40
Feuchetr Kies	500	160	80	48	200	100	50
Trockener Sandboden	1000	330	165	100	400	200	100
Trockener Kies	1000	330	165	100	400	200	100
Steiniger Boden	30000	1000	500	300	1200	600	300
Felsgestein	10^7	-	-	-	-	-	-

Tabelle 13: Spezifische Erdwiderstände und Richtwerte für Erder

4.2 Messen des Erdungswiderstands

Zur Ermittlung des Erdungswiderstands gibt es verschiedene Messverfahren. Generell unterscheidet man zwischen der Messung mit kleinen zusätzlichen Erdspießen (Sonden) und der Messung mit Stromzangen. Der Prüfstrom des Erdungsmessgerätes muss ein Wechselstrom sein, um elektrochemische Einflüsse zwischen Erder und Erde zu verhindern. Messfehler durch Störspannungen oder Ströme von benachbarten Spannungsquellen werden vermieden, indem für die Frequenz der Messwechselspannung nicht die in Deutschland üblichen Frequenzen von Wechselspannungsnetzen (16,66 Hz, 50 Hz, 400 Hz) verwendet werden. Üblich sind daher Messfrequenzen im Bereich von 70 Hz bis 140 Hz. Einige Messgeräte wählen sogar abhängig von auftretenden Störungen automatisch eine geeignete Messfrequenz. Die konstruktiven Anforderungen für Erdungsmessgeräte sind übrigens in der DIN VDE 0413-5 beschrieben.

Abbildung 75: Erdungsmessgerät

Dreileitermessung mit Sonden

Bei dieser Messung nach dem Strom-/Spannungsverfahren wird ein Hilfserder im Abstand von etwa 40 m zum zu messenden Erder gesetzt. Auf der Hälfte des Weges wird die Sonde positioniert. Die Anordnung kann auch als gleichseitiges Dreieck erfolgen. Der Abstand von ca. 20 m untereinander ist notwendig, um eine gegenseitige Beeinflussung auszuschließen. Die Einbringtiefe der Erdspieße hat keinen sonderlichen Einfluss auf den Messwert, da die Widerstände des Hilfserders und der Sonde durch das Messverfahren kompensiert werden. Zur Messung wird ein Prüfstrom zwischen dem

Hilfserder und dem zu messenden Erder eingespeist und mit der Sonde wird der Spannungsfall gemessen. Dabei darf der zu messende Erder keine leitende Verbindung zu einem bestehenden System (Potenzialausgleich oder PEN-Leiter) haben, um den Einfluss anderer parallel liegender Erder auszuschließen. Um die Plausibilität des ermittelten Messwertes zu prüfen, empfiehlt es sich, die Anschlüsse für Hilfserder und Sonde am Messgerät zu tauschen und die Messung zu wiederholen. Zusätzlich sollte man die Sonde um etwa 3 m versetzen und erneut messen. Wenn alle Anordnungen annähernd vergleichbare Werte anzeigen, so kann der Mittelwert der durchgeführten Messungen als Widerstand des Erders angenommen werden.

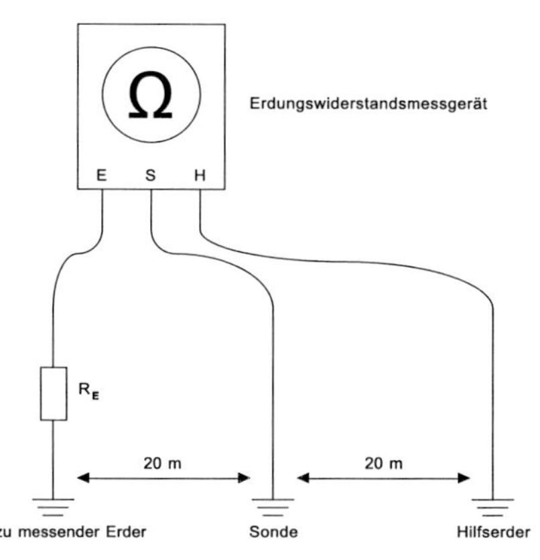

Abbildung 76: Lineare Anordnung

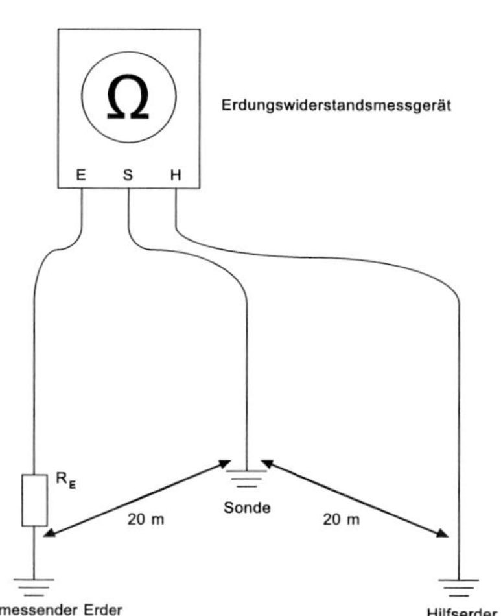

Abbildung 77: Anordnung im Dreieck

Zweileitermessung (City-Methode)

Bei der Zweileitermessung wird der Widerstand zwischen dem zu messenden Erder und einem bekannten Erder gemessen. Dazu könnte die Potenzialausgleichsschiene eines Gebäudes oder auch der PE(N)-Leiter eines TN-Systems benutzt werden. Der Widerstandswert des vorhandenen Erders muss allerdings bekannt sein, weil dieser vom gemessenen Wert abgezogen wird. Diese Messung lässt sich auch in einem dicht bebauten oder versiegelten Gebiet durchführen, wo keine Hilfserder oder Sonden zur Messung gesetzt werden können.

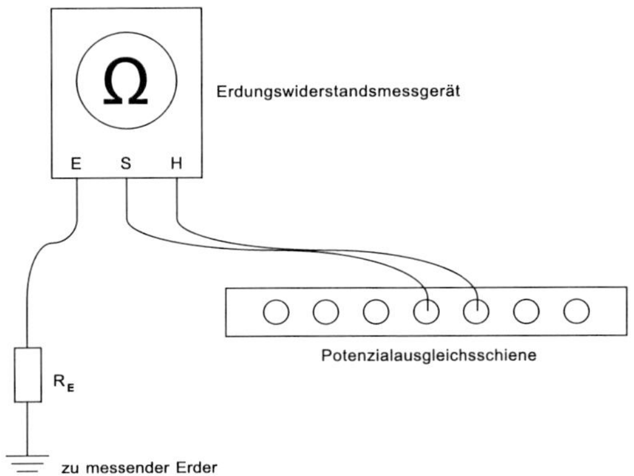

Abbildung 78: City-Methode

Messung mit Stromzangen

Bei der Messung mit zwei Stromzangen wird die Prüfspannung über eine Stromzange in den Messkreis induziert, während der Strom in der Schleife mit einer zweiten Stromzange gemessen wird. Dabei können sich die Spannungs- und Stromwicklungen entweder in zwei getrennten Zangen befinden oder kombiniert in einer einzelnen Zange. Dieses Verfahren ist unmittelbar anwendbar in TN-Systemen, aber auch bei vermaschter Erdung in TT-Systemen.

Maximaler Erdungswiderstand

Bei der Verwendung von Fehlerstrom-Schutzeinrichtungen werden die folgenden maximalen Erdungswiderstände R_A in der DIN VDE 0100-600: 2017-6 empfohlen:

$I_{\Delta N}$	10 mA	30 mA	100 mA	300 mA	500 mA	1 A
R_A	5.000 Ω	1.666 Ω	500 Ω	166 Ω	100 Ω	50 Ω

Tabelle 14: Maximale Erdungswiderstände nach DIN VDE 0100-600

Der DGUV Information 203-032 ist zu entnehmen, dass ein Erdungswiderstand von maximal 50 Ω als praktikabel und erreichbar angesehen wird. Wenn der Erder auch dazu verwendet werden soll, Blitzströme in die Erde abzuleiten, wird in der DIN VDE 0185-305-3: 2011-10 ein niedriger Erdungswiderstand von unter 10 Ω empfohlen. Übrigens ist in dieser VDE der Mindestquerschnitt von Leitern, die Potenzialausgleichsschienen untereinander oder mit der Erdungsanlage verbinden, auf 16 mm² Kupfer festgelegt (vergleiche auch DIN 15700). Die örtlichen Energieversorgungsunternehmen verlangen in der Regel noch deutlich geringere Erdungswiderstände – dies allerdings im Hinblick auf dauerhaft installierte Anlagen.

4.3 Berührungsspannung und Schrittspannung

Der Widerstand des Erdungssystems und der Stromfluss in das Erdreich bestimmen den Spannungsunterschied zwischen dem Netz und der Erde. Bei großen Erdschlussströmen ist diese Spannung am Erder sehr hoch und wird mit zunehmendem Abstand von diesem immer geringer, da das vom Strom durchflossene Erdvolumen größer wird. Dieser örtliche Anstieg des Erdpotenzials kann zu gefährlichen Situationen führen. Somit wird auch deutlich, dass es durchaus unterschiedliche Potenzialbereiche auf der Erde geben kann, die nicht schlagartig, sondern kontinuierlich ineinander übergehen. Daher kommen auch die bereits angesprochenen unterschiedlichen Definitionen für neutrale Erde und örtliche Erde.

- Die Berührungsspannung ist der Spannungsunterschied zwischen dem geerdeten Bauteil (z. B. Traverse, Gerüst, Stativ) bzw. Bauwerk (z. B. Bühne, FoH-Tower, Zelt, Container) und einer in der Nähe dazu auf der Erde stehenden Person.

- Die Schrittspannung ist die Spannung zwischen den Füßen einer auf der Erde stehenden Person. Dabei wird der Abstand zwischen den Füßen mit 1 m angenommen.

Es ist bei entsprechender Bodenbeschaffenheit durchaus möglich, mit einem einzelnen Tiefenerder einen niedrigen Widerstand zu erreichen. Eine typische Situation ist in der folgenden Abbildung dargestellt. Man erkennt, dass die Erdpotenzialkurve sehr steil abfällt. Wegen des exponentiellen Verlaufs, der natürlich kreisförmig um den Tiefenerder besteht, nennt man diese besondere Gegebenheit auch Spannungstrichter. Die daraus resultierenden Schritt- und Berührungsspannungen sind offensichtlich sehr hoch. Somit ist diese Anwendung zwar nicht empfehlenswert, in der mobilen Technik jedoch häufig die einzig zu realisierende Maßnahme.

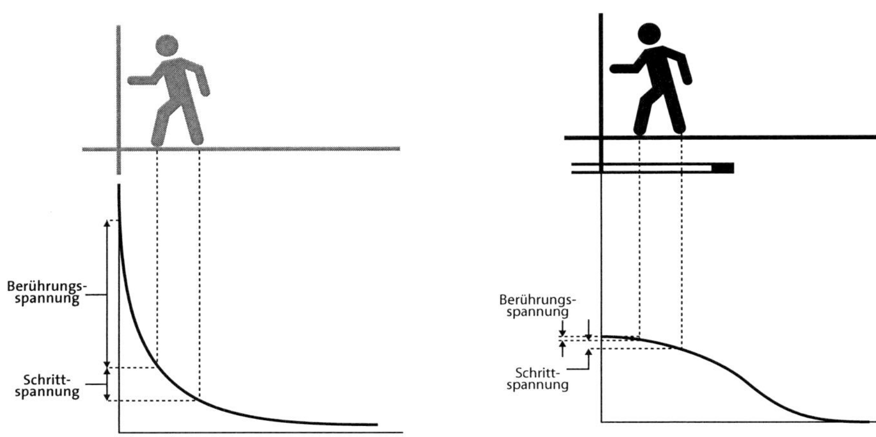

Abbildung 79: Spannungen am Tiefenerder

Abbildung 80: Spannungen am Ringerder

In der zweiten Abbildung erkennt man beispielhaft die Auswirkung eines Ringerders, der im Abstand von wenigen Metern um das zu betrachtende Teil (Bühne, Gebäude etc.) einen halben Meter tief eingegraben ist. Der eingegrabene Ringerder reduziert nicht nur den Widerstand und somit den Anstieg des Erdpotenzials (weil ein größeres Erdvolumen den Strom aufnimmt), sondern darüber hinaus sind die Schritt- und die Berührungsspannung deutlich kleiner als bei einem Erdnagel. Wenn kein Ring verwendet wird, sind die Spannungen besonders neben einem Tiefenerder oder einem damit verbundenen leitfähigen Teil deutlich größer, so dass möglicherweise gefährliche Situationen entstehen können. Leider ist dieser Aufwand bei den üblichen Anlagen, die wir errichten, selten zu rechtfertigen, wenn es um Schutz und Funktion von elektrischen Anlagen im Spannungsbereich 230/400 V geht.

Wenn man jedoch ernsthaft über einen wirkungsvollen Blitzschutz z. B. bei Open-Air-Bühnen nachdenkt, ist es eine, wenn nicht sogar die einzige Möglichkeit. Der eingegrabene Ringerder sollte sich in einem Abstand von wenigstens einem Meter vom zu erdenden Bauteil befinden und tief genug liegen, um sicherstellen zu können, dass er im Winter nicht von Frost bedroht ist und im Sommer nicht austrocknet. Sofern keine anwendbaren örtlichen Richtwerte vorliegen, sollte die Tiefe mindestens 50 cm betragen. Der Ring sollte aus Kupfer bestehen und eine Querschnittsfläche von mindestens

50 mm^2 haben. Der Ringerder muss an ein Maschennetz unter der Bühne und bestenfalls an ein (ebenfalls zu installierendes) Maschennetz im Umkreis angeschlossen werden. An mehreren Punkten müssen Verbindungen zwischen dem Ring und dem übrigen Erdungssystem hergestellt werden.

4.4 Erdung und Potenzialausgleich in der Praxis

Der historische Sinn und Zweck einer Schutzerde bestand in der Gewährleistung der Sicherheit von Personen und Sachwerten innerhalb des durch das Erdungssystem abgedeckten Bereichs. Bei Auftreten eines Körperschlusses soll dieser zu einem Kurzschluss führen (Schutzmaßnahme im TN-System), wodurch die vorgeschaltete Schutzeinrichtung (MCB/ RCD) in der geforderten Zeit den Stromkreis automatisch abschaltet. Dazu ist – laienhaft formuliert – der PE und/oder ein zusätzlicher hoch belastbarer Leiter mit wenig Widerstand erforderlich, so dass auch in extremen Fehlersituationen die resultierenden Spannungen keine gefährlichen Werte erreichen.
Diese Verbindung zur Erde ist an sich sehr leicht hergestellt. Man benötigt nur ein korrosionsbeständiges Metall mit hoher Leitfähigkeit (Kupfer ist stets eine gute Wahl), welches so tief in die Erde eingegraben wird, dass es weder einfriert noch austrocknet. Wenn der Leiter dann noch groß genug ist, um mit einem angemessenen Erdvolumen in Kontakt zu kommen, und so positioniert ist, dass er nicht von anderen Erdungssystemen beeinflusst wird, ist schon so ziemlich alles gut (wie bereits erläutert). Das nennt der Praktiker dann eine „saubere Erde" (so sauber, wie sie unter den gegebenen Bedingungen eben möglich ist).

Sobald aber nun elektrische Betriebsmittel an diese Erdung angeschlossen werden, ist es schnell vorbei mit der „sauberen Erde". Das zentrale Dilemma ist die Tatsache, dass wir sehr viele elektrische Geräte betreiben, die nicht nur parallel an einem oder gar mehreren Versorgungsnetzen angeschlossen sind, sondern noch dazu durch andere elektrisch leitende Datennetze (DMX, SDI, Ethernet, Audio-Multicore-Systeme, Intercom usw.) miteinander verbunden sind. Darüber hinaus sind viele unserer Betriebsmittel (Scheinwerfer, Amp-Racks, Verteiler, Splitter, Booster etc.) auch noch an metallischen und damit leitenden Konstruktionen wie Traversen, Ground-Supports oder Gerüsten befestigt. Oder sie stehen zumindest mit ihnen in Verbindung – und sei es nur über die Alu-Kante eines auf Rollen stehenden Cases, welches ab und zu (immer dann, wenn sich jemand daraufsetzt) das Gerüst des FoH-Towers und zeitgleich das PSU-Rack berührt.

Erschwerend kann die Tatsache hinzukommen, dass das speisende Netz ein TN-C-System ist, also ein System mit einem kombinierten Schutz- und Neutralleiter (PEN-Leiter). Dieses ist mit unseren Anforderungen nicht vereinbar, denn in einem TN-C-System fließen Neutralleiterströme einschließlich Oberschwingungsströme nicht nur auf den Neutralleitern, sondern eben auch auf allen Schutzleitern und allen daran angeschlossenen metallischen Bauteilen wie beispielsweise Traversen, Gerüsten, Stativen und Podesten). Alle unsere Anlagen müssen daher immer als TN-S-System ausgeführt sein, selbst wenn sie aus einem TN-C-System gespeist werden. Es ist sehr wichtig, dass nur eine einzige Verbindung zwischen Erde und Neutralleiter besteht.

Die traditionelle handwerkliche Installationspraxis hat sich ursprünglich (meiner Meinung nach damals durchaus zu Recht) auf die Personensicherheit konzentriert. Das liegt nicht zuletzt auch an dem unglücklich gewählten Namen dieses wichtigen Leiters: **Schutzleiter**.
Auch die Bestimmungen der DIN VDE 0100 verfolgen in erster Linie dieses Ziel. Seinerzeit nahm man einfach einen Erdnagel und schlug ihn in die Erde. Von dort legte man eine Leitung bis zum Hauptpotenzialausgleich. Und dann ging es sternförmig weiter – für jedes Teil ein und nur ein Leiter ohne weitere Querverbindungen.

Es ist äußerst bedauerlich, dass dieser wichtige Leiter nicht einen prägnanteren, eindrucksvolleren Namen erhalten hat, da er doch, wie ich in meinen bisherigen Ausführungen bereits erläutert habe und in den folgenden noch vertiefen werde, deutlich mehr Aufgaben hat, als nur Schutz zu gewährleisten. Leider denken viele Elektriker immer noch ausschließlich in diese Richtung. Aber wir brauchen mehrere redundante Wege mit großem Querschnitt für unsere Ableitströme und mit robusten, niederohmigen und zuverlässigen Anschlüssen und Steckverbindungen. Das beginnt schon bei der Auswahl und Verwendung von mobilen Verteilern mit einer ausreichenden Anzahl von Steckdosen, so dass wir auf Mehrfachsteckdosen an (langen) Verlängerungsleitungen mit ihren dünnen Schutzleitern verzichten können.

Um ein gewisses Maß an Übersichtlichkeit zu bewahren, gehen wir von folgenden Voraussetzungen aus:

- Jedes verwendete Gerät entspricht den einschlägigen Sicherheitsnormen. Jedes einzelne Betriebsmittel wird also als betriebsbereit und sicher angenommen, wenn es alleine als Einzelgerät verwendet wird.

- Werden mehrere dieser Betriebsmittel entsprechend den Betriebsanleitungen miteinander verbunden, sind sie ebenfalls als sicher zu betrachten.

- Die Elektroinstallation des Versorgungsnetzes und der vorübergehend errichteten elektrischen Anlage entspricht den einschlägigen Vorschriften und kann dementsprechend auch als funktionstüchtig und sicher angenommen werden.

Dennoch erleben wir in unserer Praxis immer wieder, dass die Zusammenschaltung sicherer Einzelgeräte in sicheren Netzen bei bestimmungsgemäßem Betrieb zu Problemen führen kann.

4.4.1 Ableitstrom

Unter Ableitstrom versteht man den Strom, der über die fehlerfreien Isolierungen eines Geräts vom Netzanschluss über von außen berührbare Gehäuseteile zur Erde oder zu einem fremden leitfähigen Teil fließt. Der Ableitstrom kann auch durch Beschaltungen zur Funkentstörung (EMV-Filter) verursacht werden. Fließt dieser Strom dann über den Schutzleiter ab, wird er auch Schutzleiterstrom genannt. Bei Berührung eines Gerätes durch einen Menschen kann dieser Strom – und so schnell wird aus einem Ableitstrom ein Berührungsstrom – über eben diesen menschlichen Körper gegen Erde fließen. Dieser Strom ist jedoch zunächst ungefährlich, da die Stromstärke weit unter dem Wert der Loslassschwelle liegt. Ableitströme sind harmlos, solange sie in die Erde fließen, können aber schnell tödliche Werte erreichen, wenn sie unterbrochen werden, und daher ist eine mehrfach vernetzte Auslegung des Potenzialausgleichssystems unbedingt erforderlich. Die Grenzwerte für Ableitströme einzelner Geräte sind in verschiedenen Normen festgelegt. Beispielhaft sind einige in der folgenden Tabelle zusammengefasst (siehe dazu auch Kapitel 2).

Norm	Maximaler Ableitstrom für Geräte der Schutzklasse I	Maximaler Ableitstrom für Geräte der Schutzklasse II	Anmerkungen
VDE 0700-1:2020-08	0,75 mA		Bei ortsveränderlichen Geräten
VDE 0700-1:2020-08	3,5 mA		Bei ortsfesten Motorgeräten
VDE 0700-1:2020-08	0,75 mA bzw. 0,75 mA/kW Nennleistung, maximal 5 mA		Bei ortsfesten Wärmegeräten
VDE 0700-1:2020-08		0,25 mA 0,35 mA maximal bei Erreichen der Betriebstemperatur	
VDE 0711-1:2018-09		0,7 mA	Gilt für alle Leuchten SK II und für Metallteile von Leuchten der SK II, die getrennt durch doppelte oder verstärkte Isolierung sind
VDE 0711-1:2018-09	2 mA		Leuchten mit Stecker (ein- und mehrphasig), bei Versorgungsstrom ≤ 4 A
VDE 0711-1:2018-09	0,5 mA/A		Leuchten mit Stecker (ein- und mehrphasig), bei Versorgungsstrom > 4 A, aber ≤ 10 A
VDE 0711-1:2018-09	5 mA		Leuchten mit Stecker (ein- und mehrphasig), bei Versorgungsstrom > 10 A bis 32 A
VDE 0711-1:2018-09	3,5 mA bis 10 mA		Bei festanzuschließenden Leuchten, abhängig von der Versorgungsstromstärke
DIN 15560-104:2003-04	Nennstrom - bis 5 A: 3,5 mA - bis 16 A: 5 mA - über 16 A: 7 mA		Gilt nur für Vorschaltgeräte von Tageslichtscheinwerfern für den Bühnen- und Studioeinsatz. Bei Ableitströmen über 5 mA ist ein Hinweis am Gerät anzubringen!

Tabelle 15: Beispiele für zulässige Ableitströme

Die Werte der Ableitströme können innerhalb der Anlage variieren und sind zeitlich flexibel. Da sie aus einphasigen Betriebsmitteln an den einzelnen „Phasen“ stammen, neigen symmetrische Komponenten der Grundschwingung dazu, sich auszulöschen, so dass der Strom im Schutzleiter zu- oder abnehmen kann, je nachdem, wie sich die Stromkreise in einem Verteilungsnetz zusammensetzen und welche Betriebsmittel gerade in Betrieb sind.

Werden Geräte beispielsweise mit einem DMX-, SDI- oder NF-Signalanschluss an anderen Geräten angeschlossen, können die Ableitströme auch über den Schirm der jeweiligen Leitung in das angeschlossene Leitungssystem fließen.

Leitungssysteme für Netzwerk-, Video-, DMX- und Tonsignale sind gerade bei Großveranstaltungen und Messen mittlerweile relativ weit ausgedehnt und mit einer großen Anzahl unterschiedlicher Geräte „verstrickt“. Dazu kommen nun vermehrt interaktive Dienste, z. B. über das Internet/Telefonnetz oder auch das BK-Netz. Diese Netze dienen der Versorgung einer möglichst großen Anzahl von Teilnehmern, das heißt, die Ableitströme aller daran angeschlossenen Geräte fließen in das geerdete Kabelnetz und können sich so zu gefährlich hohen Werten addieren. Diese Summen-Ableitströme können einerseits zur Gefahr werden, wenn sie z. B. bei Installations- oder Montagearbeiten über den menschlichen Körper fließen, und andererseits zu den bereits angesprochenen Funktionsstörungen führen.

Ableitströme werden oft ignoriert bzw. zunächst gar nicht wahrgenommen. Aber obwohl der Beitrag jedes einzelnen Gerätes klein ist können sie in der Summe beträchtlich sein. Für die Praxis ist es daher wichtig, dass die Schutzleiterverbindung dadurch verbessert wird, dass dem Strom mehr als ein Weg vom Anschlusspunkt der Betriebsmittel zurück zum Verteiler zur Verfügung steht.

Der Strom mag zwar relativ klein sein, so dass der Widerstand der Schutzleiter- bzw. Potenzialausgleichsleiterverbindung keine Rolle spielt, aber das Stromschlagrisiko bei unterbrochenem Durchgang ist sehr hoch. Und da es keinen offensichtlichen oder erkennbaren Hinweis auf ausgefallene oder unterbrochene Schutzleiter gibt, bleibt er so lange unbemerkt, bis ein Pechvogel ihn entdeckt ...

Um das unter allen Umständen zu vermeiden, ist es unsere Pflicht, eben diese wichtigen Verbindungen tatsächlich herzustellen und die Wirksamkeit durch eine geeignete Messung nachzuweisen und zu dokumentieren.

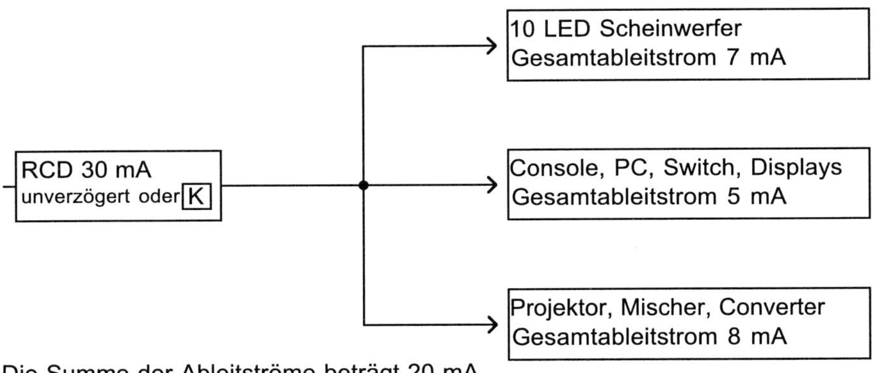

Abbildung 81: Ableitströme können RCDs auslösen

4.4.2 Signalbezugsebene

Damit der Schutzleiter als Spannungsreferenz für die Signalübertragung dienen kann und die miteinander verbundenen Betriebsmittel ordnungsgemäß funktionieren und miteinander kommunizieren können, ist eine sehr niedrige Impedanz über einen weiten Frequenzbereich erforderlich. Die größte Herausforderung dabei ist, dass das gesamte durch den Schutzleiter dargestellte Erdungssystem so beschaffen (geplant und gebaut) ist, dass die Potenzialdifferenz zwischen zwei beliebigen Punkten im betroffenen Frequenzbereich und im gesamten Bereich des entsprechenden Bauwerks (Bühne, Tribüne, FoH etc.) null ist. In der Praxis bedeutet dies, dass die Potenzialdifferenz, wenn nicht wirklich null, dann zumindest so niedrig ist, dass keinerlei Fehlfunktionen oder Störungen der installierten Geräte zu befürchten sind.

Und nun machen wir noch einen kleinen Ausflug in die Signalübertragung:

Bei einer unsymmetrischen Signalübertragung werden eine Signalader und eine Abschirmung verwendet, um die Signale zu übertragen (z. B. Instrumentenkabel, SDI-Leitung). Es ist klar, dass jede Potenzialdifferenz zwischen der jeweils lokalen „Erde“ beim Sender und Empfänger in Reihe mit dem Signal erscheint und schnell zu Daten-Übertragungsfehlern führen kann. Aufgrund der direkten Verbindung der beiden Erdpotenziale durch unsere Abschirmung haben wir aber nicht nur das Problem der Funktionsstörung (Brummen etc.) – nein, es kann auch ein starker und undefinierter Strom fließen (z. B. durch die Parallelschaltung zu anderen Schutzleitern), der sogar Schäden an Leitungen und Steckern verursachen kann.

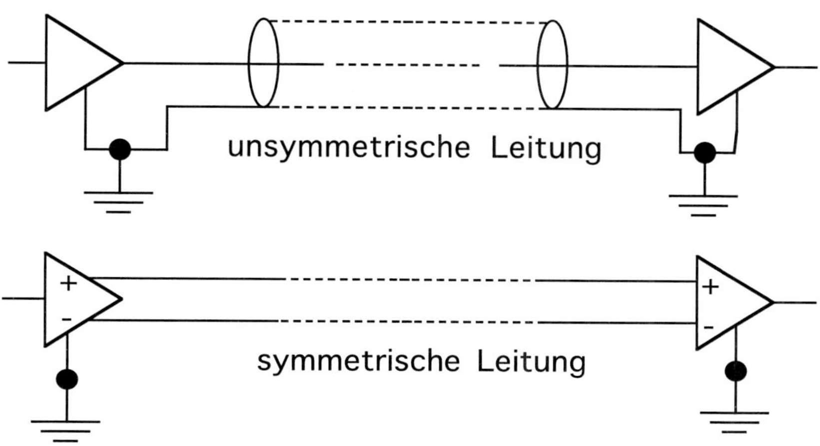

Abbildung 82: Unsymmetrische (oben) und symmetrische (unten) Signalübertragung

Bei einer symmetrischen Datenübertragung hingegen (professionelle Analog-Audio-Übertragung, Ethernet, USB etc.) werden die Daten als Spannungsunterschied zwischen zwei Signaladern gesendet. Im Idealfall wertet der Empfänger nur die Differenzspannung zwischen beiden Adern aus und ist unempfindlich gegen eventuelle Spannungen der Signalleitungen gegen Erde. Somit kann auf eine durchgehende leitende Verbindung der Abschirmung zwischen zwei Geräten verzichtet werden, ohne dass das zu übertragende Signal darunter leidet. Und im Falle eines Falles kann eine vorhandene Verbindung unterbrochen werden, wenn Störungen der Funktion auftreten, ohne dass die Sicherheit darunter leidet. Klassische Beispiele dafür sind die Ground-Lift-Schalter an DI-Boxen und Line-Übertragern.

4.4.3 Ausgleichsstrom

Mit Ausgleichsstrom meine ich einen aus dem Energieversorgungsnetz stammenden Strom, der über Leiter von Daten- oder Kommunikationsnetzen fließt, z. B. über Abschirmungen von Ethernet-, DMX- oder Audio-Leitungen. Diese Abschirmungen sowie die Leiter dieser Netze sind für solche Ströme weder vorgesehen noch bemessen. Auch daraus können wieder Gefahren für den Anwender und Funktionsstörungen des Netzes oder der angeschlossenen Geräte entstehen. Ursachen für Ausgleichsströme sind hauptsächlich in den im Folgenden dargestellten Punkten zu sehen.

1. Unsymmetrische Lasten im Drehstromsystem

Unsere Anlagen werden üblicherweise über das Drehstromsystem versorgt. Die meisten unserer Verbraucher belasten das Netz jedoch nur einphasig. Gegenüber einer symmetrischen dreiphasigen Last ergeben sich dadurch bekanntermaßen Ausgleichsströme auf dem Neutralleiter, solange wir uns in dem für uns vorgeschriebenen TN-S-System befinden. Nutzen wir aber das allgemeine Versorgungsnetz oder bestehende Energieversorgungsnetze in „Altbauten" (beides in der Regel TN-C-Systeme), so werden diese Ausgleichsströme auf dem PEN-Leiter auftreten. Da jeder Leiter über einen (wenngleich in unserem Beispiel auch sehr geringen) Widerstand verfügt und Ströme die Eigenschaft haben, an einem Widerstand einen Spannungsfall zu verursachen, haben wir offensichtlich eine Potenzialdifferenz zwischen zwei beliebigen Punkten (Anschlüssen) eines PEN-Leiters. Wenn an zwei räumlich voneinander entfernten Punkten der Schutzleiter für ein TN-S-System ausgekoppelt wird, haben wir zwei Schutzleiteranschlüsse mit unterschiedlichen „Erdpotenzialen". Schließen wir nun an diese beiden Anschlüsse Geräte an, deren Gehäuse über die Abschirmung einer NF- oder Datenleitung ebenfalls miteinander verbunden werden, haben wir eine Parallelschaltung von zwei relativ geringen Widerständen (PEN-Leiter und Abschirmung). Der Ausgleichsstrom des PEN-Leiters teilt sich nun nach dem Ohm'schen Gesetz umgekehrt proportional zu dem Verhältnis dieser Widerstände auf beide Leiter auf.

Gehen wir zur Vereinfachung einmal von gleich großen Widerständen des PEN-Leiters und der Abschirmung aus, so teilt sich der Strom ebenfalls zu gleichen Teilen auf beide Leiter auf. Haben wir also zunächst einen Ausgleichsstrom von beispielsweise 20 A auf dem PEN-Leiter, so haben wir nach der Verlegung der Datenleitung nur noch die Hälfte, also etwa 10 A auf dem PEN-Leiter. Die restlichen 10 A fließen über die Gehäuse unserer Geräte und über die Datensteckverbindungen sowie den Schirm der Datenleitung. Das ist der sogenannte verschleppte PEN-Leiter-Strom.

Im TN-S-System fließen diese Ströme dagegen ausschließlich im Neutralleiter. Dadurch ist der Schutzleiter stromlos und dementsprechend fließen auch keine Ausgleichsströme bei einer zweiten Verbindung zwischen zwei Schutzleitern. Natürlich kann man dagegen argumentieren, dass wir ja ausschließlich TN-S-Systeme errichten. Das ist an sich auch korrekt, aber was ist, wenn wir das Lichtpult (z. B. um es nur einmal schnell zu testen) nicht über die Steckdose am Dimmer bzw. dem vorgesehenen Stromverteiler, sondern über die örtlich vorhandene Schukosteckdose im Saal betreiben?

Vereinfachtes Beispiel zur Verdeutlichung:
Unsere Dimmer-City steckt mit Ihrem 63 A CEE-Stecker in der entsprechenden Anschlussdose auf der Bühne. Auch wenn die am Dimmer angeschlossenen Lasten relativ symmetrisch verteilt sind, gibt es viele Momente, in denen hohe Neutralleiterströme fließen (siehe auch Kapitel 5). Die in der Skizze angegebenen Werte sind Messwerte zu einem bestimmten Zeitpunkt während des Einrichtens bzw. Patchens. Das Lichtpult ist an einer Schukosteckdose im Saal angeschlossen. Die DMX- oder Netzwerkverbindung Lichtpult – Dimmer ist noch nicht hergestellt. Vom Dimmer fließt ein Strom IN1 über den PEN-Leiter in Richtung Hausanschluss.

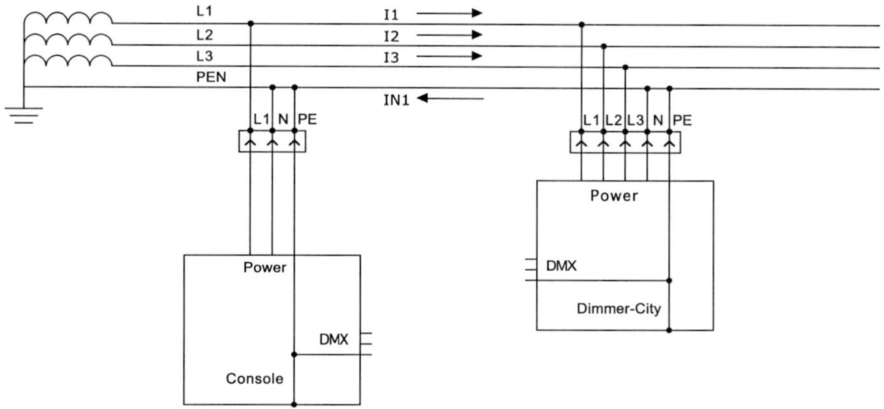

Abbildung 83: Noch kein Ausgleichsstrom im TN-C-System

Nun wird die DMX-Verbindung gesteckt. Es bieten sich dem PEN-Leiter-Strom ab sofort zwei parallele Wege zum Hausanschluss an (die er auch beide nutzen wird):

a) weiter über den PEN-Leiter als IN2 sowie
b) über den Schutzleiter des Dimmers, von da als Iv über den Schirm der DMX-Leitung bis zum Lichtpult und von dort über den Schutzleiter zurück zum PEN-Leiter des Versorgungsnetzes.

Der Strom IN1 teilt sich entsprechend den Leitungswiderständen in den Teilstrom IN2 und den Ausgleichsstrom Iv auf.

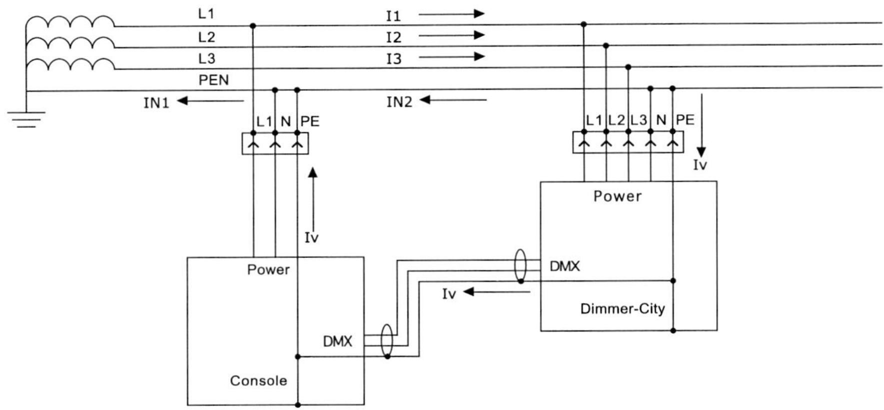

Abbildung 84: Ausgleichsstrom vagabundiert im TN-C-System

Ganz anders und völlig in Ordnung ist die Situation, wenn wir, wie in den Vorschriften gefordert, das Lichtpult über eine (nicht dimmbare) Steckdose am Dimmer bzw. an einem von uns installierten Verteiler in der Nähe des Dimmers betreiben. Wie man sofort erkennt, können keine Ausgleichsströme über die Abschirmung fließen.

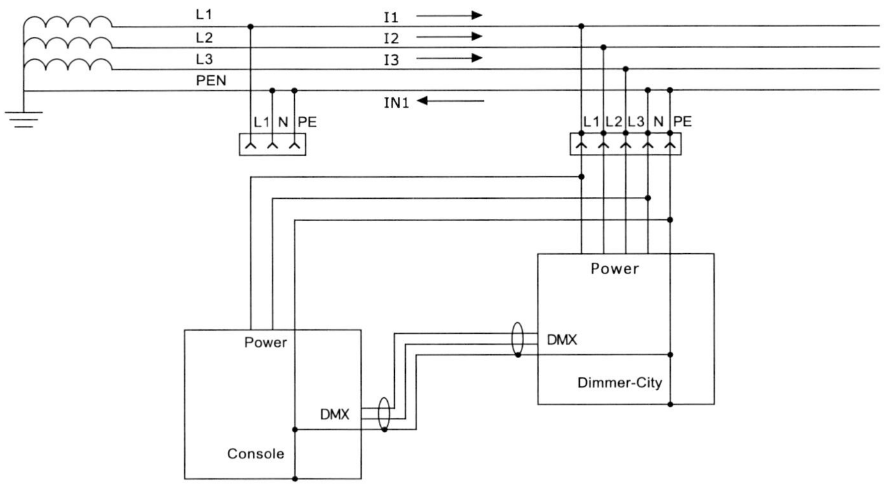

Abbildung 85: Kein Ausgleichsstrom im TN-S-System

Das Hinterhältige an diesen Ausgleichsströmen ist, dass sie noch nicht einmal durch unser System erzeugt werden müssen, um Schaden anzurichten. Dazu braucht man sich nur vorzustellen, dass an der elektrischen Anlage des oben skizzierten Hauses „nach" der CEE-Steckdose (Bühne) die Küche mit diversen Verbrauchern installiert und in Betrieb ist. Wenn dort bereits für das Dinner gebraten, gekocht und aufgewärmt wird, während wir unsere Lichtanlage aufbauen, fließen die PEN-Leiter-Ströme aus der Küche über unsere Abschirmung, ohne dass der Dimmer bzw. das Lichtpult in Betrieb sind.

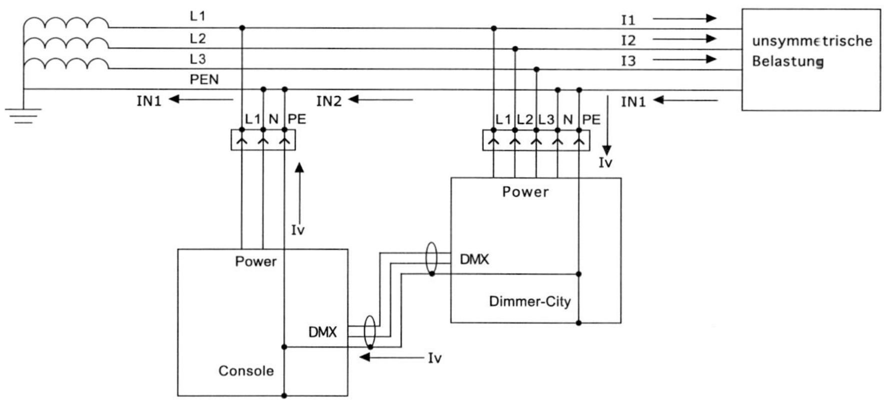

Abbildung 86: Kritische Stromwege im TN-C-System

2. Oberschwingungen

Vor allem die Oberschwingungen der dritten Ordnung (K3 mit 150 Hz) wirken sich in Bezug auf die Ausgleichsströme besonders störend aus, da sie sich im Drehstromsystem selbst im Falle einer symmetrischen Last auf dem Neutralleiter nicht zu null addieren und erfahrungsgemäß in unseren Anlagen stark auftreten. Auch sie fließen analog zum gegebenen Beispiel natürlich anteilig als Ausgleichsströme über Kommunikationsleitungen. Näheres zu Oberschwingungen ist in Kapitel 5 zu finden.

3. Unterschiedliche Erdpotenziale

Noch interessanter – aber leider auch unübersichtlicher – wird die Situation, wenn wir nicht nur ein Gebäude oder eine Konstruktion betrachten, sondern mehrere (bzw. ein Gebäude und einen mobilen Stromerzeuger). Die durch unsymmetrische Lasten und Oberschwingungen verursachten Ströme im PEN-Leiter eines Drehstromsystems fließen über ihn und die Erdungsanlage des Gebäudes zur Stromquelle (nächste Trafostation) zurück. Durch unterschiedliche Ströme und Widerstände ergibt sich für jedes Gebäude ein unterschiedlicher Spannungsfall auf den PEN-Leitern und damit lastabhängige Spannungsdifferenzen zwischen den Potenzialausgleichsschienen dieser Gebäude. Eine direkte Verbindung zwischen den Potenzialausgleichsschienen zweier Gebäude wird durch diese Potenzialdifferenz mit einem Ausgleichsstrom belastet.

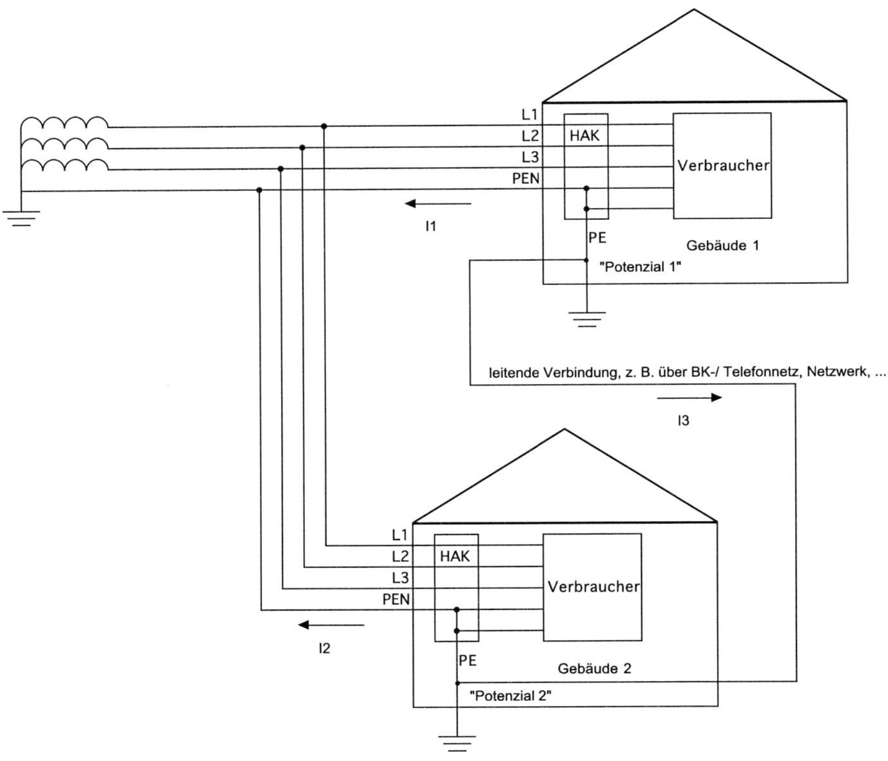

Abbildung 87: Ausgleichsstrom zwischen Gebäuden

Auf den PEN-Leitern der Gebäude 1 und 2 fließen unterschiedliche Ströme I1 und I2. Bedingt durch unterschiedliche Erdungs- und Leiterwiderstände ergibt sich eine Spannungsdifferenz ΔU zwischen den beiden Potenzialausgleichsschienen der Gebäude (Potenzial 1 und Potenzial 2). Diese Spannung verursacht einen Ausgleichsstrom I3 über eine nicht vorgesehene oder aus Unwissenheit entstandene leitende Verbindung zwischen den Potenzialausgleichsschienen beider Gebäude bzw. den daran angeschlossenen Schutzleitern.

Im ungünstigen Fall wäre sogar denkbar, dass eine Verbindung über die Schutzleiter zweier Geräte (Musikanlage, Computer, Waffeleisen, Kaffeemaschine ...) entsteht, die mit entsprechenden Verlängerungsleitungen aus benachbarten Häusern im Garten nebeneinanderstehen (Gartenfest, Straßenparty ...).

Auswirkungen von Ausgleichsströmen
Ausgleichsströme können Werte von mehreren Ampere erreichen. Im Regelfall sind die Schirme unserer Datennetze für derartige Belastungen nicht bemessen. Folglich kann es zu einer unzulässigen Erwärmung der Leiter und der Steckverbindungen kommen, die zur Zerstörung des Kabels führen und Brände verursachen kann. Wenn Ausgleichsströme über nichtlineare Elemente fließen (z. B. über Wicklungen von Ferrit-Transformatoren in Audio- bzw. Video-Splittern), dann können sie durch Modulation der Permeabilität dieser Ferrite Brummstörungen auslösen. Wenn diese Ströme auf den Abschirmungen unsymmetrischer Leitungen fließen (z. B über SDI-Leitungen im Videobereich), kann es zu Funktionsstörungen bis zum Totalausfall kommen, zumal die eigentlichen Nutzsignale nur eine sehr geringe Amplitude haben.

4.5 Die drei Eckpfeiler des Potenzialausgleichs in der Praxis

1. Der Schutzpotenzialausgleich hat die Aufgabe, das Potenzial der neutralen Erde (Bezugserde) aus dem zu betrachtenden Bereich (z. B Bühne, Traverse) herauszuhalten.

Was zunächst paradox klingt, ist bei genauerer Betrachtung die wichtigste Aufgabe des Potenzialausgleichs überhaupt. Allerdings klingt es zugegebenermaßen widersinnig, reden wir doch bei der täglichen Arbeit immer davon, dass die Traverse noch „geerdet" werden muss. Und nun behaupte ich hier angeblich das Gegenteil?

Der Potentialausgleich soll zwei gleichzeitig berührbare leitende Teile miteinander verbinden, damit zwischen diesen beiden Teilen keine gefährliche Berührungsspannung auftreten kann – so weit, so gut.

Das setzt zunächst voraus, dass wir in Bezug auf den Potenzialausgleich immer nur Teile betrachten, die auch wirklich gleichzeitig berührt werden können. Im Zweifelsfalle ist ein Teil davon der Fußboden (oder die Fläche auf der wir stehen) bzw. eine metallische Konstruktion, auf der wir sitzen (Traverse, Gerüst, Bühnenkonstruktion, Steiger ...). Sobald wir nun (üblicherweise mit einer Hand) ein elektrisches Betriebsmittel oder ein anderes leitfähiges Teil berühren, können wir mit unserem Körper eine Potenzialdifferenz überbrücken. Diese Potenzialdifferenz kann z. B. durch einen Körperschluss entstehen. In Zusammenhang mit einem mangelhaften oder gar fehlenden/ unterbrochenen Schutzleiter würde der Körperschluss noch nicht einmal von einer Schutzeinrichtung (MCB oder RCD) erkannt und somit auch nicht abgeschaltet werden.

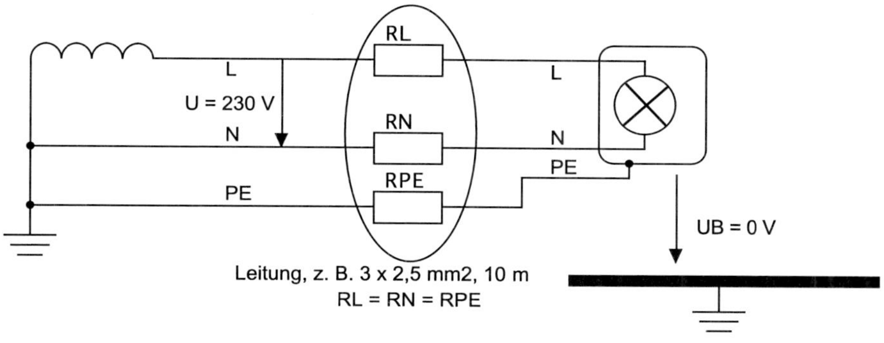

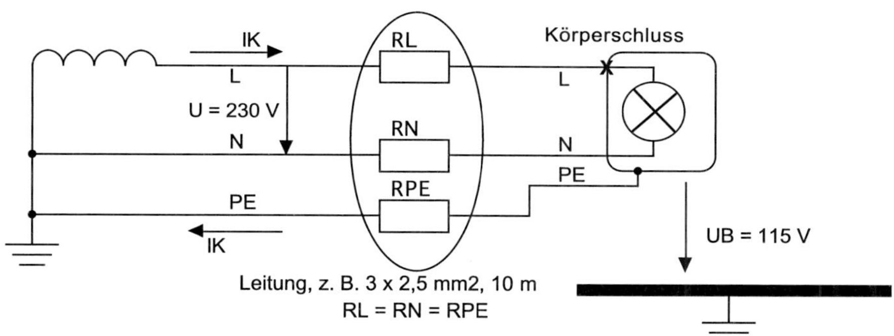

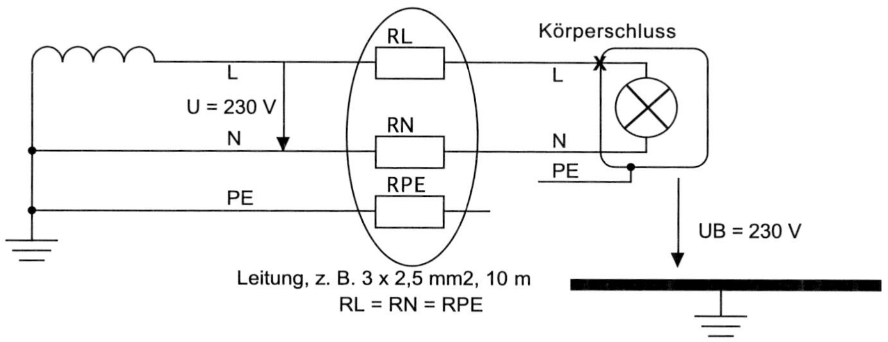

Abbildung 88: Berührungsspannung bei keinem, einem oder zwei Fehlern

Häufig benutzen wir elektrische Betriebsmittel (Scheinwerfer) der Schutzklasse I mit einem Schutzleiter, deren Gehäuse mit dem PE des speisenden Netzes verbunden sind. Über leitfähige Montageklemmen, Schellen oder TV-Zapfen kann die durch einen Körperschluss (oder durch Ableitströme) entstehende Berührungsspannung auf Stative oder Traversen übertragen (verschleppt) werden.
Sobald nun ein auf der Bühne agierender Mensch dieses Betriebsmittel oder auch die Konstruktion (vielleicht an einer ganz anderen Stelle) berührt, überbrückt er die entstandene Potenzialdifferenz von mindestens 115 V.

Insbesondere, wenn das defekte Gerät isoliert an einer Metallkonstruktion befestigt ist (Schelle mit Gummi- oder Kunststoffteilen) oder auf einem schlecht leitenden Untergrund steht (trockener/lackierter Holzboden, Teppich ...), ist die Chance, eine Potenzialdifferenz zu überbrücken, besonders hoch! Die Spannung tritt dann direkt zwischen dem Scheinwerfer mit Körperschluss und der unmittelbaren Umgebung (Traverse, Stativ, Fußboden) auf.

Und nun kommt der 1. Eckpfeiler in Spiel:
Wenn nämlich im Fehlerfall der Standort des Menschen auf das Potenzial des Fehlers angehoben wird, ist
1. die Potenzialdifferenz Null oder annähernd Null und
2. der Standort infolge dessen nicht mehr auf dem Potenzial der neutralen Erde.

Das funktioniert natürlich nur dann, wenn der Potenzialausgleich auf möglichst kurzem Wege aus der Verteilung realisiert wird, aus der auch die Betriebsmittel versorgt werden (und nicht aus dem Hauptpotenzialausgleich im Keller).

Wenn die Konstruktion leitend mit dem Erdreich verbunden ist, bildet sich ein Spannungstrichter aus, der einen Bereich der Erde potenzialmäßig von der neutralen Erde anhebt. Dies ist in der Abbildung nicht maßstabsgerecht angedeutet (der Trichter wäre viel breiter), um das Prinzip zu verdeutlichen. Somit besteht auch keine Gefahr beim Berühren der Konstruktion, wenn man auf dem Boden steht, weil dann auch dieser Standort-Bereich potenzialmäßig angehoben wird.

An diesem Beispiel wird auch deutlich, wie extrem wichtig eine gute Erdverbindung zwischen Towern, Bühnenkonstruktionen oder Zelten und dem darunter liegendem Erdreich ist!

Allerdings funktioniert das Prinzip nur, wenn diese Erdverbindung (Kreuzerder o. ä.) wiederum mit dem Potenzialausgleichssystem der elektrischen Anlage verbunden ist (siehe auch Eckpfeiler 2).

Beispiel: Im Fehlerfall wird das Potenzial einer Konstruktion auf das Potenzial des Fehlers angehoben.

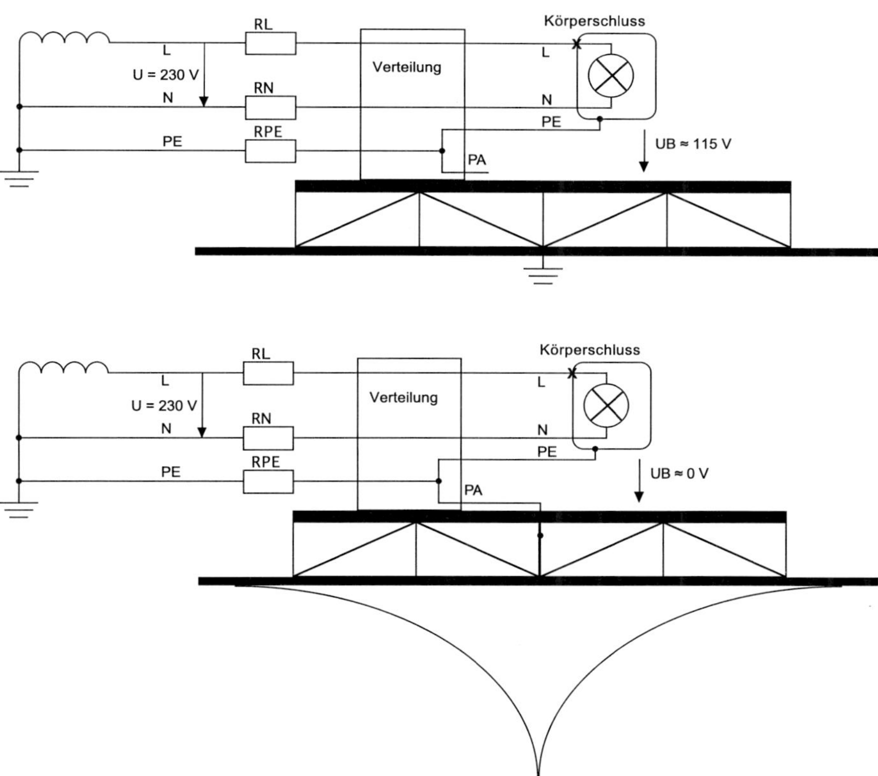

Abbildung 89: Beispiel für den ersten Eckpfeiler: oben ohne PA, unten mit PA

2. Um die Wirkung des Schutzpotenzialausgleichs auf die gesamte Konstruktion (z. B. Bühne, Traversensystem, Gebäude) auszudehnen, ist es empfehlenswert, möglichst viele vorhandene metallene Teile in den Schutzpotenzialausgleich einzubeziehen und für eine niederohmige Verbindung mit dem Erdreich vor Ort zu sorgen.

Beispiel: Konsequentes Potenzialausgleichsnetz errichten. Alle metallischen Teile ohne Diskussionen einbeziehen. Ein mehrfach vermaschtes System ist einem sternförmigen System vorzuziehen. Möglichst kurze Verbindungen zwischen den einzelnen Bestandteilen (Traversen, Konstruktionselemente, Stative ...) bevorzugen.

3. Durch einen guten und leitfähigen Potenzialausgleich in Zusammenhang mit einem ordnungsgemäßen Schutzleitersystem kann die maximal auftretende Berührungsspannung im Fehlerfall deutlich gesenkt werden.

In einem TN-System beträgt die maximale Berührungsspannung bei einen Körperschluss aufgrund des Spannungsteilers der nahezu identischen Widerstände RL und RPE ca. 115 V (siehe Abb. 88), sofern alle Leitungen in Ordnung und ohne Übergangswiderstände installiert sind. In der Regel tritt diese Spannung nur sehr kurz auf – nämlich bis zum Abschalten der vorgeschalteten Schutzeinrichtung (MCB oder RCD).
Bei einem Stromkreis ohne RCD mit sehr langen Leitungen bzw. geringen Querschnitten kann der MCB unter Umständen aufgrund des geringen Kurzschlussstromes nicht innerhalb der geforderten Zeit abschalten. An der Fehlerstelle beträgt die Spannung aber – unabhängig von der Leitungslänge – immer ca. 115 V, was als lebensgefährlich einzustufen ist.

Durch die Parallelschaltung vom PE und einem weiteren Leiter (PA) mit deutlich größerem Querschnitt verändert sich das Verhältnis der beiden in Reihe geschalteten Widerstände (RL und RPE) zugunsten einer deutlich geringeren Berührungsspannung durch den im Verhältnis zu RL deutlich geringeren Widerstand des Rückleiters.
Die Folge ist eine immer ungefährliche Berührungsspannung unabhängig von der Abschaltzeit der Schutzeinrichtung.

Beispiel: Verringerung der Berührungsspannung durch einen zusätzlichen Potenzialausgleich.
In diesem Beispiel wird zusätzlich zur 10 m langen Zuleitung zum Scheinwerfer (H07RN-F3G1,5) eine 10 m Potenzialausgleichsleitung von 16 mm^2 installiert.
Die Widerstände RL und RPE betragen dann jeweils ca. 0,117 Ω.

Der Widerstand RPA kann mit ca. 0,11 Ω angenommen werden.
Diese Werte sind übrigens der Tabelle 3 entnommen.

Die Parallelschaltung von RPE und RPA ergibt:

$$R_{gesamt} = \frac{0{,}117\Omega \cdot 0{,}011\Omega}{0{,}117\Omega + 0{,}011\Omega} = 0{,}01\Omega$$

Somit ergibt sich die auftretende Berührspannung zu:

$$U_B = \frac{230V \cdot 0{,}01\Omega}{0{,}117\Omega + 0{,}01\Omega} = 18{,}11V$$

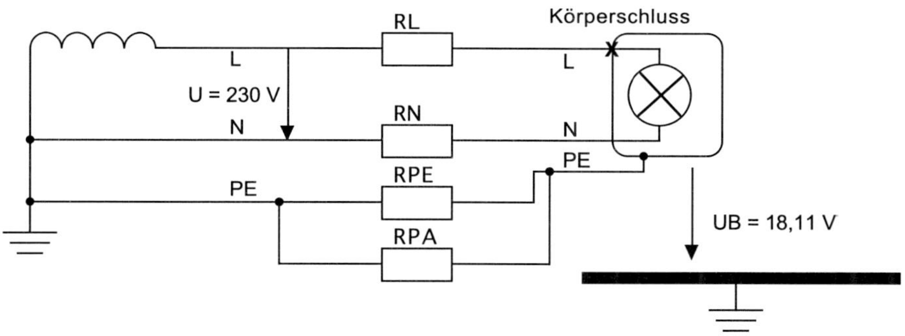

Abbildung 90: geringe Berührungsspannung durch zusätzlichen Potenzialausgleich

4.6 DIN 15700 Veranstaltungstechnik – mobile Potenzialausgleichsysteme

Die DIN 15700:2017-4 ist brandneu – es gibt auch keine ähnlichen Vorgängerdokumente – und stellt somit einen Meilenstein im Vorschriftenwerk dar. Sie gilt ausdrücklich nur für den Einsatz von mobilen Potenzialausgleichsystemen in Sondernetzen für Veranstaltungen und Produktionen, wobei der Blitzschutzpotenzialausgleich ausgenommen ist. Die Potenzialausgleichsysteme werden nach dieser Norm an einen Erder angeschlossen und mit der örtlichen Erde verbunden. Es handelt sich um ein System, welches sowohl den Schutzpotenzialausgleich als auch den Funktionspotenzialausgleich kombiniert und sicherstellt. Diese Norm ist aus dem Wissen und der Erfahrung der vergangenen Jahrzehnte entstanden und berücksichtigt – wenn auch nicht ausdrücklich erwähnt – alle in diesem Kapitel angesprochenen Fakten und Besonderheiten.

Diese branchenspezifischen Einsatzbedingungen, die sich insbesondere widerspiegeln in Punkten wie

- ständig wiederkehrendes Auf- und Abbauen umfangreicher elektrischer Anlagen,
- Verwendung temporärer Bauten,
- viele unterschiedliche Gewerke,
- Anwesenheit und Beteiligung zahlreicher Personen (u. a. auch Mitwirkende und Publikum),
- rauer Umgang mit Betriebs- und Arbeitsmitteln,
- häufige Transporte und
- szenische Darstellung,

sind in dieser Norm berücksichtigt, weil spezielle technische Schutzmaßnahmen erforderlich sind, die sich zum Teil deutlich von Festinstallationen unterscheiden. Und sei es nur in der praktischen Ausführung oder in der nicht unwichtigen Tatsache, dass wir unsere Anlagen teilweise täglich neu errichten und wieder abbauen müssen. Das Auftreten von zu hohen Spannungen zwischen gleichzeitig berührbaren, elektrisch leitfähigen Teilen muss auf jeden Fall verhindert werden. Die empfohlenen Maßnahmen dieser Norm gehen weit über die Anforderungen der DIN VDE 0100 hinaus. Dort werden z. B. auftretende Doppelfehler nicht berücksichtigt, die im Bereich der Veranstaltungswirtschaft jedoch eine große Rolle spielen. Gefährliche Potenzialunterschiede im Sinne dieser Norm entstehen beispielsweise durch:

- Beschädigung verlegter Leitungen
- Mehrfacheinspeisung mit unterschiedlichen Erdpotenzialen
- Defekte oder nicht bestimmungsgemäß verwendete Betriebsmittel
- Lange Leitungswege
- Induktive und kapazitive Einkopplung
- Statische Aufladung
- Vagabundierende Ableitströme

Somit sind alle elektrisch leitfähigen Teile, die gefährliche Berührungsspannungen annehmen können, untereinander niederohmig und mit der Schutzerdung der Übergabestelle zu verbinden.
Zu diesen leitfähigen Teilen gehören insbesondere:

- Traversen
- Stative
- Bühnen- und Gerüstkonstruktionen (Podeste, Geländer, Kulissen)
- Metallkonstruktionen
- Zeltkonstruktionen

Zusätzlich zum Schutz gegen elektrischen Schlag wird die Funktions- und Betriebssicherheit der eingesetzten Betriebsmittel erhöht, da ein Vagabundieren der Ableitströme deutlich reduziert wird. Die Anforderungen an die Leitungs- und Materialauswahl sind ebenfalls definiert, so sollen Leitungen des Typs H07RN-F oder vergleichbar verwendet werden. Kunststoff-Schlauchleitungen und Kunststoff-Einzeladern werden dagegen als ungeeignet angesehen.

Der Querschnitt von Schutzpotenzialausgleichsleitern muss mindestens 16 mm^2 (Kupfer) betragen und braucht nicht größer als 25 mm^2 (Kupfer) zu sein.

Damit ein mobiles System den Anforderungen an schnelles, technisch einwandfreies und sicheres Arbeiten gerecht werden kann, müssen alle Verbindungen mit geeigneten Steckverbindern zusammengefügt werden können. Das Schrauben und Klemmen blanker Adern hat sich in den vergangenen Jahren nicht bewährt und ständig zu Unmut oder gar zum Weglassen des Potenzialausgleichs geführt. An die zu verwendenden Steckverbinder werden hohe Ansprüche gestellt. Natürlich sollen diese einpolig und grün-gelb sein sowie eine Mindest-Nennstrombelastbarkeit von 63 A haben. Aber auch Anforderungen an die Temperatur- und Schlagfestigkeit werden formuliert. Besondere Betrachtung verdient die Tatsache, dass die Steckverbinder eine Verriegelung haben müssen, die nur mit einem Werkzeug zu lösen ist.

Nach meinen vorangehenden Ausführungen sollte uns allen klar sein, dass die mobilen Potenzialausgleichsysteme genau wie alle anderen mobilen elektrischen Anlagen nur von Elektrofachkräften geplant und errichtet werden dürfen. Zudem ist eine Prüfung nach der bereits ausführlich besprochenen DIN VDE 0100-600 durchzuführen.

Ich persönlich bin der Meinung, dass wir dem Thema Potenzialausgleich immer noch einen zu geringen Stellenwert einräumen. Es wird häufig viel zu viel und viel zu lange über das Für und Wider diskutiert – warum? Der Schutz des Menschen vor einem elektrischen Schlag und einer elektrischen Körperdurchströmung sollte immer im Vordergrund stehen! Und auch die störungsfreie Funktion der Datenübertragung sowie der unterbrechungslose Betrieb aller elektrischen Betriebsmittel spielen in unserer Branche eine entscheidende Rolle.

4.7 Steckbares Potenzialausgleichssystem

Ich möchte an dieser Stelle nicht versäumen, auf ein steckbares Potenzialausgleichssystem zu verweisen, welches zunächst unter dem Namen „cPot“ von der Firma Connex auf den Markt gebracht wurde. Mittlerweile ist ein ähnliches System von der Firma Lightpower unter dem Namen „Major direct“ erhältlich. Bei beiden Systemen kommen die Steckeinsätze HAN GND der Firma Harting zum Einsatz.

Dieses Erdungssystem erfüllt alle erforderlichen Vorschriften für den Event- und Veranstaltungsbereich, insbesondere die zuletzt angesprochene DIN 15700. Durch eine Vielzahl von steckfertigen Komponenten wie Bodenverteilern, Gummileitungen, Erdnägeln, Halb- und Bandschellen sowie vielen weiteren Anschlussmöglichkeiten für in den Potenzialausgleich einzubeziehende Komponenten ist es universell in unserer Branche einsetzbar.

Abbildung 91: Steckbares Potenzialausgleichssystem

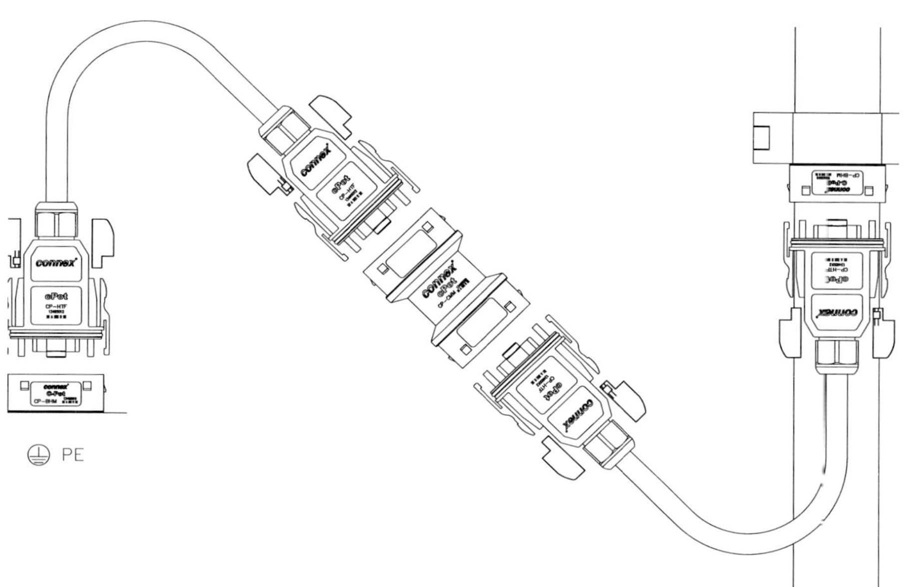

Abbildung 92: Systemaufbau

4.8 Blitzschutzsysteme

Um den durch Blitzschlag an einer Bühne oder einem Zelt verursachten Schaden zu begrenzen, muss ein Pfad mit sehr niedriger Impedanz vom Dach bis zur Erde hergestellt werden. Auf Bodenhöhe wird das Blitzschutzsystem direkt mit einem geeigneten Erder und dem restlichen Erdungssystem verbunden. Da dieses in der Regel nicht dort vorhanden ist, wo man es benötigt, muss es zunächst errichtet werden. Man wird sehr schnell feststellen, dass ein Blitzschutzsystem schon aus Zeit- und Kostengründen nicht für eine einmalige Veranstaltung installiert werden kann.

Daher gibt es an dieser Stelle nur einen kurzen Abriss zum Thema und den Hinweis auf Blitzschutzexperten und die entsprechende Literatur.

- Der größte Abstand der vertikalen Leiter beträgt 10 m für normalen Schutz und 5 m für einen hohen Schutzpegel.

- Wenigstens zwei Vertikalleiter mit einem Querschnitt von mindestens 20 mm^2 müssen verwendet werden.

- Mindestens alle 20 m sollten die Vertikalleiter mit dem Erdungssystem der Bühne/Konstruktion verbunden werden.

- Das Ziel ist die Errichtung eines faradayschen Käfigs um das Gebäude herum, der die Reihung der äußeren Vertikalleiter und die horizontalen Verbindungen auf jedem Stockwerk beinhaltet und so lokale Bereiche mit gleichem Potenzial für jedes Stockwerk aufbaut.

- Es ist zu bedenken, dass Blitze transiente Ereignisse sind, so dass Induktivität und Skin-Effekte durch den Einsatz flacher, streifenförmiger Leiter niedrig gehalten werden müssen.

Kapitel

5

Oberschwingungen und elektromagnetische Verträglichkeit

Oberschwingungen und elektromagnetische Verträglichkeit

5.1 Elektromagnetische Verträglichkeit (EMV)

Ich habe lange überlegt, ob ich den beiden in der Überschrift genannten Themenbereichen jeweils ein eigenes Kapitel widmen sollte. Letztlich habe ich mich entschieden, sie zusammenzufassen, denn meiner Meinung nach liegen diese Gebiete sehr nah beieinander und das eine bedingt das andere – insbesondere bei der Betrachtung unserer Praxis – oder ganz pragmatisch formuliert:
Oberschwingungen verursachen elektromagnetische Störungen!

Außerdem kann ich auf diese Weise problemlos zwischen den Themen wechseln, ohne auf ein anderes Kapitel verweisen zu müssen.

Jedes elektrische bzw. elektronische System produziert ein gewisses Maß an elektromagnetischer Strahlung. Gleichzeitig reagiert aber auch jedes Gerät mehr oder weniger empfindlich auf eine solche. Dabei gibt es einen entscheidenden Unterschied: Ein System bzw. Gerät erzeugt zwar selbst einen **Störstrom**, reagiert aber empfindlich auf **Störspannungen**.

Damit elektrische oder elektronische Systeme (z. B. Anlagen, Betriebsmittel, Baugruppen) störungsfrei funktionieren können, muss die Summe der abgegebenen elektromagnetischen Strahlung deutlich geringer sein als die elektromagnetische Verträglichkeit eines jeden Betriebsmittels in dieser Umgebung. Unter der elektromagnetischen Verträglichkeit (EMV) versteht man gemäß IEC 60050-161 (International electrotechnical vocabulary Chapter 161: electromagnetic compatibility) die

> *„Fähigkeit einer Einrichtung oder eines Systems, in ihrer/seiner elektromagnetischen Umgebung zufriedenstellend zu funktionieren, ohne in diese Umgebung, zu der auch andere Einrichtungen gehören, unzulässige elektromagnetische Störgrößen einzubringen".*

Um dieses Ziel zu erreichen, müssen alle Geräte oder zumindest deren Bestandteile bzw. Baugruppen in Übereinstimmung mit Normen entworfen, gebaut und geprüft werden. Das ergibt sich in Deutschland aus dem **Gesetz über die elektromagnetische Verträglichkeit von Betriebsmitteln (Elektromagnetische-Verträglichkeit-Gesetz – EMVG)**, welches der Umsetzung der europäischen EMV-Richtlinie 2014/30/EU dient. Dieses Gesetz und die entsprechend zuzuordnenden Normen haben auf der einen Seite den Sinn, die abgegebene Strahlungsmenge zu reduzieren, und auf der anderen Seite das Ziel, die zu ertragende Menge zu vergrößern.

Unabhängig von der Konstruktion eines jeden Gerätes hat – insbesondere in der Praxis – die Aufrechterhaltung der EMV bei dem Betrieb von Geräten bzw. der Errichtung einer Anlage aus vielen individuell zu betrachtenden Betriebsmitteln eine große Bedeutung. Sie erfordert eine sorgfältige Planung und Errichtung der elektrischen Anlage sowie des Erdungssystems. Wenn ein Strom, der Störungen verursachen könnte, auf dem kürzesten Weg zur Erde abgeleitet wird, ohne unterwegs einen nennenswerten Spannungsfall zu erzeugen, ist alles gut. Dazu ist bei **allen** Frequenzen (nicht nur bei der Netzfrequenz, sondern auch im HF-Bereich) eine niederohmige Erdverbindung (also eine Verbindung mit einer sehr geringen Impedanz) erforderlich.

Tatsächlich geht es in erster Linie um die Impedanz der Verbindung zum Erdungssystem, welches die Referenz-Potenzialebene darstellt, und nicht um die Verbindung zur eigentlichen Erde selbst – ganz anders also als bei der Betrachtung von Sicherheit und Blitzschutz, wo der geringe Widerstand direkt zum Erdreich von entscheidender Bedeutung ist. Zur Begrenzung abgestrahlter Störungen sollte der Weg für den Störstrom dicht bei den Versorgungsleitungen verlaufen. Dies gilt ausdrücklich auch für die Schutzleiter und Potenzialausgleichsleiter bei mobilen elektrischen Anlagen.

Ursprünglich kamen getrennte Erdungssysteme zum Einsatz (z. B. Erde der Energietechnik, Schutzerde, Erde bzw. „Masse" der Nachrichtentechnik). Heutzutage liegen viele neue Erkenntnisse über den Aspekt der Erdung und deren Beziehung zum Geräteschutz sowie zur Funktion von Systemen vor. Nicht zuletzt dadurch, dass mittlerweile riesige Mengen von analogen und digitalen Daten übertragen werden. Vom Konzept getrennter strahlenförmiger Erdungssysteme ist man mittlerweile abgerückt. Die internationalen Normen schreiben nun vermaschte Erdungssysteme vor. Details dazu findet man in den vorangegangenen Kapiteln.

Genau genommen sind es die gleichen Maßnahmen, die für die Bereitstellung einer guten Signal-Bezugsebene und zur Sicherstellung der EMV erforderlich sind. Die elektromagnetische Umgebung ist als die Gesamtheit der an einem bestimmten Ort vorhandenen elektromagnetischen Phänomene definiert. Diese Phänomene können sich – bezogen auf die Zeit –in Qualität und Quantität verändern. Die nachfolgende Übersicht enthält eine unvollständige Aufzählung elektromagnetischer Phänomene, die einen Einfluss haben können. Dabei sollte man natürlich auch immer im Hinterkopf behalten, dass mehrere elektromagnetische Phänomene gleichzeitig auftreten können:

Elektromagnetische Phänomene gemäß DIN EN 61000-1-2	
1	Oberschwingungen
2	Schwankungen der Spannungsamplitude
3	Spannungseinbrüche
4	Spannungsunterbrechungen
5	Spannungsunsymmetrie
6	Frequenzschwankungen
7	Asymmetrische Spannungen
8	Gleichspannungsanteile
9	Niederfrequente Magnetfelder
10	Niederfrequente elektrische Felder
11	Transienten/Überspannungen

Tabelle 16: EMV- Phänomene

In diesem Zusammenhang möchte ich dem interessierten Leser eine schöne Anekdote nicht vorenthalten:

Viele elektronische Uhren, die mit Netzspannung versorgt werden (z. B. im Herd oder in der Mikrowelle), verwenden als Taktgeber die Netzfrequenz. Diese unterliegt ständigen sehr geringen Schwankungen, wenn im Gesamtgebiet des europäischen Verbundnetzes die eingespeiste Energie nicht der Verbrauchsmenge entspricht. Wenn mehr verbraucht wird, als zur Verfügung steht, sinkt die Frequenz leicht. Darauf reagieren dann einige Kraftwerke und steuern nach. Das hat im Frühjahr und Sommer 2018 nicht so ganz reibungslos geklappt, da es im Südosten Europas größere Abweichungen und mangelnde Abstimmung gab. Folglich haben sich viele Menschen in Deutschland darüber gewundert, dass zahlreiche netzspannungsversorgte Uhren im Sommer einige Minuten nachgingen.

Auf der Homepage www.50hertz.com kann man übrigens die Netzfrequenz und ihre Schwankungen live verfolgen und direkt online die Netzbelastung betrachten (auf der Startseite ganz nach unten scrollen).

5.2 Oberschwingungen

Was sind Oberschwingungen? Möchte man die Antwort in einen Satz packen, dann würde dieser etwa wie folgt lauten:

Oberschwingungen sind (meistens unerwünschte) höhere Frequenzen, die eine Grundschwingung überlagern und dadurch eine verzerrte Gesamtschwingung erzeugen. Häufig wird der Begriff „Oberwelle" synonym verwendet, obwohl der Begriff „Welle" in diesem Zusammenhang nicht ganz korrekt ist: Eine Welle hat definitionsgemäß eine räumliche und eine zeitliche Ausdehnung, wohingegen die hier zu betrachtenden Schwingungen nur eine zeitliche Ausdehnung haben.

Allgemein unterscheidet man zwischen harmonischen und nichtharmonischen Schwingungen. Harmonische Schwingungen sind dadurch gekennzeichnet, dass man sie mathematisch durch die Sinusfunktion beschreiben kann. Sie werden deshalb auch als sinusförmige Schwingungen bezeichnet. Der Begriff „Sinus" kommt aus dem Lateinischen und bedeutet neben „Krümmung" oder „Biegung" auch „Bucht", „Brust" oder („Meer-)Busen". Die harmonische Schwingung, auf die wir das Hauptaugenmerk richten, ist selbstverständlich die allseits bekannte Netzspannung.

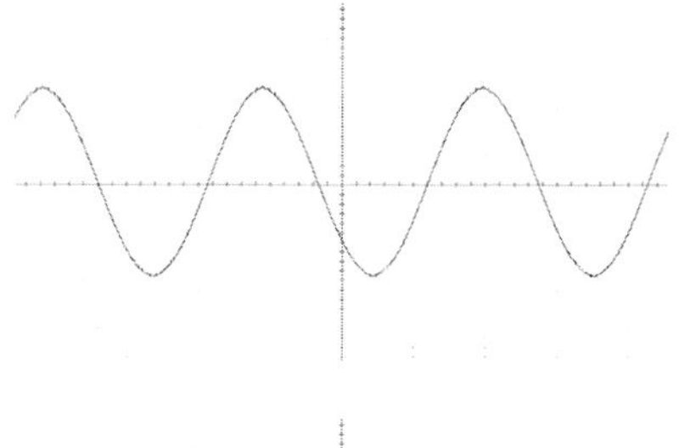

Abbildung 93: Harmonische Schwingung

Unharmonische, also nichtsinusförmige periodische Kurvenformen können einen rechteckigen, halbrunden, dreieckigen, trapezförmigen, impulsartigen oder so ziemlich jeden anderen Verlauf haben. Periodisch sind sie immer dann, wenn sich die wie auch immer geartete Form in zeitlich regelmäßigen Abständen wiederholt.

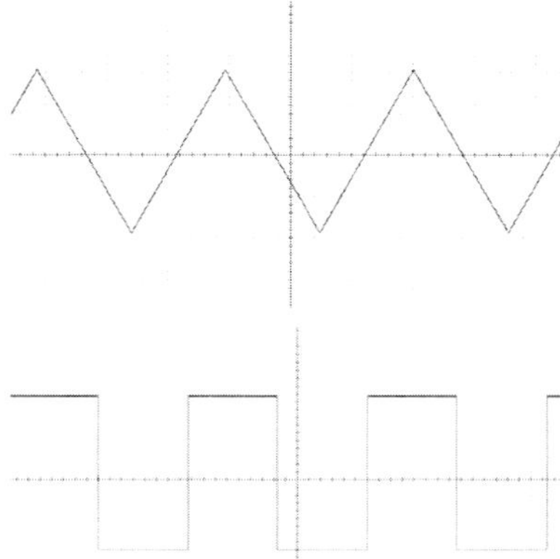

Abbildung 94: Nichtharmonische Schwingungen

Zurückzuführen sind die Oberschwingungen auf Jean Baptiste Joseph Fourier (1768–1830), der 1822 in seiner Abhandlung über Wärmeleitung die Behauptung aufgestellt hat, dass eine beliebige nichtsinusförmige periodische Funktion durch eine unendliche Folge von Sinusfunktionen dargestellt werden kann.

Dabei gelten – vereinfacht und zusammengefasst – die folgenden Aussagen:

1. Immer dann, wenn eine Kurvenform von der Sinusform abweicht, haben wir es mit Oberschwingungen zu tun.
2. Alle von der Sinuskurvenform abweichenden Formen sind immer als eine Summe von zahlreichen Sinusschwingungen unterschiedlicher Frequenz, Amplitude und Phasenlage darstellbar. Nur eine Sinusschwingung kommt in der Natur einzeln vor und ist nicht weiter zerlegbar.
3. Jedes nichtsinusförmige periodische Signal besteht aus der Summe von unendlich vielen Sinusschwingungen (f1, f2, f3, f4 ...), deren Frequenzen ganzzahlige Vielfache (n = 1, 2, 3, 4 ...) der Grundfrequenz (f1) sind. Das sind dann die Oberschwingungen oder auch die Harmonischen.
4. Die Grundfrequenz hat immer die gleiche Periodendauer wie das Gesamtsignal.
5. Ist das nichtsinusförmige periodische Signal symmetrisch zur x-Achse (symmetrisch bedeutet in diesem Fall, dass sich die Flächenanteile oberhalb und unterhalb der x-Achse innerhalb einer Periode aufheben), so besteht das Signal nur aus ganzzahligen und ungeraden Vielfachen der Grundschwingung (n = 1, 3, 5, 7, 9 ...).
6. Die Amplituden der einzelnen Oberschwingungen werden von einer Ordnungszahl zur nächsthöheren geringer, abgesehen vom kompletten Fehlen der geradzahligen Anteile (siehe Punkt zuvor).
7. Je nach gewünschter Genauigkeit kann die Betrachtung bzw. Berücksichtigung ab einer bestimmten Ordnungszahl beendet werden, ohne dass danach böse Überraschungen zu erwarten sind.

Man kann also jedes komplexe Signal unabhängig von seiner Form mathematisch in seine einzelnen Komponenten, nämlich in die **Grundschwingung** und eine unter Umständen unendlich lange Reihe von **harmonischen Oberschwingungen** zerlegen.
Die Schwingungen werden nach ihrem Faktor bezogen auf die Grundschwingung benannt, das heißt, die Grundschwingung (Faktor 1) ist die Schwingung erster Ordnung, die erste Oberschwingung ist dann allerdings bereits die Schwingung zweiter Ordnung (Faktor 2), was leicht zu Verwechslungen führen kann.

Werfen wir zunächst einen Blick auf unsere Netzspannung:

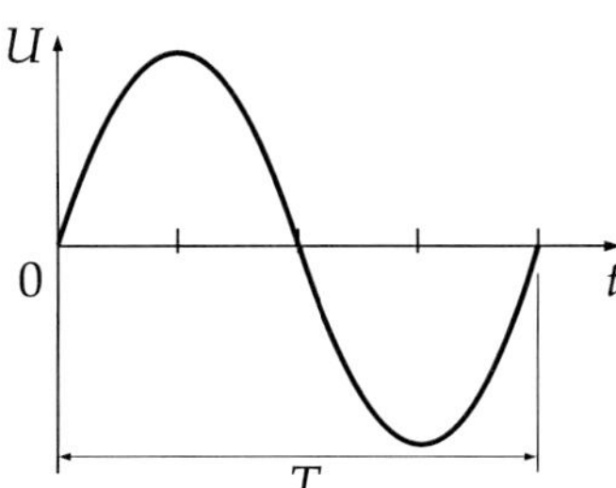

Abbildung 95: Netzspannung

Wir sehen, dass die oben dargestellte Wechselspannung einen sinusförmigen Verlauf hat, also eine harmonische Schwingung darstellt. Diese Schwingung ist naturgemäß nicht weiter in Sinusschwingungen zerlegbar, somit gibt es auch keine Oberschwingungen. Bei uns in Europa hat die Netzspannung eine Frequenz von f = 50 Hz.

Diese ist durch die Energieerzeuger fest vorgegeben und unterliegt nur äußerst geringen Schwankungen. Daher haben Oberschwingungen, die im Netz auftreten, in der Regel immer ein Vielfaches unserer Netzfrequenz.

Bei einer 50-Hz-Grundschwingung können also theoretisch nur die folgenden Harmonischen auftreten:
2. Harmonische (oder auch K2 genannt) bei 100 Hz (2 x 50 Hz), n = 2,
3. Harmonische (oder auch K3 genannt) bei 150 Hz (3 x 50 Hz), n = 3,
4. Harmonische (oder auch K4 genannt) bei 200 Hz (4 x 50 Hz), n = 4,
5. Harmonische (oder auch K5 genannt) bei 250 Hz (5 x 50 Hz), n = 5,
6. Harmonische (oder auch K6 genannt) bei 300 Hz (6 x 50 Hz), n = 6,
7. Harmonische (oder auch K7 genannt) bei 350 Hz (7 x 50 Hz), n = 7
usw.

Diese Reihe kann bis in den Megahertz-Bereich fortgesetzt werden.

In der Energietechnik werden Oberschwingungen mindestens bis zur 40. Ordnung berücksichtigt – wohl wissend, dass sie in der Praxis auch deutlich darüber hinaus auftreten können.

Nachfolgend erkennt man, welche prinzipiellen Auswirkungen Oberschwingungen auf die ursprüngliche Kurvenform haben können. Es sind natürlich übertriebene und stark vereinfachte Beispiele zur Verdeutlichung.

Dabei verdient die Phasenlage eine sorgfältige Betrachtung, denn abhängig von dieser ergibt sich bei der Addition entweder eine abgeflachte oder eine überspitzte Kurve.

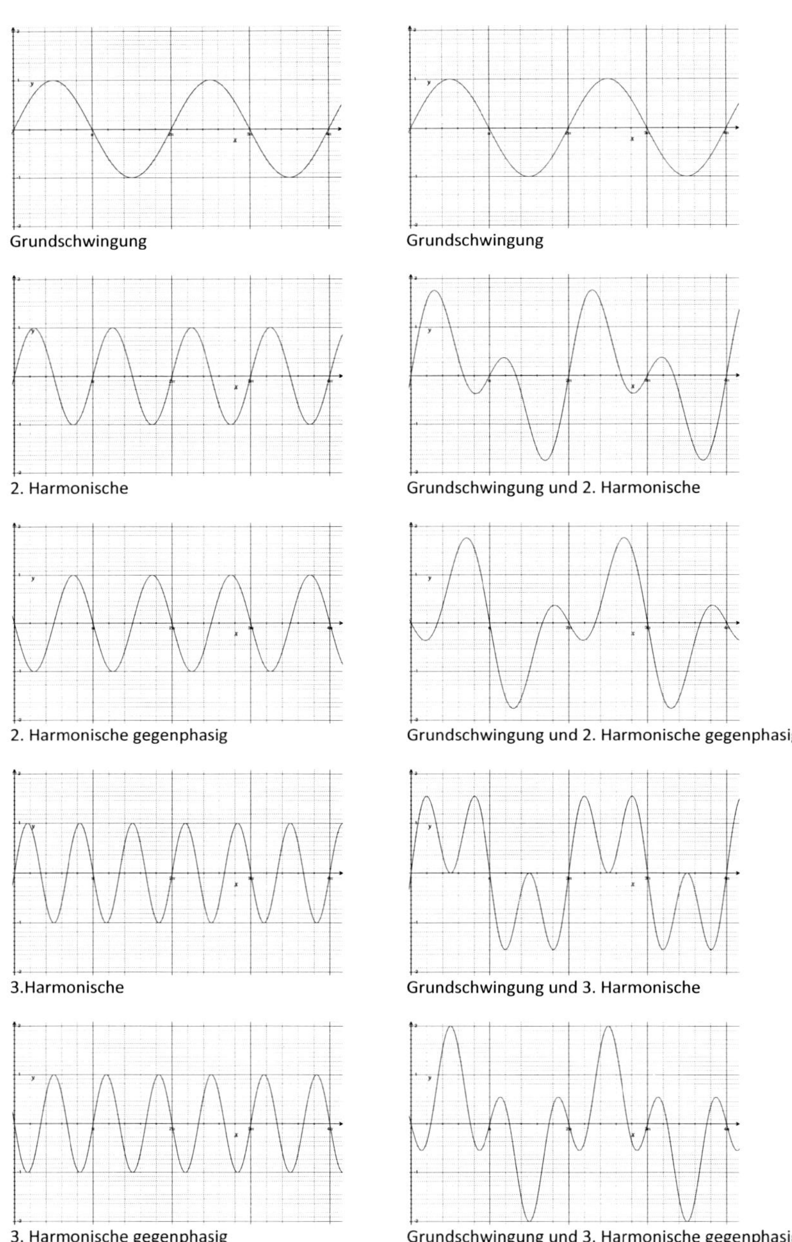

Grundschwingung — Grundschwingung

2. Harmonische — Grundschwingung und 2. Harmonische

2. Harmonische gegenphasig — Grundschwingung und 2. Harmonische gegenphasig

3.Harmonische — Grundschwingung und 3. Harmonische

3. Harmonische gegenphasig — Grundschwingung und 3. Harmonische gegenphasig

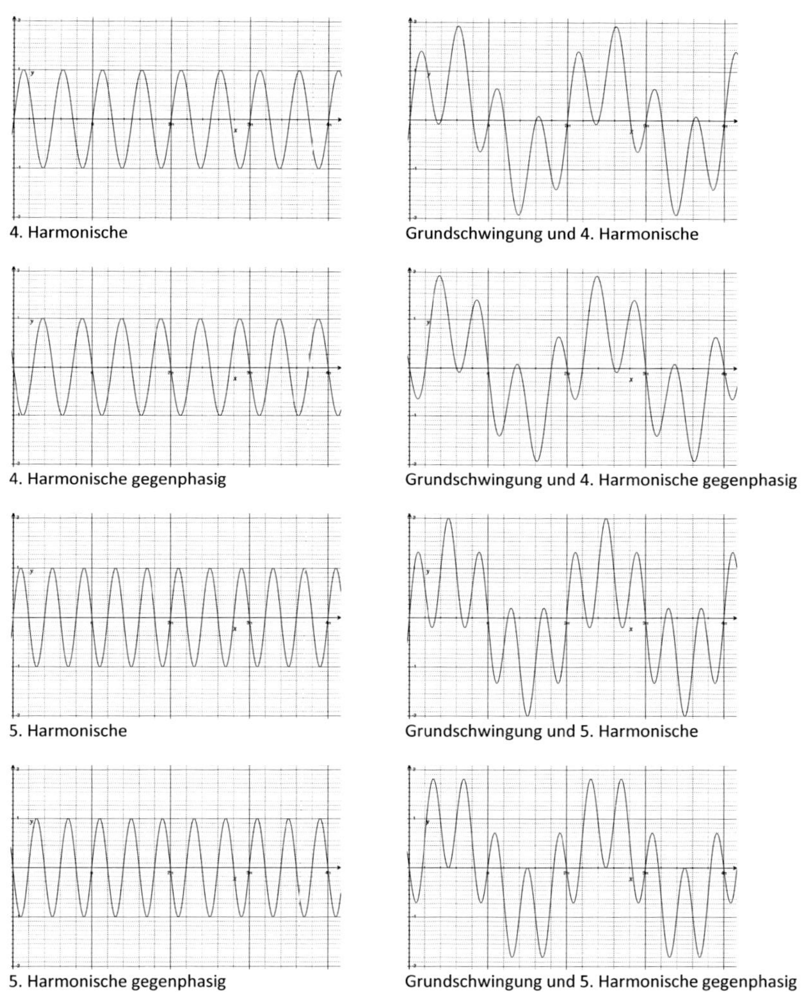

4. Harmonische

Grundschwingung und 4. Harmonische

4. Harmonische gegenphasig

Grundschwingung und 4. Harmonische gegenphasig

5. Harmonische

Grundschwingung und 5. Harmonische

5. Harmonische gegenphasig

Grundschwingung und 5. Harmonische gegenphasig

Abbildung 96: Komplexe Wellenformen entstehen durch Oberschwingungen

Das klingt kompliziert – ist es auch! Aus diesem Grund gehe ich auch nicht auf die mathematischen Möglichkeiten der Berechnung ein, sondern beziehe das komplexe Thema deutlich vereinfacht nur auf die branchenübliche Elektrotechnik und Elektronik. Ich empfehle aber von Herzen, sich mit der zu Grunde liegenden Mathematik zu beschäftigen und dabei zu bedenken, dass Herr Fourier damals keinen Taschenrechner oder gar

Computer zur Verfügung hatte und es noch nicht einmal elektrische Beleuchtung gab, sondern lediglich einen Stift und vermutlich Unmengen von Papier.

Beispiel 1:
Betrachten wir als Nächstes eine Rechteckspannung:

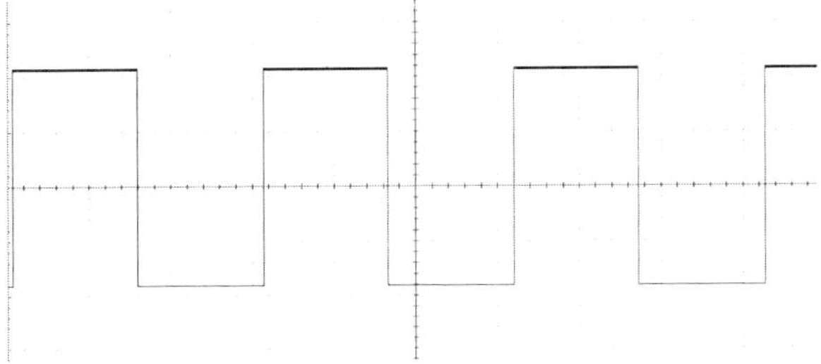

Abbildung 97: Rechteckspannung

Diese unharmonische Schwingung kann laut Herrn Fourier in zahlreiche Sinuskurven zerlegt werden, die sich durch ihre Frequenzen und ihre Amplituden voneinander unterscheiden. Dabei gibt es stets eine sogenannte „Grundschwingung", gewissermaßen die Basis mit der Frequenz der unharmonischen Ausgangsschwingung (hier zum Beispiel 1 kHz), und etliche weitere „Oberschwingungen", deren Frequenzen um ein ganzzahliges ungerades Vielfaches größer als die Frequenz der Ausgangsspannung sind (dementsprechend also 3 kHz, 5 kHz, 7 kHz ...). Zur Erinnerung: Es treten nur ungerade Vielfache auf, weil es sich um eine symmetrische Kurve handelt.

Der Übersichtlichkeit halber sind in der Grafik nur die Oberschwingungen bis zur 13. Ordnung (13 kHz) eingezeichnet, mit etwas Wohlwollen erkennt man jedoch bereits so die Annäherung an die Rechteckform.

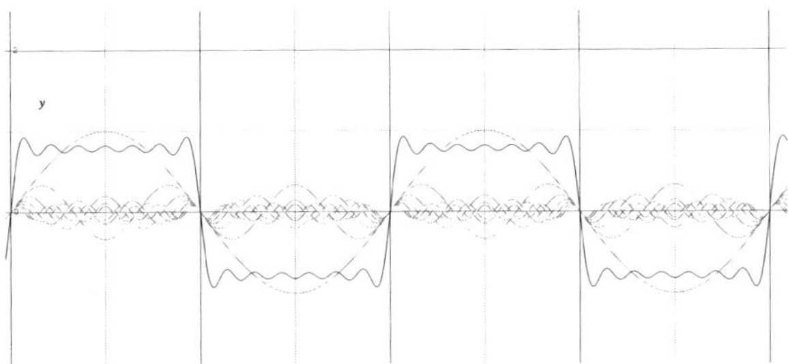

Abbildung 98: Zerlegung einer Rechteckschwingung

In der Praxis – und in besonderem Maße in der Veranstaltungstechnik (viele einphasige Verbraucher, die eine Gleichspannung benötigen, und wenige drehende Maschinen im Dauereinsatz) – dominieren die nichtsinusförmigen periodischen Funktionen. Sei es bei der Stromaufnahme von elektrischen Geräten jeglicher Couleur, bei den Audiosignalen oder bei der Datenübertragung. Im Zeitalter der Digitaltechnik erfordert die Nachrichtenübertragung von der Sinusform abweichende Zeitverläufe – wie z. B. Rechteck- oder Impulssignale – und das mit teilweise extrem hohen Frequenzen.
Netzteile unserer eingesetzten Geräte nehmen schon lange keinen sinusförmigen Strom mehr auf und die klassischen Dimmer für Glühlampen, die es sicher noch eine Weile geben wird, erzeugen angeschnittene (Phasenan- oder -abschnitt) oder zerhackte (Sinuswellendimmer mit Pulsweitenmodulation) Stromverläufe.

Beispiel 2:
Anhand der folgenden Darstellungen kann man erkennen, dass auch das unharmonische Signal einer 50 %-Phasenanschnittsteuerung, wie sie z. B. in den klassischen Dimmer-Racks zum Einsatz kommt, durch eine Addition von reinen Sinusschwingungen erzeugt werden kann.

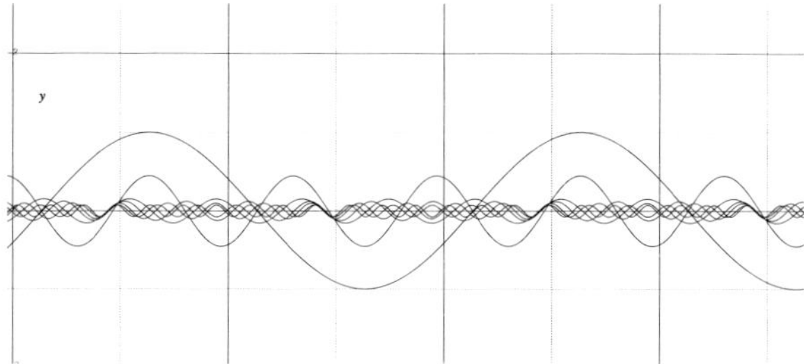

Abbildung 99: Grundschwingung und Oberschwingungen Phasenanschnitt 50 %

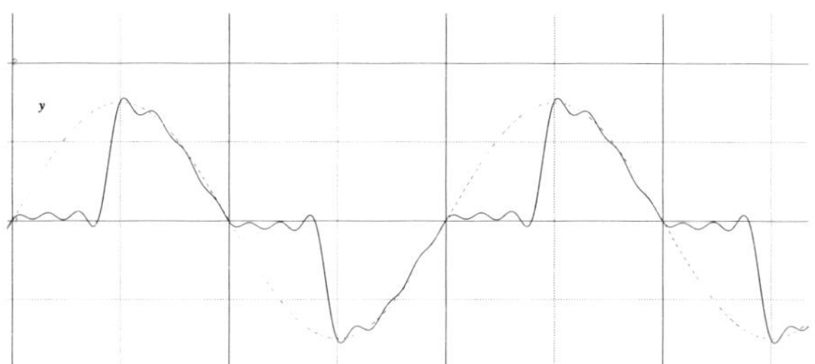

Abbildung 100: Summe von Grund- und Oberschwingungen

Hier muss ebenfalls angemerkt werden, dass nur die ersten fünf Oberschwingungen berücksichtigt wurden, um die Grafik nicht zu überfrachten. Aber man erkennt auch in diesem Beispiel bereits eine akzeptable Annäherung an die angeschnittene Sinuskurve. Dem aufmerksamen Betrachter wird sicher aufgefallen sein, dass sich die Oberschwingungen – im Gegensatz zur Rechteckspannung in Beispiel 1 – in diesem Fall auch bezüglich der Phasenlage zueinander unterscheiden. Eine komplexe unharmonische Schwingung besteht also aus der Grundschwingung und etlichen Oberschwingungen, die ein Vielfaches der Frequenz der Grundschwingung haben, jedoch in Bezug auf Amplitude und Phasenwinkel völlig unabhängig von der Grundschwingung sein können, was die Situation nicht unbedingt vereinfacht.

All diese Signale können mittlerweile mit durchaus erschwinglichen Messgeräten (Spektrum-Analysator, Oberschwingungsmessgerät) dargestellt und untersucht werden. Und aus der Zerlegung dieser nichtsinusförmigen Signale in eine Summe von Harmonischen können wichtige Kenngrößen wie Effektivwert, Klirrfaktor, Grundschwingungsgehalt und natürlich Oberschwingungsgehalt – sortiert nach Frequenzen – ermittelt werden.

Eine meiner Meinung nach sehr übersichtliche und anschauliche Darstellung bietet das Amplitudenspektrum oder auch Oberschwingungsspektrum. Hier kann man in einer Art Balkendiagramm die Oberschwingungen und deren Stärke im Gesamtüberblick erfassen.

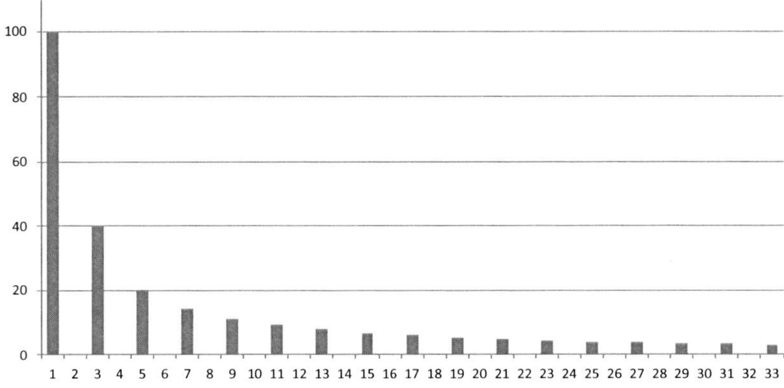

Abbildung 101: Beispiel Amplitudenspektrum zur Rechteckspannung 1 kHz

Verdeutlichen wir das Gesagte mit ein paar eindrucksvollen Bildern aus der Realität – jeweils mit einer Abbildung des Kurvenverlaufs der Stromstärke auf der linken Seite und dem dazugehörigen Amplitudenspektrum auf der rechten.

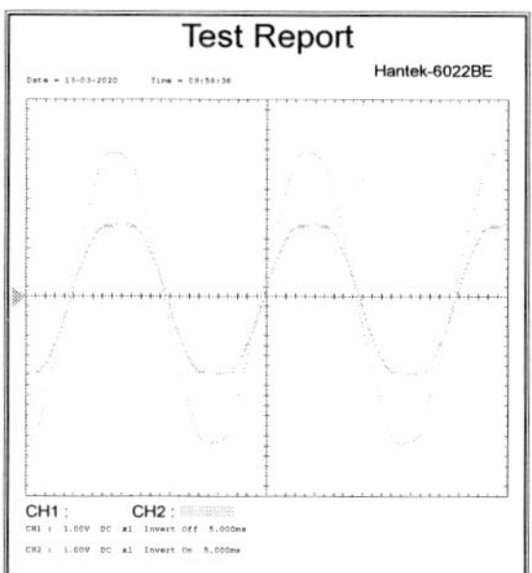

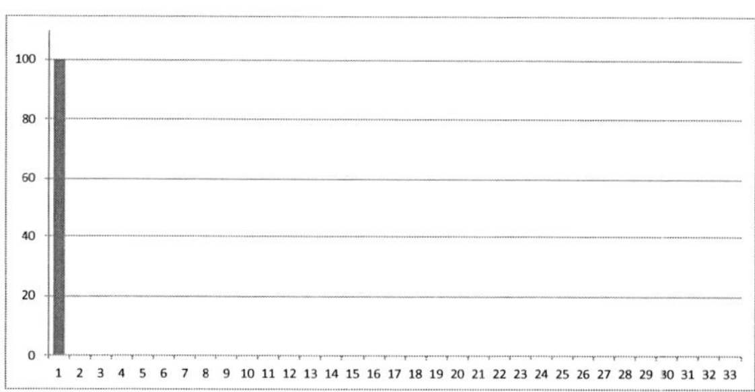

Abbildung 102: Stromaufnahme und Amplitudenspektrum Glühlampe (reiner Sinusverlauf)

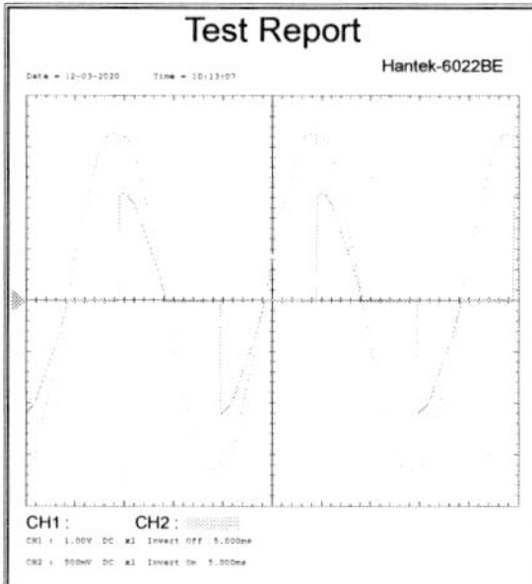

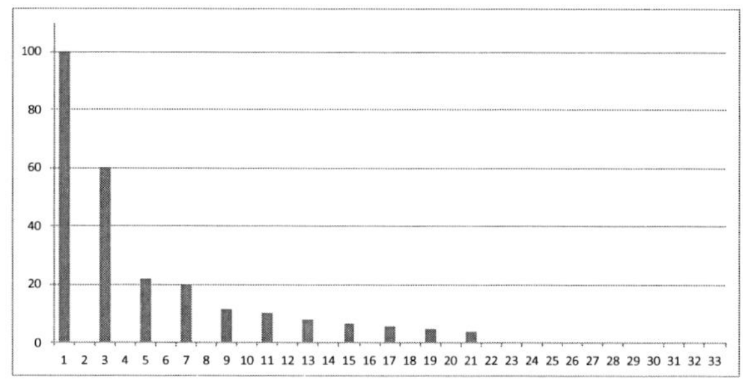

Abbildung 103: Stromaufnahme und Amplitudenspektrum Glühlampe mit Phasenanschnitt-Dimmer bei ca. 50 %

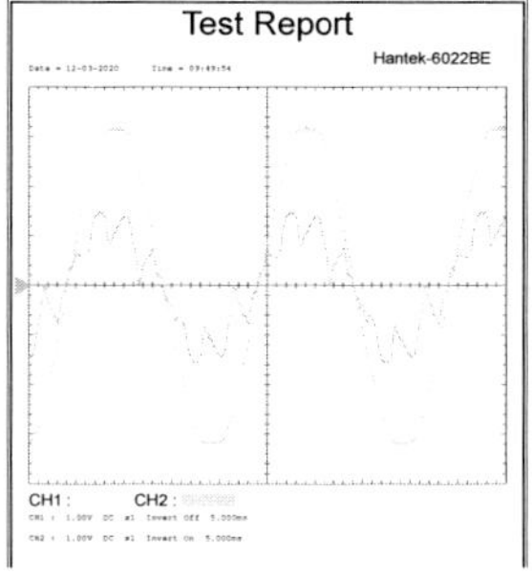

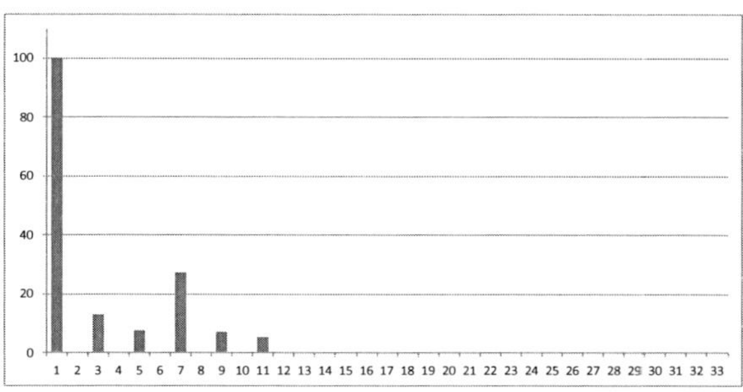

Abbildung 104: Stromaufnahme und Amplitudenspektrum Scheinwerfer mit Entladungslampe

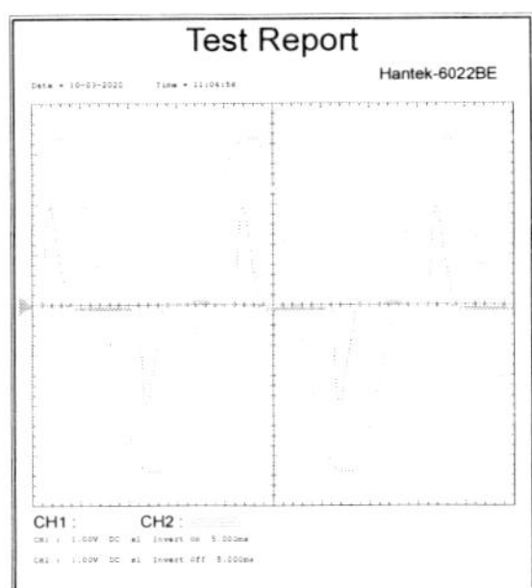

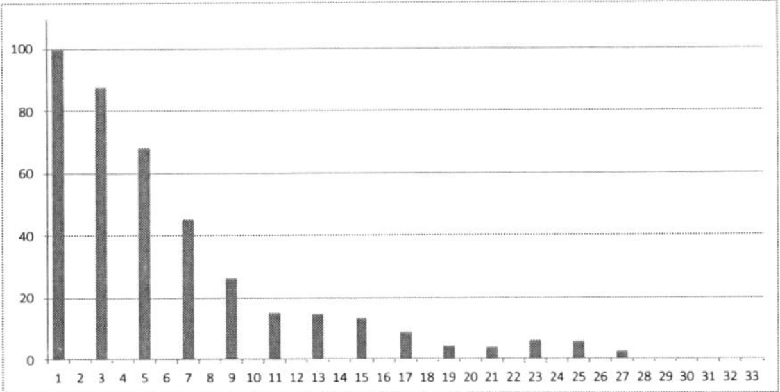

Abbildung 105: Stromaufnahme und Amplitudenspektrum LED-Multifunktionsscheinwerfer

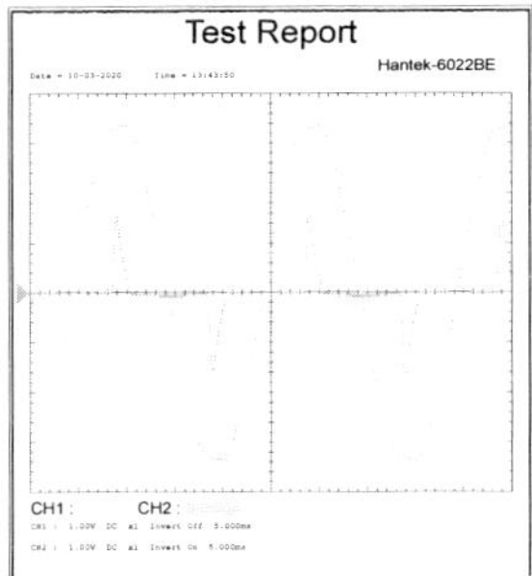

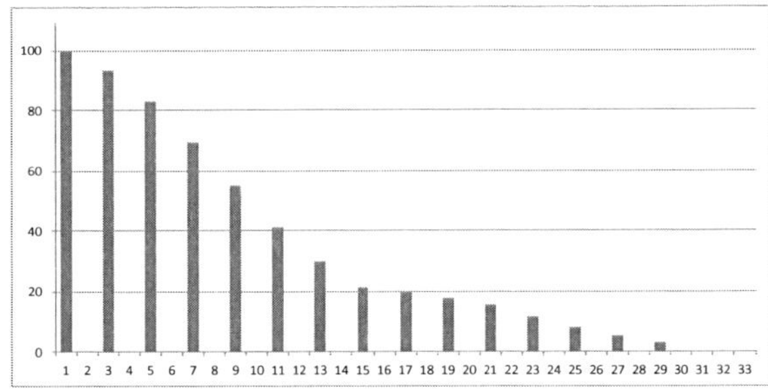

Abbildung 106: Stromaufnahme und Amplitudenspektrum PC-Netzteil

Wir können deutlich erkennen, dass sämtliche Stromverläufe – außer bei der ungedimmten Glühlampe – nicht einmal ansatzweise Ähnlichkeit mit einer Sinusform haben. Infolgedessen spielen auch Oberschwingungen eine nicht unerhebliche Rolle, wie man an den jeweiligen Spektren erkennen kann.

Die Abweichung von der idealen Sinusform nennt man auch harmonische Verzerrung oder auf Englisch „Harmonic Distortion“ bzw., wenn man die Gesamtverzerrung betrachtet, **„Total Harmonic Distortion (THD)“**.

Leider gibt es verschiedene Definitionen der THD und damit auch unterschiedliche Berechnungswege und – besonders tragisch – völlig unterschiedliche Ergebnisse. In der Energietechnik wird der sogenannte THD-F verwendet (das F steht dabei für den englischen Begriff „fundamental“).

Die DIN EN 61000-2-2 (VDE 0839-2-2) definiert den THD-F als Verhältnis des Effektivwertes der Summe aller Oberschwingungsanteile bis zu einer festgelegten Ordnung zum Effektivwert des Grundschwingungsanteils:

$$THD = \sqrt{\sum_{h=2}^{h=H} \left(\frac{Q_h}{Q_1} \right)}$$

Formel 9: Total Harmonic Distortion

dabei ist:
Q – entweder Strom oder Spannung
Q1 – Effektivwert des Grundschwingungsanteils
Qh – Effektivwert des Oberschwingungsanteils der Ordnung h
h – die Oberschwingungsordnung
H – im Allgemeinen gleich 50, jedoch gleich 25, wenn das Risiko von Resonanzen bei höheren Ordnungen gering ist

Der THD wird im Allgemeinen in Prozent angegeben.
Für den Strom von Oberschwingungen gilt folgende Gleichung:

$$THD_i = \sqrt{\frac{\sum_{h=2}^{\infty} I_h^2}{I_1}}$$

Formel 10: Strom von Oberschwingungen

Die nachstehende Gleichung ist etwas einfacher und kann direkt benutzt werden, wenn der Gesamteffektivwert zur Verfügung steht:

$$THD_i = \sqrt{\left(\frac{I_{rms}}{I_1} \right)^2 - 1}$$

Formel 11: Gesamteffektivwert

Für die Spannung von Oberschwingungen gilt folgende Gleichung:

$$THD_u = \frac{\sqrt{\sum_{h=2}^{\infty} U_h^2}}{U_1}$$

Formel 12: Spannung von Oberschwingungen

Der Gesamtoberschwingungsgehalt der Versorgungsspannung, gebildet aus allen Oberschwingungen bis zur Ordnungszahl 40, darf übrigens gemäß der DIN EN 50160 einen Wert von 8 % nicht überschreiten.

Zu beachten ist die Tatsache, dass der THD nach dieser Berechnungsmethode auch Werte über 100 % annehmen kann, was daran liegt, dass die Grundschwingung auch im Zähler enthalten ist. Das ist meiner Meinung nach etwas unglücklich, denn wenn wir über den Anteil von Oberschwingungen am Gesamtsignal sprechen, kann dieser – logisch und mit gesundem Menschenverstand betrachtet – eigentlich nicht größer als 100 % sein.

Eine in der Energietechnik eher nicht so häufig verwendete Art der THD-Berechnung ist die THD-R-Methode (R von RMS), bei der die Gesamtheit aller Oberschwingungen ohne die Grundschwingung zum gesamten Effektivstrom (inkl. Grundschwingung) ins Verhältnis gesetzt wird. Diese etwas nachvollziehbarere Methode wird jedoch eher in der Beschallungstechnik und Elektroakustik verwendet und dort Klirrfaktor genannt.

Oberschwingungen und die dadurch resultierende Verzerrung der Grundschwingung sind bereits ein seit Jahrzehnten bekanntes, aber lange unterschätztes Phänomen. Mittlerweile gehören sie zu den größten Komplikationen in der Energietechnik. Seit einigen Jahren ist man weltweit auf der Suche nach energieeffizienten Lösungen, die häufig nur über den vermehrten Einsatz von Leistungselektronik realisierbar sind. Es gibt inzwischen Unmengen von LED-Beleuchtungsanlagen, Entladungslampen, Handy-Ladegeräten, Computern, Laptops, Bildschirmen und Videoprojektoren. Die massenhafte Verwendung dieser Geräte führt neben der Tatsache, dass die Stromversorgungsnetze heute häufig an der Lastgrenze betrieben werden, zu einer beeindruckenden Zunahme von Spannungsverzerrungen – und das betrifft nicht nur unsere mobilen elektrischen Anlagen, sondern die gesamte Infrastruktur bis zur Hochspannungsebene.

So weit, so gut. Nun wissen wir, was Oberschwingungen sind und dass sie in der Realität keine exotischen Randerscheinungen darstellen, sondern ganz im Gegenteil zunehmend immer und überall vorhanden sind. Doch woher kommen die Oberschwingungen eigentlich konkret? Was ist ihre technische Ursache? Das betrachten wir auf gewohnt pragmatische Art im nächsten Abschnitt.

5.3 Entstehung von Oberschwingungen

Unsere Kraftwerksgeneratoren sind überwiegend Drehstrom-Synchronmaschinen und erzeugen aufgrund der Rotationsbewegung eine nahezu perfekte sinusförmige Spannung. Moderne Erzeuger wie z. B. Windkraft- oder Photovoltaikanlagen generieren zunächst eine Gleichspannung, die anschließend über elektronische Wechselrichter als Wechselspannung ins Versorgungsnetz eingespeist wird. Obwohl die Ausgangskurvenform dieser „Wechselspannungserzeuger" durchaus zu wünschen übrig lässt, ändert das an der Gesamtkurvenform nur wenig.

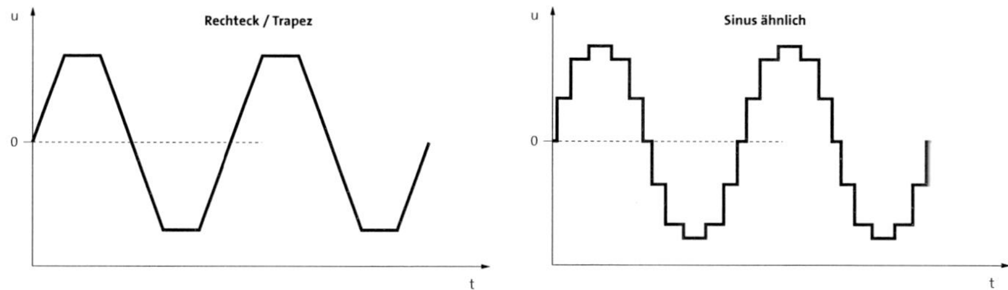

Abbildung 107: Ausgangsspannungs-Kurvenformen von preisgünstigen Wechselrichtern

Solange sich in unseren klassischen Kraftwerken große rotierende Maschinen mit konstanter Drehzahl und tonnenschwerer Schwungmasse befinden, ist eine vernünftige Kurvenform der Sinusspannung gesichert. Auf der Erzeugerseite entstehen also zunächst keine Oberschwingungen.

Aber dann taucht eine ernsthafte Herausforderung auf:

Wir erhalten per Versorgungsvertrag eine Netzspannung, die bestimmten normativ festgelegten Qualitätsanforderungen unterliegt. Durch die Nutzung dieser Spannung fließt durch die von uns angeschlossenen Verbraucher ein Strom, der, wie wir gesehen haben, keinesfalls sinusförmig ist. Und dieser Strom verdirbt die Qualität des Produkts „Spannung", ohne dass der Hersteller bzw. Lieferant (Energieversorgungsunternehmen – EVU bzw. Verteilungsnetzbetreiber – VNB) etwas dafür kann. Die Qualität ist also paradoxerweise nicht vom Hersteller, sondern vom Kunden abhängig – im Gegensatz zu vielen anderen Produkten.

In der Verantwortung der EVU bzw. VNB liegt zwar die Mehrheit der Spannungseinbrüche und -unterbrechungen, diese fallen aber in Anzahl und Dauer längst nicht so ins Gewicht wie das Ausmaß an Oberschwingungen und der durch sie verursachten Störungen, die nahezu immer im Verantwortungsbereich der Verbraucher liegen.

Es sind die von uns installierten Geräte, die Oberschwingungsströme erzeugen, die wiederum eine Verzerrung der Netzspannung zu verantworten haben. Diese Verzerrung der Spannung breitet sich anschließend im gesamten System aus – sozusagen rückwärts entgegen der eigentlichen Kette vom Erzeuger zum Verbraucher.

Es ist in vielen Fällen schwierig, die Ursache einer Spannungsverzerrung festzustellen. Dies führt oft dazu, dass – insbesondere bei größeren Produktionen oder Veranstaltungen – einige Kollegen (Ton, Video, Licht, Ü-Wagen) die Elektrofachkraft allein für dieses Problem verantwortlich machen. Dabei entstehen die Spannungsverzerrungen in der Regel erst durch die Geräte, die von den Gewerken in Betrieb genommen werden, und liegen somit nur indirekt im Zuständigkeitsbereich der Elektrofachkraft.

Störungsquellen, auf die man sich definitiv verlassen kann, sind neben nicht sorgfältig geplanten bzw. improvisierten elektrischen Anlagen die vor Ort vorhandenen TN-C- bzw. TN-C-S-Systeme.

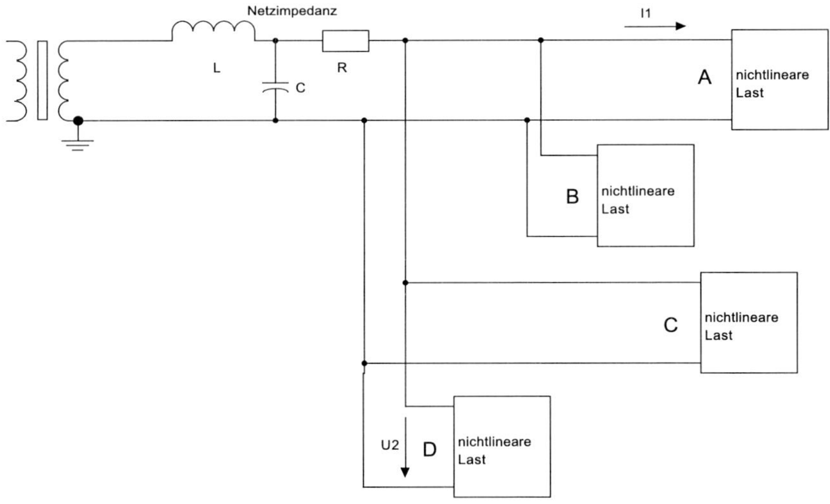

Abbildung 108: Ausbreitung von Oberschwingungen (schematische Darstellung)

Legende zur Skizze:
Gerät A: elektrisches Betriebsmittel, dass Oberschwingungsströme erzeugt
Gerät D: elektrisches Betriebsmittel, dass keine Oberschwingungsströme erzeugt, aber durch Oberschwingungsströme und deren Auswirkungen gestört/ beeinflusst wird.

In dieser Abbildung ist eine Störung durch Oberschwingungsströme dargestellt, die irgendwo in der elektrischen Anlage entstehen und sich an einer ganz anderen Stelle bemerkbar machen kann.

Die Beeinflussung durch Oberschwingungen kann vielfältig sein. Bei dem Gerät A könnte es sich beispielsweise um ein Dimmer-Rack oder eine von einem Frequenzumrichter gesteuerte bühnentechnische Maschine handeln. Dieses Gerät produziert im Betrieb Oberschwingungsströme I1, die an der Netzimpedanz einen entsprechenden Oberschwingungsspannungsfall U2 verursachen. Dieser Spannungsfall liegt dann natürlich an sämtlichen elektrischen Betriebsmitteln an, die mit diesem Anschluss bzw. Versorgungssystem verbunden sind. So pflanzt sich die Störung in der gesamten Anlage fort und es können überall Funktionsausfälle oder sogar Defekte auftreten. Im angeführten Beispiel verursacht U2 eine Störung am Gerät D, welches z. B. ein empfindliches Gerät in der Videoregie ist.

Nachfolgend eine unvollständige Übersicht über mögliche Netzstörungen und deren Verursacher:

Erscheinungen, Auswirkungen	Mögliche Ursachen	Reduzierung möglich durch	
		Erzeuger	Verbraucher
Langsame Spannungsänderungen	Laständerungen	Ja	Nein
Schnelle Spannungsänderungen/Flicker	Spezielle Verbraucher, Ein- und Ausschaltvorgänge	Nein	Ja
Unsymmetrie der Spannungen im Drehstromsystem	Unsymmetrische Belastungen der Außenleiter	Kaum	Ja
Oberschwingungen	Nichtlineare Stromaufnahme von Verbrauchern	Kaum	Ja
Gleichspannungsanteile im Netz	Spezielle Verbraucher	Nein	Ja
Frequenzschwankungen	Laständerungen, Erzeugungsprobleme	Ja	Nein
Spannungseinbruch/-ausfall	Fehler im Netz (Kurzschlüsse, defekte Betriebsmittel, ausgelöste Schutzeinrichtungen, Schäden durch Unwetter ...)	Nein	Nein
Transiente Überspannungen	Blitzeinschläge, Ein- und Ausschaltvorgänge	Nein	Nein

Tabelle 17: Mögliche Netzstörungen

Oberschwingungen gehen von sogenannten nichtlinearen Lasten aus und treten zunächst nur im Strom auf.
In einem Wechselstromkreis verhält sich ein ohmscher Widerstand genauso wie in einem Gleichstromkreis. Das heißt, der Strom, der durch den Widerstand fließt, ist proportional zur angelegten Spannung (lineare Last, siehe Abbildung 102). Bei einem Großteil der in der Veranstaltungstechnik eingesetzten Verbraucher kann man diese Proportionalität nicht mehr vorfinden, wie aus den Abbildungen 103 bis 106 ersichtlich wird. In diesen Geräten ist der fließende Strom nicht proportional zur angelegten Spannung. Dieser komplexe Stromverlauf wird durch die üblicherweise in den Geräten verwendeten Bauteile wie Gleichrichter, Induktivitäten mit Eisenkernen, Phasenanschnittsteuerungen, Schaltnetzteile, elektronische Vorschaltgeräte usw. erzeugt.

Beispiel 1: Ich möchte hier nicht detailliert auf die exakte Konstruktion von elektrischen Betriebsmitteln eingehen, jedoch zur Verdeutlichung eine früher gängige Prinzipschaltung zeigen, an der sich die Herkunft der impulsartigen Stromverläufe leicht erkennen und nachvollziehen lässt.

Elektronik kann nur mit Gleichspannung versorgt werden. Somit muss unsere Netzwechselspannung immer erst gleichgerichtet werden, bevor sie verwendet werden kann (Spannung U1). Dies passiert üblicherweise mit Hilfe eines Brückengleichrichters. Nach dem Passieren des Gleichrichters gibt es zwar keine negativen Spannungsanteile mehr, aber von einer Gleichspannung kann auch noch keine Rede sein. Die Kurvenform ähnelt eher einer Gebirgskette (Spannung U2).

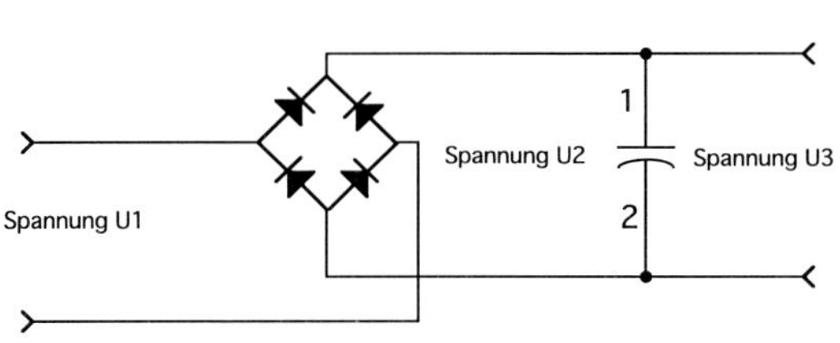

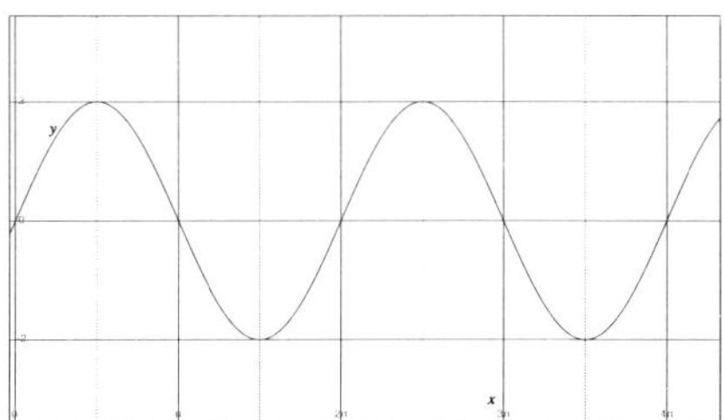

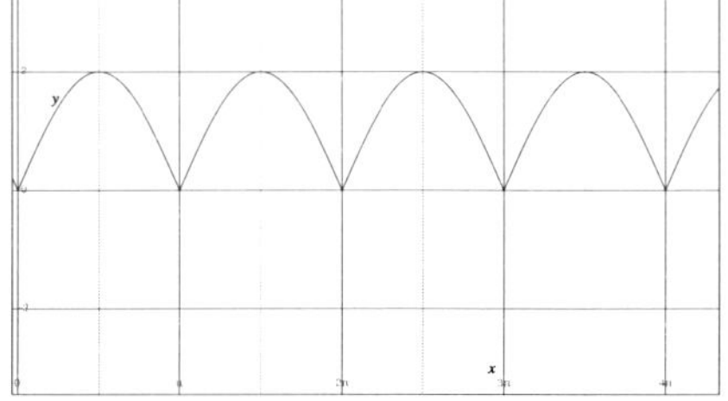

Abbildung 109: Spannungen am Brückengleichrichter

Im nächsten Schritt müssen die Täler beseitigt und an die Berge angeglichen werden, um eine kontinuierliche Spannung (Gleichspannung) zu erhalten (Spannung U3). Zur Glättung benutzt man in der Regel Kondensatoren, die den Nullpunkt und das ihn umgebende Tal mit einer Kondensatorladung „auffüllen“ (puffern).

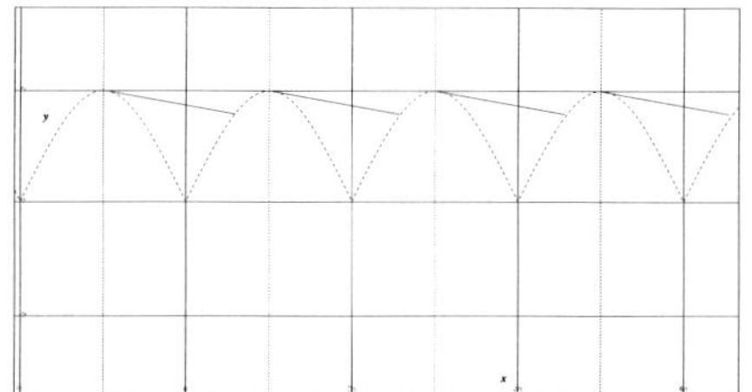

Abbildung 110: Spannungen nach Glättungskondensator

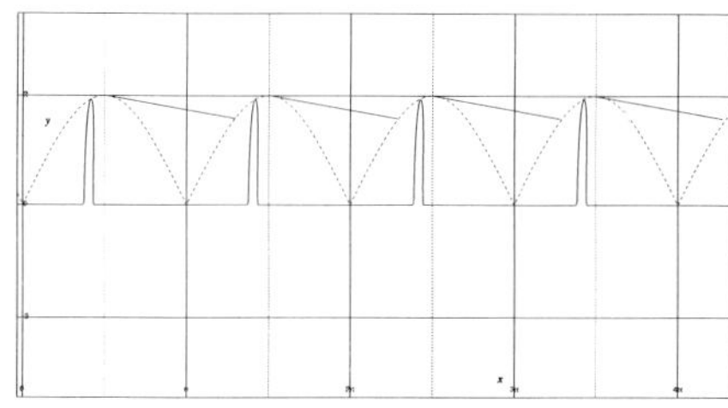

Abbildung 111: Ladestrom am Glättungskondensator

Diese Kondensatorladung kann ihrerseits immer nur während einer relativ kurzen Zeit vor dem Scheitelwert der Spannung aus dem Netz „aufgefrischt“ werden. Und das geht immer nur dann, wenn die Berge der gleichgerichteten Spannung wieder größer werden als die Spannung am Kondensator. Dazu fließt in dieser kleinen Zeitspanne ein verhältnismäßig großer Strom aus dem Netz über den Gleichrichter in den Kondensator. Die so auf der Eingangsseite des Gleichrichters entstehenden Ströme haben mit einer Sinusform nicht mehr viel gemeinsam und sind eher impulsförmig. Sie bestehen neben ihrer Grundschwingung aus einer großen Anzahl von ganzzahligen und ungeraden Vielfachen von 50 Hz (Oberschwingungen).

Akkus in USV-Anlagen oder an Ladegeräten haben übrigens eine ganz ähnliche Auswirkung!

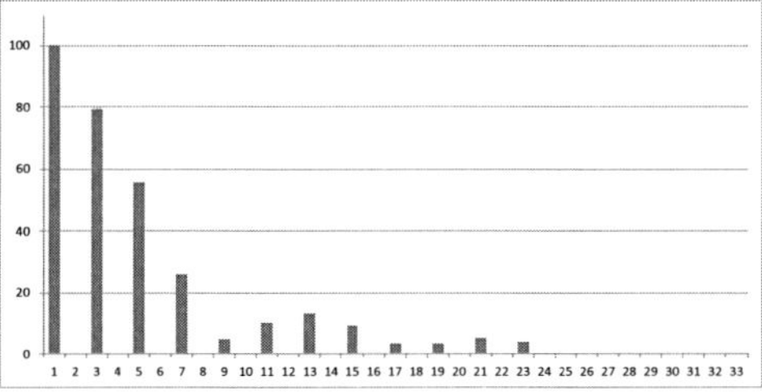

Abbildung 112: Beispielhaftes Amplitudenspektrum Audio-Endstufe

Beispiel 2:
Aber nicht nur beim Gleichrichten, sondern auch beim klassischen Dimmen mittels Phasenanschnittsteuerung entstehen durch das Anschneiden der Strom- und Spannungskurven – abhängig vom jeweiligen Phasenanschnittwinkel – teilweise erhebliche Oberschwingungen. Die entstehenden Frequenzen reichen bis in den Rundfunkbereich und erzeugen erhebliche Störungen, die wir alle schon mehr oder weniger intensiv akustisch wahrnehmen durften.

Solche Schaltungen müssen in jedem Fall mit Kondensatoren und Drosseln entstört werden, um den Störungsgrad auf ein akzeptables Minimum zu beschränken. Die Wirksamkeit der Entstörung und die Qualität der dafür verwendeten Bauteile schlagen sich im Gewicht und im Preis eines Dimmers maßgeblich nieder.

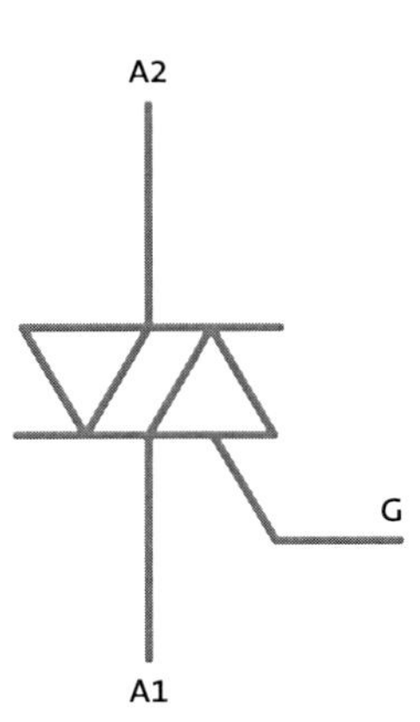

Das Dimmen per Phasenanschnitt passiert technisch dadurch, dass dem zu dimmenden Gerät nicht die volle Netzwechselspannung zur Verfügung gestellt wird, sondern Teile davon abgeschaltet bzw. gar nicht erst eingeschaltet werden. Und solange keine Spannung anliegt, kann natürlich auch kein Strom fließen. Dieses Ein- und Ausschalten muss so schnell vonstattengehen, dass das Leuchtmittel nicht sichtbar zu flackern beginnt. Heutzutage benutzt man dazu meistens einen Triac in Reihe zum Leuchtmittel. Das ist ein Halbleiterbauelement mit ganz hervorragenden Eigenschaften (zumindest bezogen auf den Einsatzzweck „Dimmer"), denn ein Triac kann beide Halbwellen der Wechselspannung beeinflussen.

Abbildung 113: Schaltzeichen Triac

Neben den Last-Anschlüssen A1 und A2 (Anoden) hat er einen Signaleingang G (Gate). Im Prinzip funktioniert er wie ein Schalter: Er kann keine Spannungen oder Ströme regeln oder verändern, sondern nur Strom durchlassen oder nicht. Die große Besonderheit dieses Schalters liegt darin, dass er zwar eingeschaltet, nicht aber ausgeschaltet werden kann.

Durch einen Steuerimpuls am Gate (auch Zünden des Triacs genannt) wird der Durchgang von A1 zu A2 niederohmig – der Schalter ist geschlossen. Es fließt Strom über den Triac und somit auch durch den in Reihe geschalteten Verbraucher. Nach der Zündung des Triacs verliert die Steuerelektrode ihre Wirksamkeit. Der Triac bleibt von alleine so lange im niederohmigen Zustand, bis die Spannung zwischen den Anoden annähernd 0 V beträgt. Erst wenn die Haltespannung bzw. der dazugehörige Haltestrom unterschritten ist, wird die Strecke automatisch hochohmig – der Schalter ist wieder geöffnet. Das tritt bei einer Wechselspannung naturgemäß nach jeder Halbwelle beim Nulldurchgang ein. Es besteht keine Möglichkeit, einen Triac über Steuerimpulse abzuschalten.

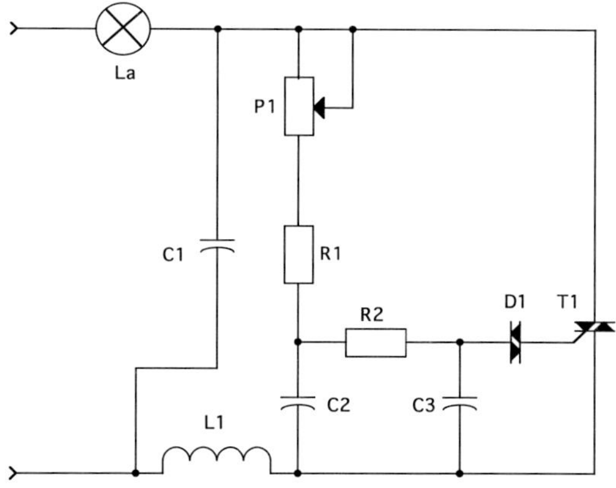

Abbildung 114: Prinzipschaltbild Phasenanschnittsteuerung

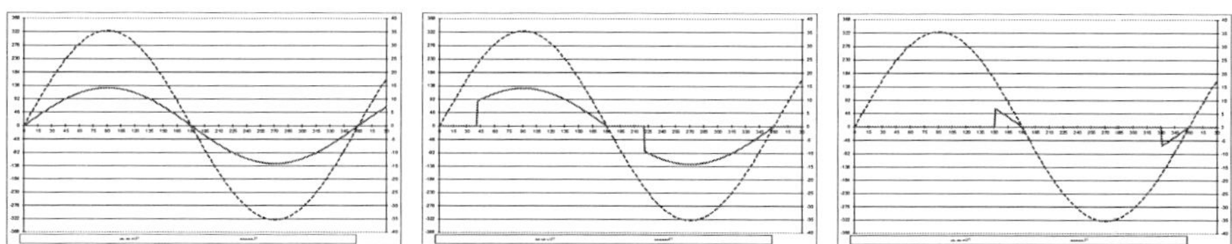

Abbildung 115: Strom- und Spannungsverläufe an einer Phasenanschnittsteuerung

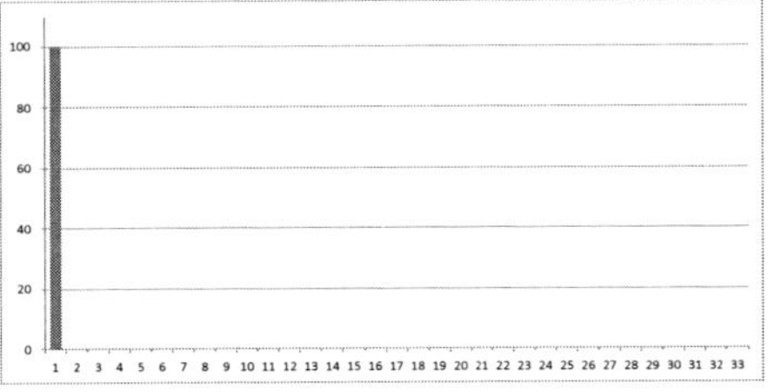

Abbildung 116: Amplitudenspektrum 100 %

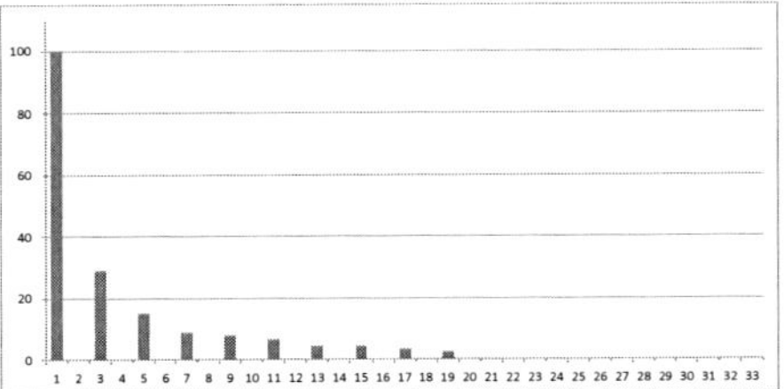

Abbildung 117: Amplitudenspektrum 75 %

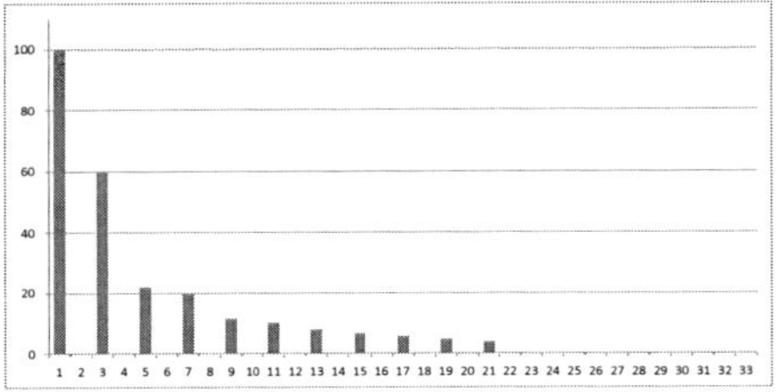

Abbildung 118: Amplitudenspektrum 50 %

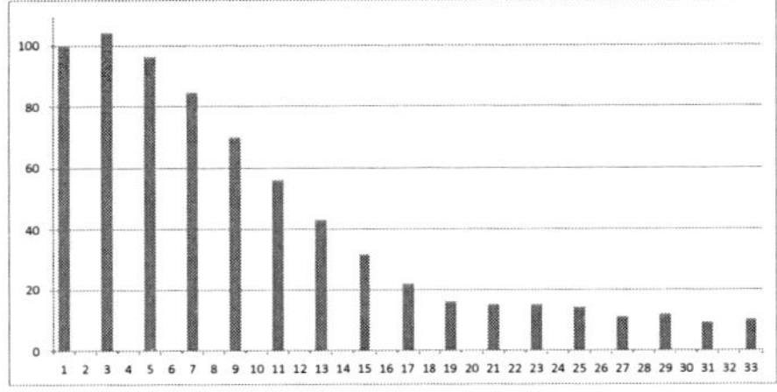

Abbildung 119: Amplitudenspektrum 10 %

5.4 Klassifizierung von Oberschwingungen

Jede einzelne Oberschwingung hat ihre eigene Ordnungszahl, ihre eigene Frequenz und ein eigenes Vorzeichen, welches die Drehrichtung in Bezug auf die Grundschwingung angibt. In einem Asynchronmotor beispielsweise erzeugt eine positiv drehende Oberschwingung ein Magnetfeld, das mit der Drehrichtung der Grundschwingung rotiert.

Harmonische	1.	2.	3.	4.	5.	6.	7.	8.	9.	10.	11.	12.	13.
Frequenz in Hz	50	100	150	200	250	300	350	400	450	500	550	600	650
Vorzeichen	+	–	0	+	–	0	+	–	0	+	–	0	+

Tabelle 18: Klassifizierung von Oberschwingungen bei einer Grundschwingung von 50 Hz

Mitsystem (+):

Oberschwingungen mit positivem Vorzeichen sind unerwünscht, da sie für eine zusätzliche Erwärmung verantwortlich sind und somit zu Überhitzung von z. B. Steckverbindungen, Leitungen und Transformatoren führen.

Die drei Phasen des Mitsystems sind um 120° phasenverschoben.

Gegensystem (–):

Eine negativ drehende Oberschwingung hingegen erzeugt ein Drehfeld entgegen der eigentlichen Drehrichtung. Dadurch entstehen Wirbelströme und Ummagnetisierungseffekte, die ebenfalls zu Leistungsverlusten und Überhitzung von Motoren, Generatoren und Transformatoren führen. Insbesondere bei Asynchronmotoren wird das benötigte rotierende Magnetfeld geschwächt, wodurch sie ein geringeres Drehmoment erzeugen.

Die drei Phasen des Gegensystems sind ebenfalls um 120° phasenverschoben, allerdings im entgegengesetzten Drehsinn bezogen auf das Mitsystem.

Nullsystem (0):

Eine besondere Herausforderung stellen Oberschwingungen des Nullsystems dar. Denn im Gegensatz zu den positiven und negativen Oberschwingungsströmen, die sich aufgrund der Phasenverschiebung im dreiphasigen System gegenseitig aufheben, addieren sich Oberschwingungsströme des Nullsystems arithmetisch im Neutralleiter. Das kann zu einer unerwünscht hohen Erwärmung, Überlastung oder gar Zerstörung des Neutralleiters mit allen Konsequenzen führen.

Die drei Phasen des Nullsystems haben alle die gleiche Phasenlage.

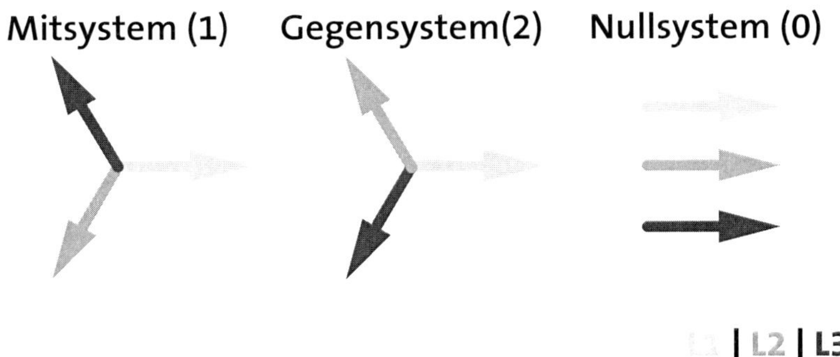

Abbildung 120: Vektorielle Darstellung von Mit-, Gegen- und Nullsystem

Vorzeichen	Rotation	Bezeichnung	Mögliche Effekte/Folgen
+ (positiv)	Vorwärts	Mitsystem	Erwärmung von Leitern, Schutzeinrichtungen etc.
– (negativ)	Rückwärts	Gegensystem	Motor-, Generator-, Trafoprobleme, Erwärmung
0 (null)	Keine	Nullsystem	Direkte Addition der einzelnen Ströme im N-Leiter, Erwärmung, Zerstörung

Tabelle 19: Rotationssysteme von Oberschwingungen

5.5 Auswirkungen von Oberschwingungen

Was ist denn so schlimm an diesen Oberschwingungen? Was interessiert uns die Kurvenform der Netzspannung bzw. der Ströme unserer Verbraucher überhaupt? „Wenn die Geräte so gebaut und vertrieben werden, muss das doch auch in Ordnung sein und funktionieren ... Die haben doch alle das CE-Zeichen!“ Platz 12 der Top 12).
Ich beginne mit einer Aufzählung möglicher Auswirkungen, die insbesondere im Bereich von Produktionen und Veranstaltungen auftreten können. Bei Gebäude- oder Industrieanlagen gibt es noch deutlich mehr Herausforderungen.

Neu und anders denken!

Die meisten Rechenregeln der Wechselstromtechnik gelten offensichtlich nur für oberschwingungsfreie, also rein sinusförmige Ströme und Spannungen.

Auch bei Vektordiagrammen ist Vorsicht geboten. Sie sind unter Umständen für jede Frequenz anders und dementsprechend auch immer wieder neu anzufertigen, wie man eben gesehen hat.

Wir müssen jetzt ganz tapfer sein und erkennen, dass die mühsam gelernten Prinzipien, Tabellenwerte und Standardberechnungen in der Praxis nicht mehr anwendbar sind. Dies betrifft in besonderem Maße

- das Prinzip der Sternschaltung,
- die Ermittlung von Neutralleiterströmen,
- die Berechnung von Blind- bzw. Scheinleistungen,
- den Umgang mit der Phasenverschiebung und dem Leistungsfaktor,
- die Betrachtung des Spannungsfalls,
- die Planung und Errichtung der Anlage und
- das Auswählen geeigneter Leitungsquerschnitte.

Das betrifft leider auch sämtliche Messgeräte! Nur wenn ein Messgerät auch ausdrücklich für verzerrte (nicht sinusförmige) Werte geeignet ist, kann es uns aussagekräftige Daten liefern. Es ist fundamental wichtig, dass man nur Messgeräte verwendet, die den Echt-Effektivwert messen und anzeigen können.

Diese werden in der Regel auch entsprechend mit TRUE-RMS oder T-RMS gekennzeichnet. Und natürlich müssen diese Messgeräte die Anforderungen an CAT III/ IV erfüllen (siehe Kapitel 2).

1. Hohe Verluste und starke Erwärmung bei Generatoren, Motoren und Transformatoren

Stromoberschwingungen führen zu zusätzlicher Erwärmung durch den zunehmenden induktiven Blindwiderstand bei hohen Frequenzen. Darüber hinaus können Oberschwingungen ein „Gegendrehfeld“ erzeugen sowie Vibrationen und Geräusche bei Geräten z. B. mit Transformatoren verursachen.
Bei dem gegenwärtigen Trend, die Anlagen bereits in der Planungsphase nicht ausreichend zu dimensionieren und dann im Betrieb bis an die Belastungsgrenze zu fahren, tritt diese Thematik insbesondere bei mobilen Stromerzeugern immer häufiger in Erscheinung.

2. Erwärmung durch Überbelastung von Leitungen

Die unterschiedlichen, wechselnden „Erdpotenziale“ einzelner Anlagen(-teile) werden über den Schutzleiter (PE) bei Geräten der Schutzklasse I und die Abschirmungen der Datenverkabelung (z. B. Koaxialschirm bei SDI-Leitungen oder Abschirmungen von Netzwerk-, DMX- oder Audioleitungen) miteinander verbunden und verursachen kräftige Ausgleichsströme bis in die Größenordnung von mehreren Ampere. Dies kann neben unzulässig hoher Erwärmung sogar zum Abbrennen der Abschirmungen oder der verwendeten Steckverbindungen führen.

3. Fehlauslösungen von Schutzorganen
Hohe Einschaltströme können Leitungsschutzschalter zum Auslösen bringen. Auch ist es möglich, dass Leistungsschalter die Ströme der Grundschwingung und verschiedener Oberschwingungen nicht korrekt „deuten" und so eine Fehlauslösung verursachen oder – deutlich unangenehmer – dass sie überhaupt nicht auslösen, auch wenn sie es sollten. Innerhalb von Anlagen fließen Ausgleichsströme nicht nur mit der Netzfrequenz, sondern auch mit den höheren Frequenzen der Oberschwingungen über den Schutzleiter der Geräte und/oder über den Potenzialausgleichsleiter. Diese Ableitströme können schnell Werte erreichen, die Fehlerstrom-Schutzeinrichtungen zur Auslösung bringen.

4. Systemabstürze
Oberschwingungen können zu Geschwindigkeitseinbußen, Systemabstürzen, Datenübertragungsproblemen und Ausfällen von Computern führen. Durch Schutzleiterströme in der Anlage entstehen Potenzialdifferenzen zwischen dem Neutral- bzw. PEN-Leiter und den Schutzleitern/Potenzialausgleichsleitungen. Obwohl diese Störspannungen klein sind, können sie im Vergleich zu der Signalspannung der Datenübertragung doch erheblich sein. Bei digitalen Kommunikationsprotokollen sind Algorithmen zur Fehlererkennung und -behebung integriert, die bei fehlerhaften Daten eine erneute Übertragung erfordern – und dadurch den Datendurchsatz reduzieren. Als Folge davon werden Systeme häufig langsamer oder hängen sich auf.

5. Brummen mit 50 Hz und n × 50 Hz
In einem TN-C- oder TN-C-S-System ist der Neutralleiter mit dem Schutzleiter zumindest teilweise kombiniert und an mehreren Stellen mit dem Gebäude verbunden. Dadurch fließen Ströme überall in den Metallstrukturen des Gebäudes und erzeugen unkontrollierte und vor allem unkontrollierbare Magnetfelder. Diese sind dann z. B. hörbar in Audioanlagen oder sichtbar als „Bildflackern" auf Displays und Videowänden.

6. Probleme mit langen Leitungen oder beim Aufschalten großer Lasten
Lange Leitungen bedeuten eine höhere Impedanz, die zu größeren kurzzeitigen Spannungsfällen durch Einschalt- und Betriebsströme führt, wenn beispielsweise eine Videowand eingeschaltet oder eine leistungsstarke Beschallungsanlage betrieben wird. Oberschwingungsströme, die durch Schaltnetzteile am Ende langer Leitungen erzeugt werden (wie z. B. bei Multifunktionsscheinwerfern an Traversensystemen), führen zu noch größerer Spannungsverzerrung.

5.6 Blindleistung bei nichtlinearen Lasten

Und weiter geht es mit dem Komplex „Oberschwingungen" – diesmal unter dem Aspekt der Blindleistung.

Wir alle haben irgendwann einmal gelernt, dass es ohmsche, kapazitive und induktive Lasten gibt. Während bei ohmschen Lasten alles in Phase und somit im Lot ist und keiner weiteren Betrachtung bedarf, müssen kapazitive und induktive Verbraucher mit einer zu großen Phasenverschiebung zwischen Strom und Spannung kompensiert werden. Auf dieses Thema gehe ich ausführlich in „Strom zum Anfassen" ein.

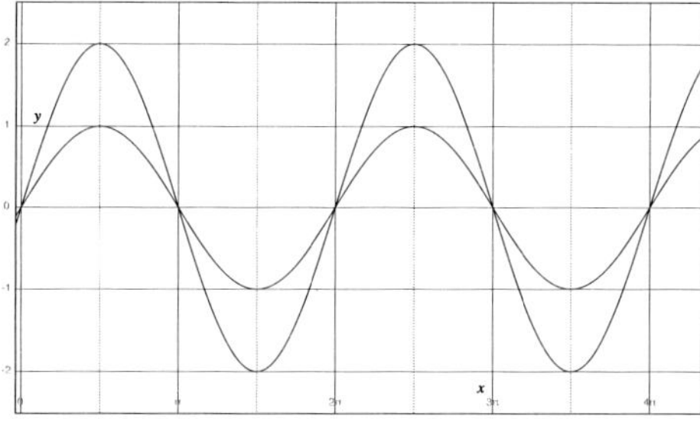

Abbildung 121: Strom- und Spannungsverlauf an einem ohmschen Verbraucher

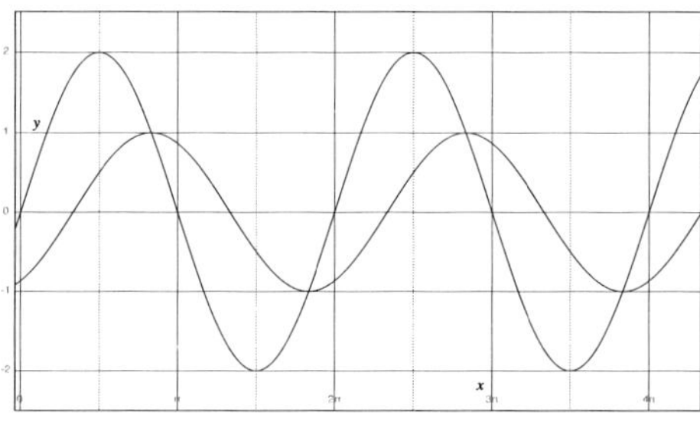

Abbildung 122: Strom- und Spannungsverlauf an einem induktiven Verbraucher mit großer Phasenverschiebung

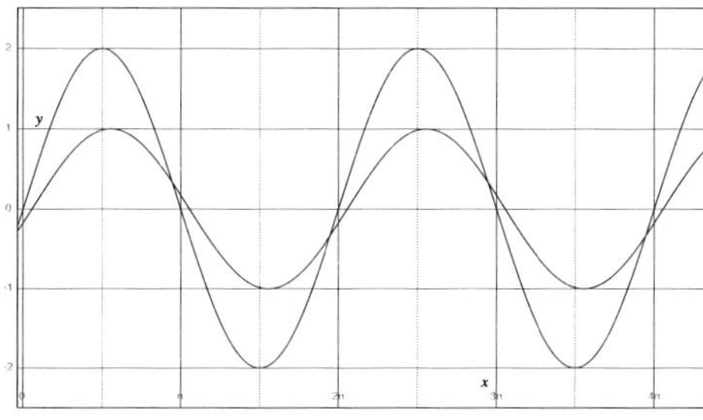

Abbildung 123: Strom- und Spannungsverlauf an einem induktiven Verbraucher mit geringer Phasenverschiebung

Durch eine Phasenverschiebung von Spannung und Strom entsteht unerwünschte Blindleistung, die es zu reduzieren gilt. Wie man erkennen kann, entsteht diese Blindleistung durch eine Verschiebung der Strom- und der Spannungskurve. Sie heißt deshalb auch Verschiebungsblindleistung und wird in der Regel mit dem Buchstaben „Q“ bezeichnet. Durch diese Verschiebung entstehen übrigens keine Oberschwingungen! Ich erinnere hier an das Leistungsdreieck:

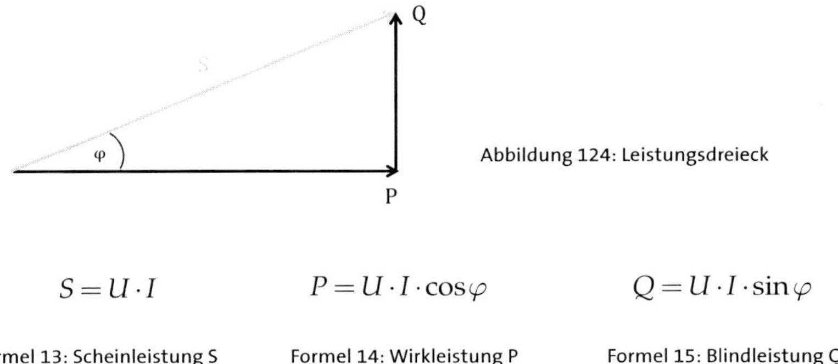

Abbildung 124: Leistungsdreieck

$$S = U \cdot I$$

Formel 13: Scheinleistung S

$$P = U \cdot I \cdot \cos\varphi$$

Formel 14: Wirkleistung P

$$Q = U \cdot I \cdot \sin\varphi$$

Formel 15: Blindleistung Q

In der Regel wird dabei immer der (Wirk-)Leistungsfaktor berechnet und ggf. durch Kompensationsbauteile (Kondensatoren) korrigiert.

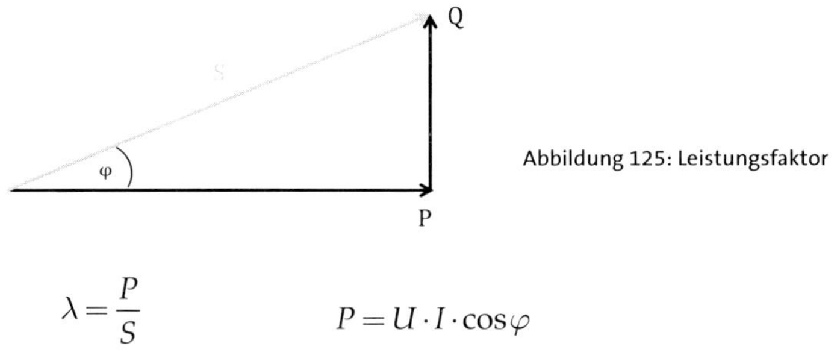

Abbildung 125: Leistungsfaktor

$$\lambda = \frac{P}{S}$$

Formel 16: Leistungsfaktor λ

$$P = U \cdot I \cdot \cos\varphi$$

Formel 17: Wirkleistungs- oder Verschiebungsfaktor cos φ

Bei verzerrten Kurvenformen tritt neben der Verschiebungsblindleistung zusätzlich auch noch die sogenannte Verzerrungsblindleistung auf, die sich mit der Verschiebungsblindleistung geometrisch zur Gesamtblindleistung addiert.

In der Vergangenheit wurde die Verzerrungsblindleistung häufig unter den Teppich gekehrt und auch im Unterricht an Fachschulen schlicht ignoriert. Dabei stellt sie heutzutage die weitaus größere Herausforderung dar als die Verschiebungsblindleistung, die in unseren Anlagen kaum noch in ernst zu nehmendem Maße auftaucht. Bei nichtlinearen Verbrauchern treten keine bzw. nur sehr geringe Verschiebungsblindleistungsanteile auf, dafür teilweise erhebliche Verzerrungsblindleistungsanteile. Denn die Oberschwingungsströme verursachen in Zusammenhang mit der Netzspannung die Verzerrungsblindleistung D (englisch: Distortion).
Wirkleistung kann nur aus Strom- und Spannungsanteilen gleicher Frequenz erzeugt werden.

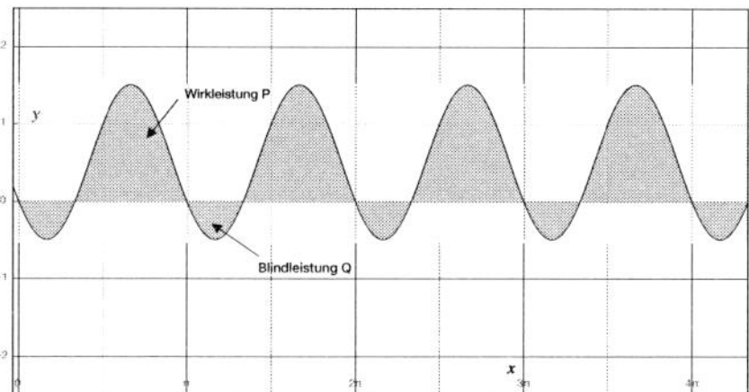

Abbildung 126: Wirkleistungsanteile bei induktiven Verbrauchern

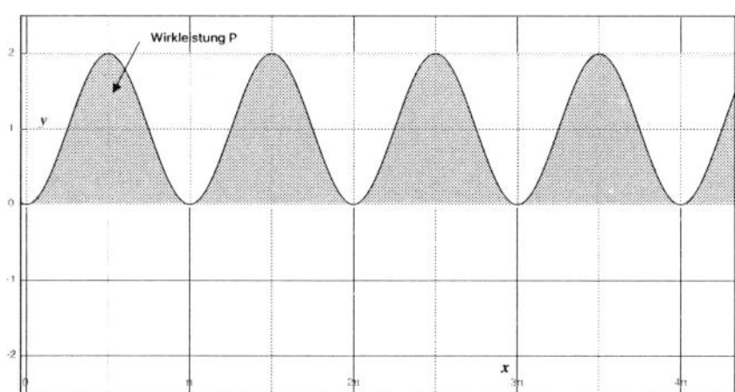

Abbildung 127: Wirkleistung bei ohmschen Verbrauchern

Was passiert nun, wenn die Spannung eine Frequenz von 50 Hz hat, die Stromstärke aber eine andere Frequenz, z. B. von 150 Hz oder 250 Hz?

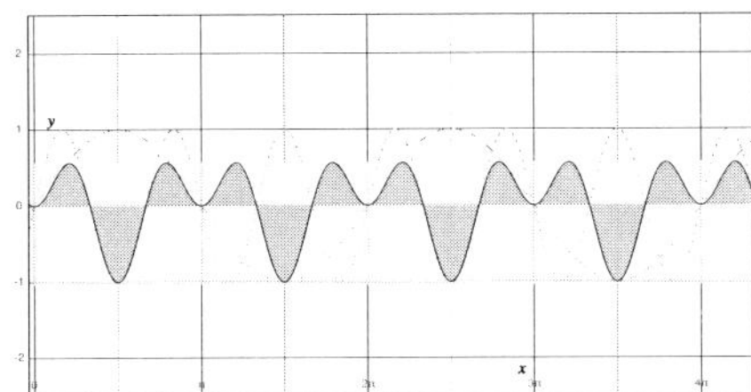

Abbildung 128: Produkt aus einer Spannung mit 50 Hz und einer Stromstärke mit 150 Hz

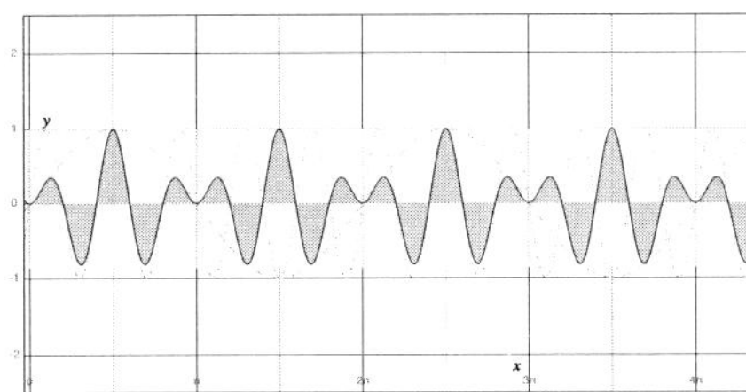

Abbildung 129: Produkt aus einer Spannung mit 50 Hz und einer Stromstärke mit 250 Hz

Mathematisch betrachtet ergibt das Produkt von Sinusschwingungen unterschiedlicher Ordnungszahlen über eine Periode immer null. Wie man an den beiden Abbildungen erkennen kann, hat die Leistungskurve in beiden Fällen gleich große Flächenanteile oberhalb und unterhalb der X-Achse, wenn man eine volle Periode der Grundschwingung betrachtet. Die Gesamtfläche ist demnach „null".
Somit entsteht ausschließlich Blindleistung, in diesem Fall Verzerrungsblindleistung. Dadurch, dass wir unterschiedliche Nulldurchgänge zu verschiedenen Zeiten haben und die Stromstärke als vektorielle Größe betrachten, müssen wir das Thema zum Berechnen geometrisch angehen.

$$Q_1 = U \cdot I \cdot \sin\varphi$$

Formel 18: Verschiebeblindleistung Q_1

$$D = U \cdot \sqrt{I_2^2 + I_3^2 + I_4^2 + I_5^2 +}$$

Formel 19: Verzerrungsblindleistung D

$$Q = \sqrt{Q_1^2 + D^2}$$

Formel 20: Gesamtblindleistung Q

Offensichtlich kommt zu unserem altbekannten Leistungsdreieck eine weitere Dimension hinzu, die senkrecht auf dem Dreieck steht. Denn:

Formel 21: Gesamtscheinleistung

$$S = \sqrt{P^2 + Q_1^2 + D^2}$$

Das kann man sich zugegebenermaßen relativ schlecht vorstellen. Vielleicht wird es jedoch etwas deutlicher, wenn man das daraus entstehende Konstrukt als Quader betrachtet. Wenn wir das Leistungsdreieck sozusagen hochkant an eine Wand stellen, kommt uns die Verzerrungsblindleistung aus dieser Wand entgegen.

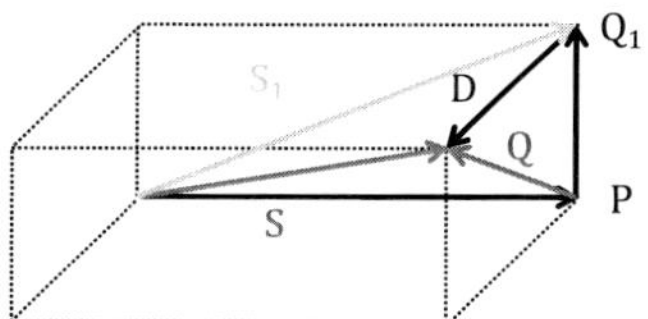

Abbildung 130: Grafische Darstellung der Verzerrungsblindleistung, Leistungsquader

Weil eine geometrische Addition von zwei Vektoren nach dem Satz des Pythagoras durchgeführt wird, ergibt sich die Gesamtscheinleistung nun als Raumdiagonale unseres Quaders.

Und man erkennt, dass – selbst wenn die Verschiebungsblindleistung Q_1 sehr gering ist (also die Höhe des Quaders sehr niedrig ist) – die Gesamtblindleistung Q (durch eine große Verzerrungsblindleistung D) und daraus folgend die Gesamtscheinleistung S (durch das nun fast auf dem Boden liegende Raumdiagonalen-Dreieck) immer noch sehr groß sein können.

Formel 22: Gesamtleistungsfaktor

$$\lambda = \frac{U \cdot I_1 \cdot \cos\varphi}{U \cdot I}$$

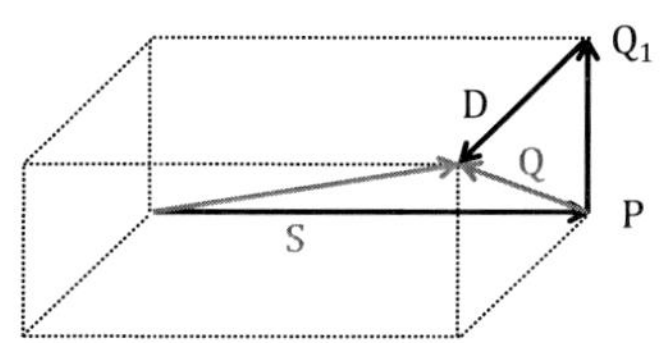

Abbildung 131: Grafische Darstellung der Gesamtscheinleistung

Wir müssen also immer einen Leistungsquader mit den drei Seiten

- Wirkleistung P,
- Verschiebungsblindleistung Q_1 und
- Verzerrungsblindleistung D betrachten.

Die Raumdiagonale ist dann unsere Gesamtscheinleistung S.
Deswegen ist der Leistungsfaktor in der Energietechnik nicht, wie wir es immer gelernt haben, nur von der Blindleistung Q_1 und cos φ abhängig, sondern auch von der geometrischen Summe von Q_1 und D.
Dieser Gesamtleistungsfaktor wird mit λ (griechisch: Lambda) bezeichnet.

Cos φ ist tot. Es lebe λ !

5.7 Oberschwingungen in der Sternschaltung

Bei symmetrischer Belastung einer Sternschaltung ist die Summe der Außenleiterströme und damit der Strom im Neutralleiter gleich null. Wenn wir eine Sternschaltung unsymmetrisch belasten, fließt ein Ausgleichsstrom im Neutralleiter. Dieser Strom kann nie größer als der größte Strom in den Außenleitern werden. So haben wir es gelernt.

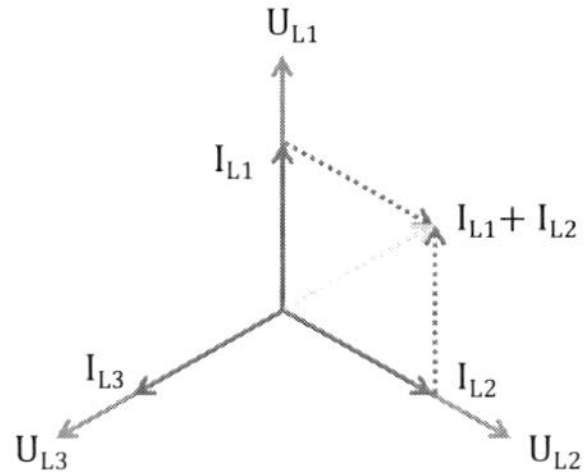

Abbildung 132: Symmetrische ohmsche Belastung einer Sternschaltung (Vektordiagramm)

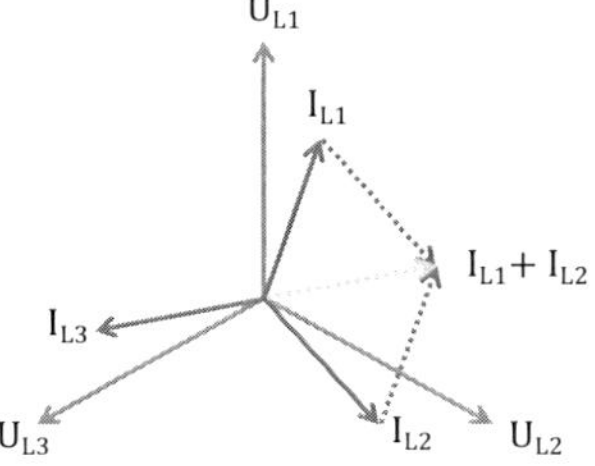

Abbildung 133: Symmetrische induktive Belastung einer Sternschaltung (Vektordiagramm)

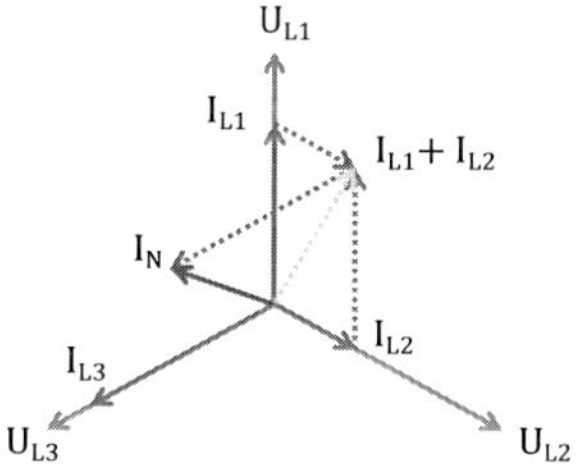

Abbildung 134: Unsymmetrische ohmsche Belastung einer Sternschaltung (Vektordiagramm)

Nun ist es an der Zeit, auch mit dieser gefährlichen Halbwahrheit ein für alle Mal Schluss zu machen!

Wir benutzen die Sternschaltung, um eine bisweilen riesige Menge von einphasigen Verbrauchern mit elektrischer Energie zu versorgen. Und diese Geräte sind keineswegs ohmsche Verbraucher, sondern allesamt große „Verzerrer". Und das trifft gewerkeübergreifend auf mindestens 90 % aller Geräte zu – egal ob Videoprojektoren oder LED-Wände, Movinglights mit Entladungslampen oder klassische Glühlampen an Dimmern, Hochleistungsverstärker für Lautsprechersysteme oder Ü-Wagen.

Wenn wir nun diese Geräte symmetrisch an eine Sternschaltung anschließen, werden sich die Grundschwingungen (50 Hz) der drei Phasen sehr wohl so verhalten, wie wir es gelernt und in den Grafiken nochmal verdeutlicht haben. Aber das ist nur ein Teil der Wahrheit! Was passiert, wenn die Oberschwingungen der dritten Ordnung (150 Hz) aller drei Phasen am Sternpunkt aufeinandertreffen?

Bei der dritten Harmonischen heben sich die Phasenströme selbst bei symmetrischer Belastung nicht auf (Nullsystem), sondern addieren sich schlimmstenfalls auf die dreifache Amplitude und fließen in Summe über den Neutralleiter zurück. Daraus resultiert eine erhebliche Strombelastung des Neutralleiters.

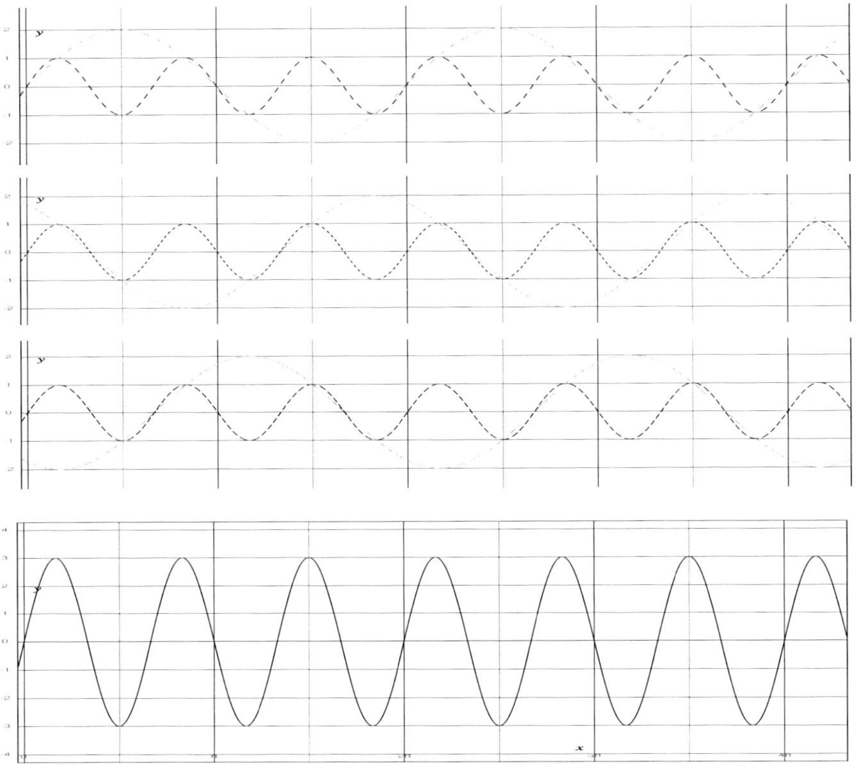

Abbildung 135: Addition der dritten Oberschwingung auf dem Neutralleiter

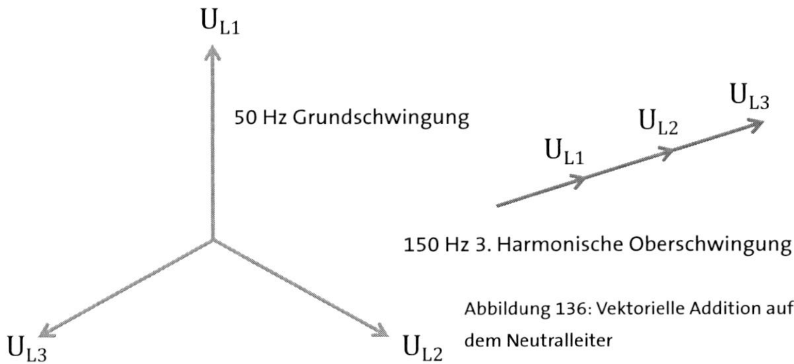

Abbildung 136: Vektorielle Addition auf dem Neutralleiter

Da in der Vergangenheit sogar viele Neutralleiter bei Gebäudeinstallationen nur mit halbem Querschnitt ausgelegt wurden, kann diese Situation selbst dann schon kritisch werden, wenn die Außenleiter bei weitem noch nicht ausgelastet sind.

Wenn wir die mobilen elektrischen Anlagen betrachten, so folgt daraus, dass wir bei der zulässigen Strombelastbarkeit von Leitungen gemäß DIN VDE 0298-4 einen entsprechenden Reduktionsfaktor anwenden müssen. Denn wir haben es immer mit vier belasteten Adern in einer Leitung zu tun, obwohl die Tabellen nur von zwei oder drei belasteten Adern ausgehen.

Der Neutralleiterstrom kann unter allen Umständen höchstens dreimal so groß werden wie der Außenleiterstrom!

Dies gilt für symmetrische Belastung (auch wenn man in der Berufsschule möglicherweise immer noch lernt, bei symmetrischer Last träte kein Strom im Neutralleiter auf, weswegen er auch noch allzu oft fälschlicherweise „Nullleiter" genannt wird). Bei annähernd symmetrischer Belastung mit gleichgerichteten Einphasenlasten (was unserer Praxis am ehesten entspricht) kann man aber auf jeden Fall von einem Faktor in der Größenordnung von $\sqrt{3} \approx 1{,}73$ ausgehen (bezogen auf den höchsten Außenleiterstrom), also schon von einer ganzen Menge!

Wenn man sich dreiphasig betriebene Dimmer anschaut, so stellt man ebenfalls fest, dass – bei exakten Gleichlasten und identischen Anschnittwinkeln – die Stromstärke auf dem N-Leiter ab einem Anschnittwinkel von ca. 67° stets größer ist als die Stromstärke in den Außenleitern. Das kommt daher, dass die angeschnittenen „Reststücke" der drei Phasen nacheinander auf dem N-Leiter eintreffen und sich sozusagen verpassen. So können sie sich natürlich auch nicht gegenseitig neutralisieren. Diese Situation ist für die Anschnittwinkel von 90° und 120° in der nachfolgenden Abbildung nachzuvollziehen.

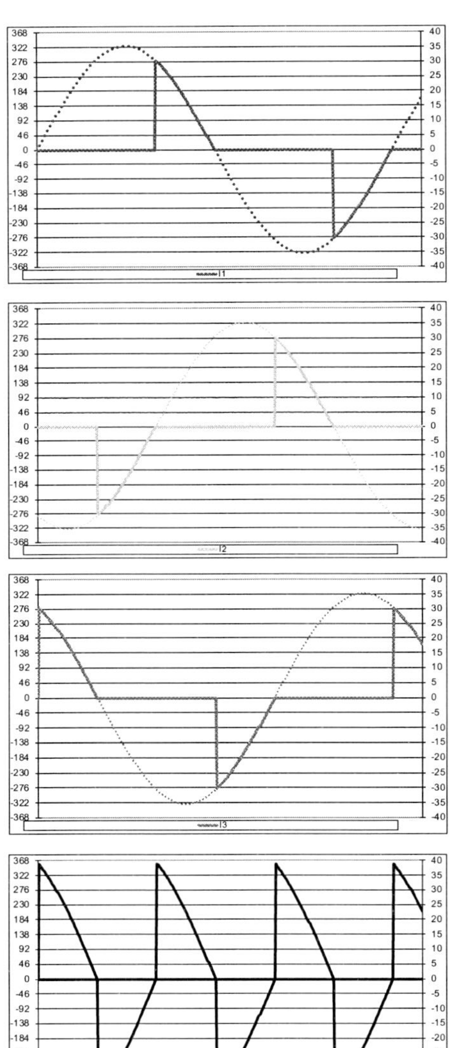

Abbildung 137: Neutralleiterstrom bei nicht-sinusförmigen Leiterströmen

Wie man an der Abb. 138 erkennen kann, hat die Stromstärke im Neutralleiter eine Kurvenform, die eher an ein Rechteck als an einen Sinus erinnert, also viele Oberschwingungsanteile insbesondere der dritten Ordnung enthält.
Der Effektivwert des N-Leiterstroms ist in diesem Fall um den Faktor 1,42 größer als der Strom in den Außenleitern!

Zudem hat der N-Leiterstrom offensichtlich eine Frequenz von 150 Hz. Wir haben demnach eine neue „Grundschwingung" im Neutralleiter „erzeugt" – dadurch, dass sich die 50-Hz-Anteile komplett auslöschen. Eine äußerst bemerkenswerte Erscheinung, die bei Nichtbeachtung bis zu verbrannten Anschlusssteckern führen kann.

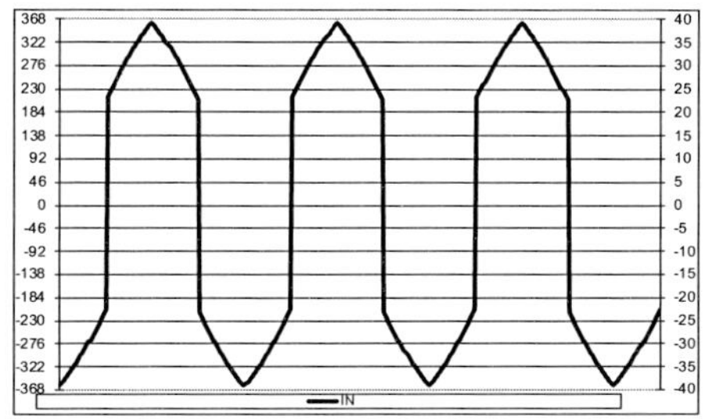

Abbildung 138: Neutralleiterstrom an einem 3-phasigen Dimmer-Rack, alle Phasen symmetrisch belastet und auf 50% gedimmt

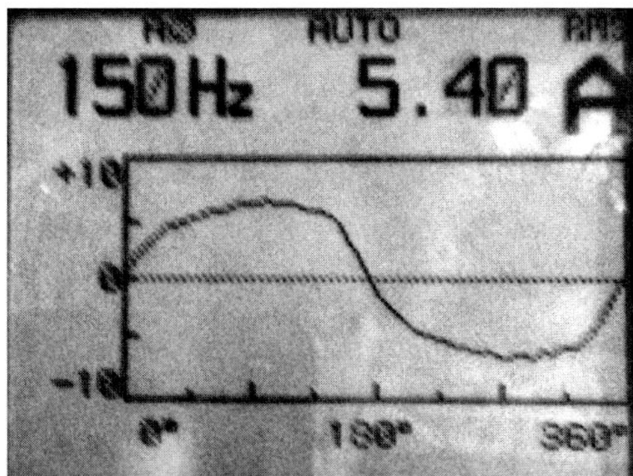

Abbildung 139: Falsche Ergebnisse infolge eines Synchronisationsfehlers

Auch beim Einsatz von Messgeräten ist die Deutung der Ergebnisse in Hinblick auf diese Tatsche sehr wichtig, denn je nachdem, von welchem Signal das Messgerät synchronisiert wird (Phase oder N-Leiter), bekommt man falsche Ergebnisse des THD und des Amplitudenspektrums!

Abbildung 140: Dimmer-Steckverbinder mit verbranntem N-Leiter- Kontakt

Bei dreiphasig angeschlossenen, über Frequenzumrichter gesteuerten Motoren ist die Verzerrung übrigens geringer. Für den Neutralleiter besteht in diesem Fall keine Gefahr, weil er gar nicht angeschlossen bzw. vorhanden ist.

Bei direkt am Netz laufenden Drehfeldmotoren, wie wir sie im Rigging verwenden, verursachen Spannungsoberschwingungen allerdings zusätzliche Verluste. Die Oberschwingung fünfter Ordnung erzeugt ein Drehfeld in Gegenrichtung, während die Oberschwingung siebter Ordnung ein Drehfeld über der synchronen Drehzahl des Motors erzeugt. Das daraus resultierende pulsierende Drehmoment verursacht starke Abnutzungserscheinungen an Kupplungen und Lagern. Da die Drehzahl festliegt, wird die in diesen Oberschwingungen enthaltene Energie als zusätzliche Wärme abgegeben, was zu vorzeitiger Alterung führt. Oberschwingungsströme werden auch im Rotor induziert und erzeugen hier ebenfalls Verlustwärme.

Zum Schluss bleibt also nur noch sarkastisch zu bemerken: „Gut, dass sich im Neutralleiter keine Überstromschutzeinrichtung befindet!“

5.8 Spannungsfall

5.8.1 Spannungsfall oder eher doch Spannungsfalle?

Bei dem Spannungsfall, den wir im Folgenden betrachten wollen, handelt es sich nicht um den Spannungsfall am ohmschen Widerstand von Leitungen, der gerne in Berufsschulen berechnet wird, um Leitungsverluste zu ermitteln. Grundlegende Anforderungen habe ich bereits am Ende des Kapitel 2.14.2 erwähnt. Allerdings kann ich es mir in diesem Zusammenhang nicht verkneifen, doch recht ausführlich auf die Unwichtigkeit und Nutzlosigkeit dieser Berechnung in Bezug auf vorübergehend errichtete, mobile elektrische Anlagen einzugehen:

Man sollte sich zunächst über die Gründe Gedanken machen, warum der Spannungsfall überhaupt in einigen Regelwerken mit einem (prozentualen) Grenzwert festgelegt ist: Sparsamkeit und Vernunft.

Ein maximaler Spannungsfall von 0,5 % der Nennspannung (das sind gerade einmal 1,15 V), wie er z. B. in den Technische Regeln für den Anschluss von Kundenanlagen an das Niederspannungsnetz und deren Betrieb (TAR Niederspannung) gefordert wird, hat weder etwas mit der Sicherheit von Personen oder Sachwerten, noch etwas mit der Funktionssicherheit zu tun. Der Gedanke verbietet sich schon allein deshalb, weil die zulässige Schwankung der Netzspannung in Europa immerhin ±10 % betragen darf. Wenn das keine gefährlichen Folgen hat, wie sollte das dann ein Spannungsfall auf Leitungen von 5 % oder auch 3 % haben können?

Es geht darum, sparsam und bewusst mit dem kostbaren Gut „elektrische Energie" umzugehen und diese nicht dazu zu benutzen, das Erdreich und Gebäudebestandteile unnötig zu erwärmen. Wenn auf einem Außenleiter ein Strom von 100 A fließen würde, hätten wir bei einem Spannungsfall von 0,5 % eine Verlustleistung von immerhin 115 W auf dem Leitungsabschnitt. Ähnlich verhält es sich mit der Forderung der Niederspannungsanschlussverordnung (NAV), auf der Strecke zwischen Hausanschluss und Zähler einen maximalen Spannungsfall von 0,5 % einzuhalten. Hier liegt es auf der Hand, denn die Kosten für den Verlust vor dem Zähler können niemandem in Rechnung gestellt werden.

Die DIN VDE 0100-520 empfiehlt im informativen Anhang G einen maximalen Spannungsfall vom Übergabepunkt des Netzbetreibers bis zum Anschlusspunkt der Verbrauchsmittel von 5 % (bei Beleuchtung 3 %).

Auch wenn der Anwendungsbereich nicht unbedingt zutreffend ist, möchte ich die DIN VDE 0113-1 (Elektrische Ausrüstung von Maschinen) hier nicht unerwähnt lassen, da sie u. a. für den Branchenstandard SQ P4 (mobile elektrische Anlagen in der Veranstaltungstechnik) Pate gestanden hat. Nach der DIN VDE 0113-1 darf der Spannungsfall auf der Leitung vom Anschlusspunkt dieser Leitung bis zum Betriebsmittel 5 % nicht überschreiten.

Im Entwurf der im September 2019 aktualisiert erschienenen DIN 15765 (Veranstaltungstechnik – Multicore-Systeme) wird explizit auf die untergeordnete Bedeutung des Spannungsfalls in Bezug auf Multicore-Systeme hingewiesen. Der Branchenstandard SQ P4 (mobile elektrische Anlagen in der Veranstaltungstechnik) empfiehlt generell die Berücksichtigung des Spannungsfalls und legt beispielhaft einen Spannungsfall von 5 % bei der Bemessung von vorübergehend verlegten Leitungen zugrunde – beginnend am Speisepunkt der mobilen Anlage. Das bedeutet im ungünstigsten Fall, dass auf der Leitung bis zu diesem Übergabepunkt unter Umständen und bei Voll-Last bereits ein Spannungsfall von mehreren Prozent zu verzeichnen ist. Dieser ist natürlich vom Errichter der mobilen Anlage nicht zu beeinflussen bzw. zu verändern. Somit muss man zwangsläufig damit leben. Und deshalb beginnt an dieser Stelle eine Neuberechnung des Spannungsfalls – eben für den mobilen vorübergehend errichteten Anlagenteil – mit der Konsequenz, dass sich diese beiden Spannungsfälle addieren.

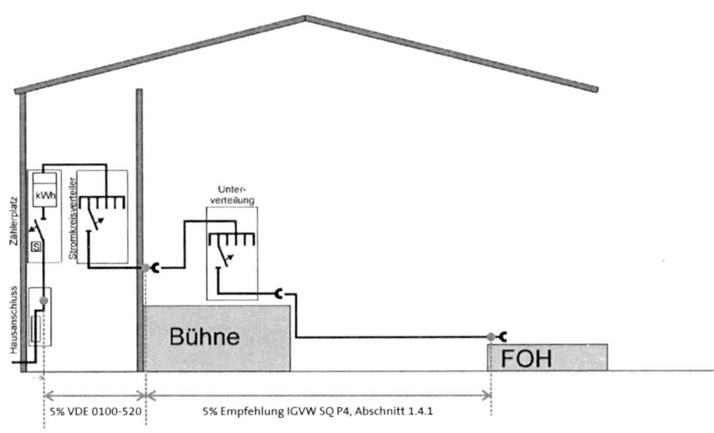

Abbildung 141: Darstellung des Spannungsfalls

Die Forderungen der zunächst nicht verbindlichen Normen DIN 18015 bzw. DIN VDE 0100-520 nach Begrenzung des Spannungsfalls auf (festverlegten) Leitungen sind für elektrische Anlagen von Gebäuden gedacht, die über Jahrzehnte ihren Zweck – auch aus wirtschaftlichen Gründen – erfüllen sollen. Das kann man nicht so einfach auf eine Schukoleitung übertragen, die dazu verwendet wird, einen Scheinwerfer über einen gewissen (eher kurzen) Zeitraum von wenigen Stunden bis maximal Tagen mit Energie zu versorgen. Zumal die beiden anfangs genannten Gründe in Bezug auf die Energieversorgung von Veranstaltungen sowieso in Frage zu stellen sind.

Auch die früher oft angeführte Begründung, dass bei zu großem Spannungsfall die angeschlossenen Verbraucher nicht mehr sicher funktionieren, trifft auf die Betriebsmittel der aktuellen Generation kaum zu. Denn fast alle verfügen über einen riesigen Eingangsspannungsbereich (z. B. 100 V bis 240 V), so dass Funktionsstörungen aufgrund zu geringer Spannung ausgeschlossen sind.

Auch die nächste, mir immer wieder zu Ohren kommende Aussage möchte ich nicht unkommentiert stehen lassen: Bei zu großem Spannungsfall löst die vorgeschaltete Schutzeinrichtung nicht oder zu spät aus, wenn es zu einem Kurzschluss zwischen L und N kommt.
Darauf erwidere ich immer wieder gerne mit der Gegenfrage, wie groß denn in diesem Kurzschlussfall der Spannungsfall auf der Leitung wäre?

Natürlich beträgt dieser 100 %, der Stromkreis besteht ja nur aus der Leitung.

Ob eine Schutzeinrichtung auslöst oder nicht, hängt vor allem von den folgenden Faktoren ab:

1. Impedanz des vorgelagerten Netzes
2. Art und Charakteristik der Schutzeinrichtung
3. Auslösestrom der Schutzeinrichtung
4. Widerstand der Leitung hinter der Schutzeinrichtung, abhängig von Länge und Querschnitt der Leitung

Der Spannungsfall im Betrieb hat damit überhaupt nichts zu tun! Gerne verweise ich auch an dieser Stelle auf „Strom zum Anfassen".

Der Spannungsfall führt auch nicht zu Brandgefahren, solange sich die Leitung nicht zusammenknüllt in einem Case oder aufgerollt auf einer Trommel befindet.

Betrachten wir hierfür ein ganz konkretes Beispiel:
An einer vorhandenen Schukosteckdose soll ein Scheinwerfer mit einer Nennleistung von 2.000 W betrieben werden. Wir betrachten ausschließlich die Leitung ab der Steckdose und ignorieren sämtliche Verluste auf dem Weg dorthin, die wir ohnehin nicht beeinflussen können und die natürlich auch von allen anderen an dieser Phase angeschlossenen Verbrauchern abhängen, so dass selbst ein gemessener Wert nur zu eben diesem Zeitpunkt Gültigkeit hat.

Zum Zeitpunkt der Betrachtung messen wir an der Steckdose eine Spannung von 226 V. Bei der Leitung handelt es sich um eine handelsübliche Gummischlauchleitung H 07 RN-F 3 G1,5.

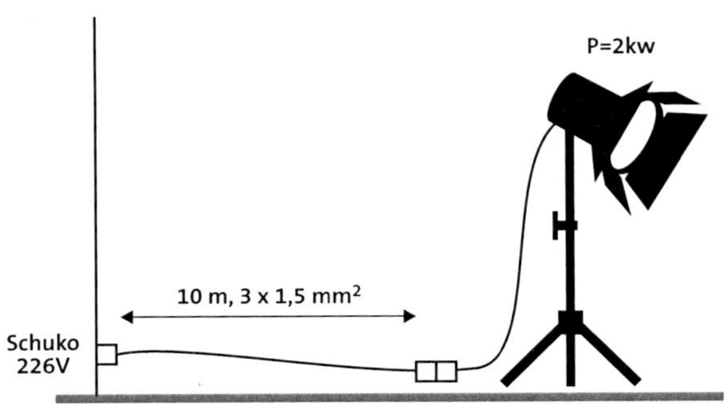

Abbildung 142: Skizze und Ersatzschaltbild Situation 1

Die genaue Berechnung ergibt:

$$R_{LA} = \frac{U^2}{P} = \frac{(230V)^2}{2000W} = 26,45\Omega$$

$$R_H = R_R = \frac{10m}{57\frac{m}{\Omega mm^2} \cdot 1,5mm^2} = 0,12\Omega$$

$$R_{LTG} = R_H + R_B = 0,12\Omega + 0,12\Omega = 0,24\Omega$$

$$I = \frac{U}{R} = \frac{226V}{R_{LA} + R_{LTG}} = \frac{226V}{26,69\Omega} = 8,47A$$

$$U_V = 8,47A \cdot 0,24\Omega = 2,03V$$

Formel 23: Spannungsfall Situation 1

Während man nach der Formel aus einem Tabellenbuch Folgendes erhält:

$$U_V = \frac{2 \cdot l \cdot I}{\kappa \cdot A} = \frac{20m \cdot 8{,}7A}{57 \frac{m}{\Omega mm^2} \cdot 1{,}5mm^2} = 2{,}035V$$

Formel 24: Spannungsfall Situation 1 (nach Tabellenbuch)

Ich habe in diesem Beispiel für die Leitfähigkeit von Kupfer einen Wert von 57 m/(Ω x mm²) verwendet. Die erhältlichen Formelsammlungen bieten in der Regel irgendetwas zwischen 55 m/(Ω x mm²) und 58 m/(Ω x mm²) an.

Man erkennt sofort, dass die Berechnung nach Tabellenbuch schneller und trotzdem hinreichend genau ist. Bei der Planung sollte man auch normgerecht immer von der Normgröße der Netzspannung (230 V) ausgehen und nicht vom tatsächlichen Wert.
Der Spannungsfall beträgt knapp 0,9 %.

Die Verlustleistung auf der Leitung beträgt:

$$P_V = U \cdot I = 2{,}03V \cdot 8{,}47A = 17{,}2W$$

Formel 25: Verlustleistung

Das sind 1,7 W pro Meter, damit kann man leben und es ist nichts zu befürchten.
Die Spannung am Scheinwerfer beträgt dann etwa 224 V und die Leistung knapp 1.900 W – auch das ist völlig im Rahmen.

Aus einem bestimmten Grund soll nun die Position des Scheinwerfers um 50 m nach rechts verlegt werden. Wir holen also eine 50 m lange Leitung, wieder mit einem Querschnitt von 1,5 mm² (weil gerade nichts anderes erhältlich ist).

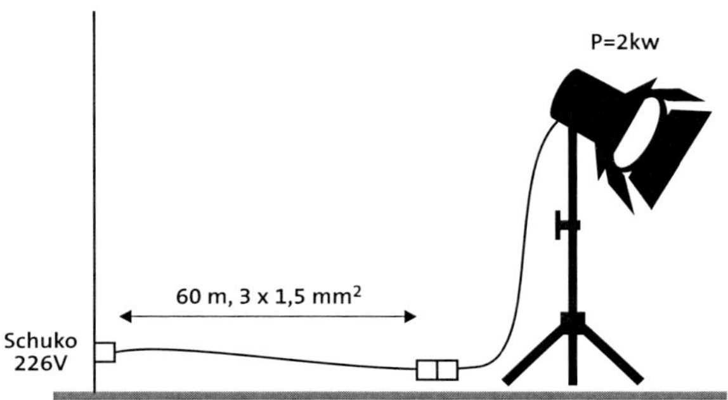

Abbildung 143: Skizze und Ersatzschaltbild Situation 2

Nun ergibt sich folgender Spannungsfall (diesmal nur nach Tabellenbuch):

$$U_V = \frac{2 \cdot l \cdot I}{\kappa \cdot A} = \frac{120m \cdot 8,7A}{57\frac{m}{\Omega mm^2} \cdot 1,5mm^2} = 12,21V$$

Formel 26: Spannungsfall Situation 2

Der Spannungsfall beträgt 5,3 % und die Verlustleistung auf der Leitung ziemlich genau PV = 100 W.

Das sind jetzt nur noch 1,66 W pro Meter, also weniger als bei der kurzen Leitung, und wir erkennen, dass die Wärmeentwicklung pro Meter geringer wird mit zunehmender Leitungslänge. Das ist natürlich auch ganz klar, denn die längere Leitung verringert den Betriebsstrom durch den größeren Widerstand. Solange diese Leitung also glatt und abgerollt auf dem Boden liegt, ist wieder nichts Gefährliches zu erwarten – wenn man mal von Stolpergefahren absieht.

Der Scheinwerfer hat immerhin noch eine Leistung von 1.750 W.

Wenn man jetzt kurzfristig umdisponiert und anstatt des Halogenscheinwerfers zehn LED-Florspots mit einer Leistung von jeweils 75 W anschließt, beträgt der neue Spannungsfall nur noch 4,6 V. An der möglichen Abschaltung der vorgeschalteten Schutzeinrichtung hat sich dadurch nun wirklich nichts verändert!

Ich denke, dieses Beispiel macht klar, dass der Spannungsfall in unserem Einsatzbereich eine untergeordnete und relativ unwichtige Größe darstellt, die zudem nicht sicherheitsrelevant ist. Bevor man sich also allzu weit aus dem Fenster lehnt und einen Spannungsfall von maximal 3 % postuliert, sollte man die Anforderungen und Gegebenheiten ebenso wie die realistischen Lösungsmöglichkeiten nochmal genau unter die Lupe nehmen. Denn was wäre die Konsequenz? Wenn man letztendlich doch mangels Alternativen einen größeren Verlust in Kauf nehmen muss, so kann man sich die Aufregung und Diskussion vorher sparen.

Dieser eben betrachtete Spannungsfall auf Leitungen reduziert also nur die Sinuskurve in ihrer Amplitude, ohne die Form an sich zu verändern. Und der Spannungsfall ist abhängig von der Stromstärke im Betrieb, die wiederum von den angeschlossenen Verbrauchern abhängt.

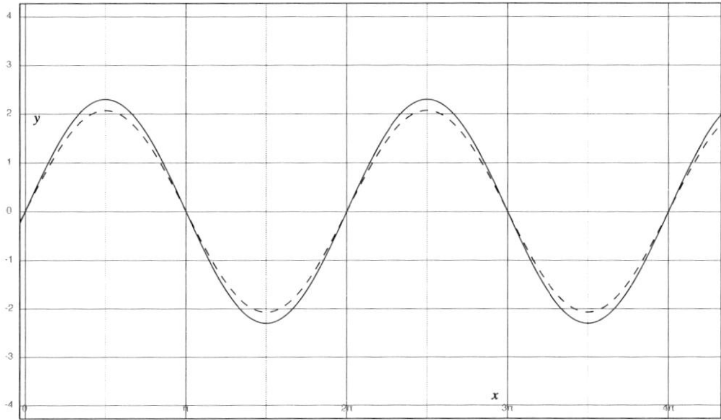

Abbildung 144: Spannung am Anfang und am Ende einer Leitung mit ohmschem Verbraucher

5.8.2 Spannungsfall bei nichtlinearen Lasten

Jetzt aber zum eigentlichen Thema: Wenn ein Stromverlauf in Bezug auf den Spannungsverlauf verzerrt (nicht sinusförmig) ist, führt das an der Impedanz (Kombination aus ohmschen Widerstand und kapazitivem und induktivem Blindwiderstand) des Versorgungsnetzes inkl. unserer mobilen elektrischen Anlage zu nichtlinearen und frequenzabhängigen Spannungsfällen. Im Gegensatz zum vorherigen Abschnitt, in dem wir gesehen haben, dass nur die Spannungsamplitude geringer wird, verformt sich bei unharmonischen Strömen unsere eben noch schöne sinusförmige Netzspannung auf unangenehme Art und Weise. Die Auswirkung dieses Effekts ist natürlich abhängig von der Größe der Netzimpedanz und des nichtlinearen Stroms und somit an jedem Ort und zu jeder Zeit unterschiedlich und damit leider weder planbar noch vorhersagbar.

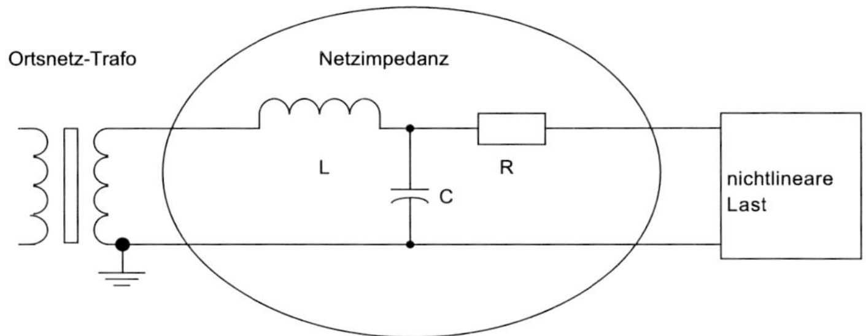

Abbildung 145: Prinzipschaltbild für eine nichtlineare Last an der Netzimpedanz

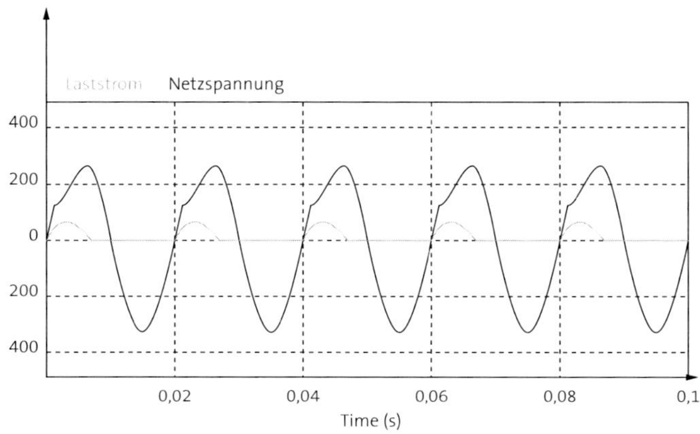

Abbildung 146: Prinzipielle Auswirkung von nichtlinearen Strömen (hellgrau) an der Netzspannung – Spannungsfall an der Netzimpedanz

5.9 Lösungsansätze

Und was tun wir, wenn wir (z. B. bei der Prüfung einer elektrischen Anlage) einen Oberschwingungssachverhalt identifiziert haben? Hier gibt es leider keine Standardlösungen oder Universalrezepte: Wir müssen von Fall zu Fall entscheiden, was zu tun ist, denn die Liste möglicher Lösungen ist lang und unvollständig.

Die Kreativität der Elektrofachkräfte vor Ort spielt in diesem Zusammenhang definitiv eine wichtige Rolle. Unsere Strom-Spezialisten müssen durch Schulungen auf den aktuellen Stand gebracht bzw. auf diesem gehalten werden. Es reicht nicht aus, dass man ein Problem erkennt – man braucht auch den entsprechenden Background, um sich den neuen Herausforderungen der Energieversorgung stellen zu können. Wie hoffentlich deutlich wurde, darf man in der Elektroinstallation nicht so tun, als hätte sich in den letzten 50 Jahren nichts verändert.

1. Vermeidung, bedarfsgerechte Planung und gute Vorbereitung

Die einfachste Art der Problemlösung ist natürlich das Vermeiden bzw. Begrenzen von Störungen.

Das beginnt bereits bei der Planung einer Anlage bzw. bei der Beschaffung von elektrischen Geräten. Hier ist z. B. darauf zu achten, dass die Betriebsmittel ein CE-Zeichen haben. Aber aufgepasst! Entsprechende Grenzwerte der DIN EN 61000-3-2 gelten erst ab einer Leistungsaufnahme von 75 W bzw. 25 W bei Leuchtmitteln. Deshalb sind viele leistungsschwache Geräte (insbesondere LED-Scheinwerfer) zwar normenkonform und tragen das CE-Zeichen zu Recht, erzeugen aber trotzdem immense Oberschwingungen. Auch Erfahrungen mit bestimmten Geräten, bereits durchgeführte Messungen (auch von Kollegen) und/oder eine detaillierte Informationsbeschaffung im Vorfeld können vor unliebsamen Überraschungen schützen.

Da wir immer mit Netzrückwirkungen rechnen müssen, sollten von vornherein entsprechende Gegenmaßnahmen vorgesehen werden. Dazu gehört neben der Planung der Leitungsführung und entsprechender Querschnitte z. B. auch die gründliche Betrachtung der Potenzialausgleichsanlage.

Es sollten möglichst wenige Verbraucher an einer Fehlerstrom-Schutzeinrichtung (RCD) angeschlossen werden, um eine Abschaltung aufgrund betriebsbedingter Ableitströme zu verhindern. Außerdem erhöht diese Maßnahme natürlich die Anzahl der Geräte, die im Fehlerfall funktionstüchtig bleiben.

Die neue Ausgabe der DIN VDE 0100-530:2018-6 empfiehlt dazu:

- Der Wert für unerwünschtes Abschalten durch betriebsbedingte Ableitströme sollte das 0,3-fache des Bemessungsfehlerstroms (bei 30-mA-RCDs also ca. 9 mA) nicht übersteigen. Bei tatsächlich vorhandenen Schutzleiterströmen von bis zu 3,5 mA pro angeschlossenem Verbraucher (maximal zulässiger Schutzleiterstrom gemäß DIN VDE 0701-0702) kann sich somit die Anzahl anzuschließender Verbraucher unter Umständen deutlich reduzieren.

- Es sollte der Einsatz von RCDs mit kurzzeitverzögertem Auslösen für Anlagenteile angedacht werden, um eine Fehlauslösung aufgrund von besonderen Situationen, z. B. bei LED-Scheinwerfern, Videowänden oder Beschallungsanlagen, zu verhindern. Kurzzeitverzögerte RCDs sind mit dem Symbol „K“ gekennzeichnet und schalten verzögert, aber innerhalb der (nach DIN VDE 0100-410) geforderten maximal zulässigen Auslösezeit sicher ab.

Bei der Verlegung von Energie- und Signalleitungen sollte ein Abstand von mindestens 20 cm zueinander eingehalten werden. Und wenn diese sich kreuzen, sollte dies in einem rechten Winkel geschehen.

Wenn die Möglichkeit der Wahl besteht, sollte man bevorzugt Geräte der Schutzklasse II einsetzen.

Für die Signalverteilung sind galvanische Trennelemente (z. B. DI-Boxen, Line-Transformer, Mantelstromfilter) bereitzuhalten – oder man verwendet (zumindest teilweise) Glasfaser-Strecken, um Bereiche galvanisch voneinander zu trennen.
Für einzelne Geräte oder kleine Gerätegruppen können Trenntrafos die Lösung sein.

Ein kleiner Lichtblick am Horizont sei an dieser Stelle erwähnt:
Bei der Betrachtung von Kurzschlusssituationen brauchen wir Oberschwingungen nicht zu betrachten. Denn Oberschwingungen entstehen im Verbraucher und sind natürlich in dem Moment verschwunden, in dem der Verbraucher durch einen Kurzschluss überbrückt ist.

2. Unterbrechungsfreie Stromversorgungen (USV)
Es gibt nur noch sehr wenige Geräte bzw. Anlagen, die nicht mit irgendeiner Art von unterbrechungsfreier Stromversorgung ausgestattet sind. Dies reicht von einer klei-

nen dezentralen Einheit, die einzelne Computer oder Regieeinheiten schützt, bis hin zu großen Zentraleinheiten. USV-Strategien müssen sorgfältig durchdacht werden, weil USV-Energie gespeicherte Energie ist, die schon bei ihrer Erzeugung erhebliche zusätzliche Verluste verursacht hat. Sie ist teuer und sollte nur gezielt eingesetzt werden. Als Einstieg könnte man die USV dafür verwenden, die entsprechenden Geräte gerade noch so lange zu versorgen, dass ein geordneter Rückzug (eine Abschaltung) erfolgreich möglich ist.

Ein anderer Ansatz könnte sein, dass die USV-Einheiten so ausgelegt werden, dass sie praktisch die gesamte Funktion der Anlage so lange aufrechterhalten, bis eine Notstromversorgung betriebsbereit ist. Diese kann z. B. über einen Generator mit Netzumschaltschrank (NUS) oder eine zweite Einspeisung aus dem Mittelspannungsnetz mit einem (mobilen) Transformator realisiert werden.

In den meisten Situationen wird die Praxis irgendwo zwischen diesen beiden Extremen liegen.

Die Leistungsabgabe von USV-Anlagen an nichtlineare Verbraucher wird durch deren hohen Crest-Faktor deutlich geringer ausfallen als in den Datenblättern angegeben. Bei der Dimensionierung sind deshalb die nichtlinearen Verbraucher mit der dreifachen Wirkleistung zu berücksichtigen.

3. Echt-Effektivwertmessung (True-RMS)
Messen heißt wissen statt glauben! Die Werte einer Echt-Effektivwertmessung können erheblich höher ausfallen als die Werte, die mit Standardmessgeräten ermittelt oder von den Informationsgeräten, die in Stromverteilungen eingebaut sind, angezeigt werden.

Messgeräte, mit denen man Oberschwingungsströme messen kann, müssen bei jeder größeren Produktion vorhanden sein. Bereits relativ preiswerte Messgeräte zur Oberschwingungsanalyse besitzen genormte Schnittstellen zum PC, so dass sich die Messungen weiterverarbeiten und dokumentieren lassen.

4. Überdimensionierung von Querschnitten/getrennte Stromkreise
Geräte, die auf Oberschwingungen empfindlich reagieren, sollten durch getrennte Stromkreise versorgt werden. Leistungsstarke Verbraucher sollten ebenfalls ihre eigene Leitung bekommen, um die anderen Verbraucher nicht zu beeinträchtigen.

Auch sollte man bei langen Leitungen größere Querschnitte wählen, um das Ausmaß des Spannungsfalls zu senken. Vor allem sollten die Leitungen zu voneinander unabhängigen Verbrauchern bzw. Verbrauchergruppen (Gewerken der Veranstaltungstechnik) frühzeitig getrennt und separat verlegt werden, anstatt eine möglichst lange Leitung mit großem Querschnitt zu verlegen und diese dann erst kurz vor den Verbrauchern aufzuteilen, damit der Spannungsfall und andere leitungsgebundene Störgrößen nicht „übertragen" werden können.

An dieser Stelle möchte ich noch den Tipp geben, 16-A- oder 32-A-Drehstromleitungen mit entsprechenden Schukoverteilern nicht als schnellen Ersatz für drei bis sechs Schukoleitungen zu verwenden. Auch wenn es möglicherweise etwas schwerer oder unkomfortabler ist, wäre stattdessen z. B. die Verwendung eines Multicore-Systems äußerst empfehlenswert, weil es dort keinen gemeinsamen Neutralleiter gibt. Auch fällt die gegenseitige leitungsgebundene Übertragung von Störungen deutlich geringer aus.

5. Größer dimensionierte Neutralleiter

Wo Oberschwingungen auftreten, ist mindestens ein voll dimensionierter Neutralleiter erforderlich. Da unsere Leitungen, mal abgesehen vom Powerlock-System, nicht mit einem verstärkten N-Leiter erhältlich sind, kann man im Grunde nur die Belastung der Außenleiter reduzieren, um den N-Leiter zu schützen.

Wenn zu erwarten ist, dass wegen hoher Oberschwingungsströme die Belastung des N-Leiters höher als die Außenleiterbelastung ist, so muss der Querschnitt der Leitung nach der Belastung des N-Leiters ausgelegt werden.

Wir betreiben fast ausschließlich einphasige Verbraucher, die an eine Sternschaltung angeschlossen werden, deshalb sollte der N-Leiter z. B. durch ständige Messungen oder durch einen vierpoligen Leistungsschalter überwacht werden. Dabei muss dieser so beschaffen sein, dass zuerst alle Außenleiter abgeschaltet werden, bevor der N-Leiter getrennt wird. Ansonsten tritt sogleich das größte vorstellbare Dilemma ein: die Sternpunktverschiebung!

Noch besser ist es meiner Meinung nach, den N-Leiterstrom durch einen Stromwandler zu überwachen und ab einer bestimmten Stromstärke für die Auslösung eines Leistungsschalters zu sorgen, der lediglich die drei Außenleiter vom Netz trennt. Ich habe tatsächlich schon mehrere verhängnisvolle Situationen begleiten dürfen, in denen bei vierpoligen Leistungsschaltern der N-Leiter-Kontakt nicht, nicht richtig oder zu spät zugeschaltet wurde. In jeder dieser Situationen sind innerhalb von Sekunden Schäden im fünfstelligen Eurobereich entstanden. Und dazu kommt noch der Stress, schnellstmöglich Ersatzgeräte zu beschaffen, damit die Durchführung der Veranstaltung nicht gefährdet ist.

Der DIN VDE 0298-4 sind übrigens die folgenden Reduktionsfaktoren für Oberschwingungsströme in fünfadrigen Leitungen bei vier belasteten Adern zu entnehmen:

Anteil der 3. Oberschwingung (150 Hz) am Außenleiterstrom: Verhältnis der 3. Oberschwingung und der Grundschwingung in Prozent	**Reduktionsfaktor**	
	Auswahl des Querschnitts nach dem Außenleiterstrom	Auswahl des Querschnitts nach dem Neutralleiterstrom
0 % bis 15 %	1,0	–
Über 15 % bis 33 %	0,86	–
Über 33 % bis 45 %	–	0,86
Über 45 %	–	1,0

Tabelle 20: Reduktionsfaktoren bei Auftreten der dritten Oberschwingung

Faustformel zur Abschätzung der Belastung des Neutralleiters mit Oberschwingungen:
Durch eine Messung des Echt-Effektivwertes (True-RMS) mit einer Strommesszange oder durch in Verteilern eingebaute Wandler werden alle Stromstärken der Außenleiter und des N-Leiter ermittelt.

Achtung! Es gibt eingebaute Messwertanzeigen, die den N-Leiterstrom aus den Außenleiterströmen berechnen. Diese sind absolut ungeeignet! Es muss ein eigener Wandler für den N-Leiter vorhanden sein.

Wenn der N-Leiterstrom größer ist als der größte Unterschied zwischen den Außenleiterströmen, liegt vermutlich eine große Oberschwingungsbelastung mit 150 Hz vor.

Beispiel:
Messwerte der Stromstärken

L1: 115 A	L2: 100 A	L3: 85 A	N: 80 A

Größte Differenz zwischen zwei Außenleitern: 115 A – 85 A = 30 A
Schlussfolgerung: Der N-Leiterstrom ist nicht durch unsymmetrische Last erklärbar und es gibt vermutlich eine hohe Belastung durch Oberschwingungen der dritten Ordnung.

6. Vermaschtes Erdungssystem
Siehe ausführliche Diskussion im Kapitel 4.

7. Passive Filter
Eine übliche Lösung, die in der Regel in einzelnen Geräten angewendet wird, sind sogenannte Saugkreise. Das sind Netzfilter, bestehend aus passiven Komponenten (Spulen und Kondensatoren). Sie werden in einphasiger und dreiphasiger Ausführung in Verbraucheranlagen bei Schaltnetzteilen, Gleichrichtern und Umrichtern eingesetzt. Wenn der Filter so dicht wie möglich am Ursprung der Oberschwingungen eingesetzt wird, kann man sicher sein, dass die Filterung während der vielfältigen Veränderungen, die typischerweise in der Veranstaltungstechnik auftreten, wirksam bleibt. Allerdings muss man im Hinterkopf behalten, dass diese Filter die Oberschwingungsströme gerne auf den Schutzleiter umleiten, so dass wir auf diesem Wege die bereits angesprochenen betriebsbedingten Ableitströme erhalten.

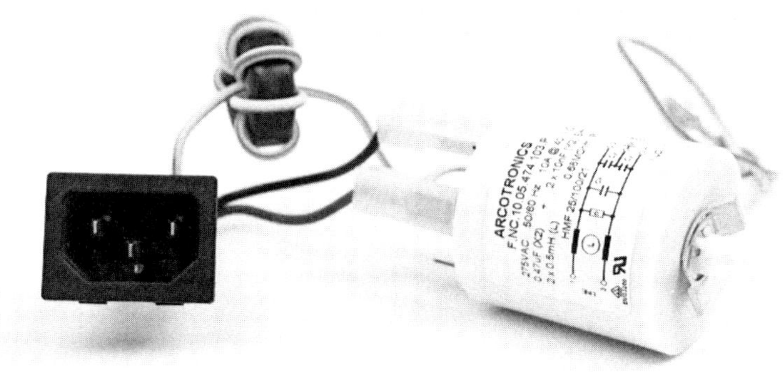

Abbildung 147: Beispiel für einen passiven Netzfilter

8. Aktive Netzfilter
Eine der besten praktischen Lösungen ist ein aktiver Netzfilter, allerdings ist die Anschaffung mit hohen Kosten verbunden. Aktive Netzfilter sind extrem flexibel, anpassungsfähig und besonders nützlich, wenn man es mit einer sich ständig ändernden Oberschwingungskultur zu tun hat. Sie sind in der Lage, komplette Hauptanschlüsse vollständig zu überwachen. Und auf der Versorgerseite fließt immer ein sinusförmiger Strom, egal was auf der Verbraucherseite passiert.

Abbildung 148: Beispiel für einen aktiven Netzfilter

9. Verwendung reiner TN-S-Systeme
In allen Fällen gilt: Ein PEN-Leiter muss unter allen Umständen vermieden werden! Ein TN-S-System mit getrennten Neutral- und Schutzleitern, die nur an einem Punkt miteinander verbunden sind, muss spätestens ab dem Übergabepunkt (Speisepunkt) installiert werden. Dadurch werden vagabundierende Ströme im Schutzleitersystem verhindert.

Auch bei einem Betrieb mit mobilen Stromerzeugern ist darauf zu achten, dass ein konsequenter Aufbau eines TN-S-Netzes erfolgt und nicht bis zum ersten Hauptverteiler ein PEN-Leiter verlegt wird.

5.10 Normen und Standards für Oberschwingungen

Zum Abschluss möchte ich einen kurzen Überblick über die meiner Meinung nach interessanten Normen und Vorschriften in Bezug auf EMV und Oberschwingungen geben. Es gelten noch eine Reihe weiterer europäischer Normen, insbesondere für die Hersteller von Multimediageräten, wie z. B. die DIN EN 55032 (VDE 0878-32).

5.10.1 Normen für Betriebsmittel

DIN EN 61000-3-2 (VDE 0838-2): Elektromagnetische Verträglichkeit (EMV) – Teil 3-2: Grenzwerte – Grenzwerte für Oberschwingungsströme (Geräte-Eingangsstrom ≤ 16 A je Leiter)
Diese Norm definiert u. a. Grenzwerte für die von Geräten erzeugten Oberschwingungsanteile. Sie gilt für Geräte ab einer Leistung von 75 W. Alle Geräte werden in vier Klassen eingeteilt:

Klasse A:
- Symmetrische dreiphasige Geräte
- Haushaltsgeräte, die nicht in Klasse D sind
- Elektrowerkzeuge, ausgenommen tragbare Elektrowerkzeuge
- Beleuchtungsregler (Dimmer) für Glühlampen
- Audio-Einrichtungen
- Geräte, die nicht in eine der drei folgenden Klasse fallen

Klasse B:
- Tragbare Elektrowerkzeuge
- Nicht professionell genutzte Lichtbogenschweißeinrichtungen

Grenzwerte für Geräte der Klassen A und B sind der Abbildung 66 zu entnehmen. Die Grenzwerte beziehen sich auf Oberschwingungsströme von der zweiten bis zur 40. Ordnung.

Ordnung n (ungerade)	**Maximaler Oberschwingungsstrom in A**	
	Klasse A	**Klasse B**
3	2,30	3,45
5	1,14	1,71
7	0,77	1,16
9	0,40	0,60
11	0,33	0,50
13	0,21	0,32
15–49	0,15 x 15/n	0,23 x 15/n

Tabelle 21: Oberschwingungsgrenzwerte Klassen A und B ungerade

Ordnung n (gerade)	**Maximaler Oberschwingungsstrom in A**	
	Klasse A	**Klasse B**
2	1,08	1,62
4	0,43	0,65
6	0,30	0,45
8–50	0,23 x 8/n	0,35 x 8/n

Tabelle 22: Oberschwingungsgrenzwerte Klassen A und B gerade

Klasse C:

- Beleuchtungseinrichtungen

Der folgenden Tabelle sind die Grenzwerte für Geräte der Klasse C ab einer Wirkleistung von 25 W zu entnehmen. Die maximal zulässigen Oberschwingungsströme werden in Prozent des Grundschwingungsstroms angegeben. Für Geräte dieser Klasse mit einer Leistung von bis zu einschließlich 25 W gelten entweder die Werte aus der Tabelle oder es gilt alternativ die Forderung, dass der Oberschwingungsstrom der dritten Ordnung nicht mehr als 86 % und der Oberschwingungsstrom der fünften Ordnung nicht mehr als 61 % des Grundschwingungsstroms betragen darf.

Ordnung n	Maximaler Oberschwingungsstrom in Prozent vom Grundschwingungsstrom
2	2
3	30 x Leistungsfaktor (λ)
5	10
7	7
9	5
11–49	3

Tabelle 23: Oberschwingungsgrenzwerte Klasse C

Klasse D:

- PCs
- PC-Monitore
- Radio-, Video- und TV-Geräte

Für Geräte der Klasse D mit einer Leistungsaufnahme von 75 W bis 600 W gelten die Grenzwerte wie folgt.

Ordnung n	Maximaler Oberschwingungsstrom	
	In mA/W	In A
3	3,40	2,30
5	1,90	1,14
7	1,00	0,77
9	0,50	0,40
11	0,35	0,33
13	0,30	0,21
15–49	3,85/n	0,15 x 15/n

Tabelle 24: Oberschwingungsgrenzwerte Klasse D

DIN EN 61000-3-12 (VDE 0838-12): Elektromagnetische Verträglichkeit (EMV) – Teil 3-12: Grenzwerte – Grenzwerte für Oberschwingungsströme, verursacht von Geräten und Einrichtungen mit einem Eingangsstrom > 16 A und ≤ 75 A je Leiter, die zum Anschluss an öffentliche Niederspannungsnetze vorgesehen sind

Diese Norm legt Grenzwerte für Oberschwingungsströme fest, die von Geräten und Einrichtungen mit einem Bemessungsstrom über 16 A bis maximal 75 A verursacht werden. Es werden alle einphasigen, zweiphasigen und dreiphasigen Geräte betrachtet. Die in dieser Norm definierten Grenzwerte basieren auf dem sogenannten Kurzschlussverhältnis und sind u. a. abhängig von der vorgelagerten Netzimpedanz. Somit sind Kenntnisse der örtlichen Gegebenheiten und Berechnungen erforderlich. Daher verzichte ich an dieser Stelle auf eine weitergehende Betrachtung.

5.10.2 Normen zur Qualität von Verteilnetzen

DIN EN 50160: Merkmale der Spannung in öffentlichen Elektrizitätsversorgungsnetzen

Die DIN EN 50160 ist das wichtigste Dokument, das sich mit der Netzqualität in Europa und sogar darüber hinaus befasst. Die Norm charakterisiert die wesentlichen Merkmale der elektrischen Spannung in öffentlichen Verteilsystemen unter normalen Betriebsbedingungen. Sie definiert eine Mindestqualität, die dem Benutzer am Übergabepunkt zur Verfügung steht.

Die Norm behandelt u. a. die folgenden Merkmale und enthält Definitionen sowie Messmethoden der Versorgungsspannung wie beispielsweise:

- Netzfrequenz
- Kurvenform
- Spannungseinbrüche
- Amplitude, langsame Spannungsänderungen
- Versorgungsunterbrechungen (kurz, lang)
- Schnelle Spannungsänderungen, Flicker
- Spannungsunsymmetrie
- Transiente Überspannungen

Grenzwerte der DIN EN 50160 habe ich zur besseren Übersicht und Vergleichbarkeit mit denen der nachfolgenden IEEE 519 in der Tabelle 25 zusammengefasst.

IEEE 519: Empfohlene Praktiken und Anforderungen für die Oberwellensteuerung in Starkstromanlagen

Die IEEE 519 (IEEE ist die Abkürzung von „The Institute of Electrical and Electronics Engineers“ mit Sitz in New York) hat das Ziel, die Beeinträchtigung durch nichtlineare Lasten einzudämmen. Entscheidend sind die in der Norm enthaltenen Grenzwerte am sogenannten Netzanschlusspunkt (Point of Common Coupling – PCC). Sie gelten gleichermaßen für Versorger und Verbraucher:

- Begrenzung der durch die jeweiligen Kunden eingebrachten Oberschwingungen, so dass keine inakzeptablen Spannungsverzerrungen verursacht werden
- Begrenzung der gesamten Oberschwingungsverzerrung der Spannung (THD) im Versorgungsnetz

Die Grenzwerte werden für alle geraden und ungeraden Oberschwingungen von der zweiten bis zur 40. Oberschwingung angegeben.

	Oberschwingungsanteile in Prozent	
	DIN EN 50160	**IEEE 519**
Gesamt-THD der Spannung	8	8
3. Spannungsharmonische	5	5
5. Spannungsharmonische	6	5
7. Spannungsharmonische	5	5
9. Spannungsharmonische	1,5	5
11. Spannungsharmonische	3,5	5

Tabelle 25: Grenzwerte für maximale Oberschwingungsbelastung

Engineering Recommendation G5/4

Die G5/4 ist in Großbritannien und Hongkong gültig und definiert Grenzen für die Oberschwingungsverzerrung. Diese Richtlinie gilt für alle Verbraucher, die an das öffentliche Stromversorgungsnetz angeschlossen werden sollen. Als Grenzwert ist 5 % für den THD bei einer Netzspannung von 400 V am PCC festgelegt. Auf weitere Details gehe ich hier nicht ein.

DACHCZ: Technische Regeln zur Beurteilung von Netzrückwirkungen

Die DACHCZ definiert technische Richtlinien für die Beurteilung von Netzrückwirkungen in Deutschland (D), Österreich (A), der Schweiz (CH) und Tschechien (CZ). Die Inhalte finden Berücksichtigung in den „Technischen und Organisatorischen Regeln für Betreiber und Benutzer von Netzen“ (TOR) in Österreich, der Verordnung Nr. 306 in

Tschechien, den „Regeln für den Zugang zu Verteilungsnetzen" in der Schweiz sowie in den „Technischen Anschlussbedingungen" (TAB) in Deutschland.
Die DACHCZ definiert und listet technische Vorschriften und Grenzwerte hauptsächlich hinsichtlich Spannungsänderungen, Flicker, Oberschwingungen und Spannungsunsymmetrie.

5.10.3 Normen bezüglich der Kompatibilität zwischen Verteilnetz und Produkten

Die nachfolgenden Normen bestimmen die erforderliche Verträglichkeit zwischen Verteilnetz und Geräten unter den Gesichtspunkten:

- Die von einem Gerät erzeugten Oberschwingungen dürfen das Verteilnetz nicht über bestimmte Grenzen hinaus stören.
- Jedes Gerät muss in der Lage sein, bei Netzrückwirkungen bis zu bestimmten definierten Pegeln normal zu arbeiten.

DIN EN 61000-2-2 (VDE 0839-2-2): Elektromagnetische Verträglichkeit (EMV) – Teil 2-2: Umgebungsbedingungen – Verträglichkeitspegel für niederfrequente leitungsgeführte Störgrößen und Signalübertragung in öffentlichen Niederspannungsnetzen

Diese Norm legt Verträglichkeitspegel für niederfrequente leitungsgeführte Störgrößen und Signalübertragung in öffentlichen Niederspannungsnetzen für den Frequenzbereich 0 Hz bis 9 kHz mit einer Erweiterung auf 148,5 kHz für die Signalübertragung auf elektrischen Niederspannungsleitungen fest. Betrachtet werden u. a.:

- Spannungsschwankungen
- Flicker
- Oberschwingungen
- Zwischenharmonische
- Spannungseinbrüche
- Kurzzeitunterbrechungen der Versorgungsspannung
- Spannungsunsymmetrie
- Transiente Überspannungen
- Zeitweilige Schwankungen der Netzfrequenz

Die Norm kann zu einer Bewertung der gelieferten Spannung herangezogen werden. Dennoch stellt sie keine Norm für die Netzqualität dar. Im Wesentlichen wird die Netzqualität in Europa hinsichtlich der Spannungseigenschaften, die unter normalen Bedingungen zu erwarten sind, auf Basis der DIN EN 50160 definiert.

DIN EN 61000-2-4 (VDE 0839-2-4): Elektromagnetische Verträglichkeit (EMV) – Teil 2-4: Umgebungsbedingungen – Verträglichkeitspegel für niederfrequente leitungsgeführte Störgrößen in Industrieanlagen

Dieser Teil spezifiziert Verträglichkeitspegel für industrielle und nichtöffentliche Stromverteilnetze bis 35 kV Nennspannung und 50 Hz oder 60 Hz Nennfrequenz. Die Verträglichkeitspegel sind für elektromagnetische Störgrößen spezifiziert, die an jedem netzinternen Verknüpfungspunkt in industriellen und nichtöffentlichen Netzen auftreten können, und bieten Orientierung hinsichtlich

- der Grenzwerte für Störemission in industriellen Anlagen,
- der Auswahl von Immunitätspegeln für Geräte innerhalb dieser Anlagen.

5.10.4 Normen bezüglich Prüf- und Messverfahren

DIN EN 61000-4-7 (VDE 0847-4-7): Elektromagnetische Verträglichkeit (EMV) – Teil 4-7: Prüf- und Messverfahren – Allgemeiner Leitfaden für Verfahren und Geräte zur Messung von Oberschwingungen und Zwischenharmonischen in Stromversorgungsnetzen und angeschlossenen Geräten

Diese Norm legt die Anforderungen an Messgeräte fest, die zur Messung von Oberschwingungsspannungen und -strömen vorgesehen sind.

DIN EN 61000-4-30 (VDE 0847-4-30): Elektromagnetische Verträglichkeit (EMV) – Teil 4-30: Prüf- und Messverfahren – Verfahren zur Messung der Spannungsqualität

In diesem Teil werden Verfahren für die Messung von Merkmalen der Spannungsqualität festgelegt. Er befasst sich nur mit leitungsgeführten Phänomenen in Elektrizitätsversorgungsnetzen.

5.10.5 Normen bei der Errichtung von Niederspannungsanlagen

DIN VDE 0100-520:2013-06: Errichten von Niederspannungsanlagen – Teil 5-52: Auswahl und Errichtung elektrischer Betriebsmittel – Kabel- und Leitungsanlagen

Man findet in diesem Teil u. a. wertvolle Hinweise auf die Auslegung des Neutralleiterquerschnitts in Abhängigkeit von der Oberschwingungsbelastung in Drehstromkreisen, die einphasige Endstromkreise versorgen. Eigens dafür gibt es noch zusätzlich das Beiblatt 3 vom Oktober 2012, welches viele wichtige Hinweise, Informationen und Beispiele über die Strombelastbarkeit bei Oberschwingungsbelastung gibt. Die Inhalte habe ich in den vorangegangen Abschnitten weitestgehend berücksichtigt.

DIN VDE 0100-430:2010-10: Errichten von Niederspannungsanlagen – Teil 4-43: Schutzmaßnahmen – Schutz bei Überstrom

Auch dieser Teil der DIN VDE 0100 befasst sich u. a. mit der Neutralleiterbelastung, insbesondere mit der Forderung nach Überlasterfassung.

DIN VDE 0298-4:2013-06: Verwendung von Kabeln und isolierten Leitungen für Starkstromanlagen – Teil 4: Empfohlene Werte für die Strombelastbarkeit von Kabeln und Leitungen für feste Verlegung in und an Gebäuden und von flexiblen Leitungen

Insbesondere im Anhang werden Auswirkungen von Oberschwingungsströmen auf symmetrisch belastete Drehstromsysteme und Umrechnungsfaktoren für Oberschwingungsströme in vier- oder fünfadrigen Leitungen mit vier belasteten Adern beschrieben. Darüber hinaus gibt es konkrete Beispiele für die Anwendung der Reduktionsfaktoren.

Ein Wort zum Schluss

Egal ob im Studio, auf, vor oder hinter der Bühne, bei Filmproduktionen, Messen, Konzerten oder Tourneen - wir sind in einer wunderbaren Branche unterwegs und erleben immer wieder phantastische Momente und einzigartige Situationen.

Trotzdem dürfen wir nicht vergessen, dass hinter den Kulissen nicht nur Kunst erschaffen, hart gearbeitet und natürlich auch gefeiert wird, sondern auch Gefährdungen existieren und Unfälle passieren, zum Teil mit lebensverändernden Folgen, nicht nur für die betroffene Person, sondern auch für ihr gesamtes Umfeld.
Selbst wenn die Unfallzahlen im Umfeld von Produktionen und Veranstaltungen in den letzten Jahrzehnten deutlich zurückgegangen sind, müssen wir sorgfältig und gewissenhaft handeln, damit es auch so bleibt.

Sicherlich kann man es nicht immer allen recht machen - und gerade in Bezug auf eine riesige Anzahl von Normen und Vorschriften kann es mitunter vorkommen, dass man den Überblick verliert.

Dennoch sollten wir uns von Produktion zu Produktion weiterhin die (teilweise etwas verborgenen) Schutzziele vor Augen führen und diese nicht schematisch umsetzen, sondern über eine angemessene Gefährdungsbeurteilung vielmehr individuell und bewusst geeignete Maßnahmen ergreifen, um die gesetzten Ziele zu erreichen.

Und auch wenn es dem besonderen Schreibstil der "Normensprache" geschuldet ist, dass die Schutzziele teilweise nicht auf Anhieb erkennbar sind, müssen wir bei jeder geplanten Produktion eine angemessene Gefährdungsbeurteilung vornehmen und versuchen, diese Ziele zu erreichen. Hierbei geht es vielmehr darum, individuell und verantwortungsvoll Schutzmaßnahmen zu ergreifen - und nicht, die Normen schematisch Wort für Wort abzuarbeiten.

Die Sicherheit und Gesundheit aller Mitwirkenden, Beteiligten und selbstverständlich auch des Publikums muss an erster Stelle stehen!

Der xEMP-Verlag steht mit allen seinen Publikationen seit Jahren für Sicherheit in der Veranstaltungsbranche, darauf sind alle Beteiligten außerordentlich stolz.

"Das Verhüten von Unfällen darf nicht als eine Vorschrift des Gesetzes aufgefasst werden, sondern als ein Gebot menschlicher Verpflichtung und wirtschaftlicher Vernunft."
Werner v. Siemens, Berlin 1880

Anhang

Die spektakulärsten Phrasen
TOP 12

Gemeinsame Erklärung
zum sicheren Umgang mit
Elektrizität

Literaturverzeichnis

Abbildungsverzeichnis

Index

Spektakuläre Phrasen der Veranstaltungstechnik – meine persönliche Top 12

1. „Das haben wir schon immer so gemacht!“

2. „Das wird schon schiefgehen ...!“

3. „Es passiert schon nichts! ... Und wenn schon ...“

4. „Als Meister oder Elektrofachkraft stehst du sowieso immer mit einem Bein im Gefängnis!“

5. „Um 20:00 Uhr geht der Vorhang auf!“

6. „Gestern gings noch ...“

7. „Du kennst dich doch mit Strom aus. Kannst du mal eben ...?“

8. „Das ist nicht meine Baustelle – dafür bin ich nicht zuständig“

9. „Das machen wir morgen ...!“

10. „Ich war das nicht. Ich hab nichts angefasst. Das war schon so!“

11. „Wir benötigen jeweils separate Erden für Licht, Ton und Video.“

12. „Wenn die Geräte so gebaut und vertrieben werden, muss das doch auch in Ordnung sein und funktionieren ... Die haben doch alle das CE-Zeichen!“

Gemeinsame Erklärung zum sicheren Umgang mit Elektrizität

Die Nutzung der Elektrizität ist heute praktisch in allen Lebensbereichen unverzichtbar. Dieser umfassende Einsatz elektrischer Energie erfordert ein hohes Maß an Sicherheitsvorkehrungen, um die von der Elektrizität ausgehenden Gefahren für Leben, Gesundheit, Tiere und Sachwerte möglichst klein zu halten.

Bei Elektroinstallationen erstrecken sich diese Sicherheitsvorkehrungen auf die Auswahl von geeignetem Elektroinstallationsmaterial, dessen fachgerechter Verarbeitung sowie Wartung durch eine dafür autorisierte Elektrofachkraft nach den einschlägigen elektrotechnischen Vorschriften und Bestimmungen.

Trotz der ständigen Verbesserung der Sicherheit in der Elektrizitätsanwendung sind noch immer Todesfälle, schwerwiegende Verletzungen und erhebliche Sachschäden zu beklagen, die vorwiegend auf Unkenntnis der mit Strom verbundenen Gefahren zurückzuführen sind. Bei einer unsachgemäßen Elektroinstallation treten besondere Risiken z. B. bei Benutzung von elektrischen Geräten in Feuchträumen oder im Freien auf.

Es erfüllt mit Sorge, dass Elektroinstallationsmaterial zunehmend von unzureichend vorgebildeten Personen oder Laien verarbeitet wird. Dies birgt ein hohes Risiko für Leben und Gesundheit durch elektrischen Schlag und durch Brände, ausgelöst durch den elektrischen Strom.

Wer Elektroinstallationsarbeiten – fahrlässig oder aus Unwissenheit – nicht fach- und normengerecht durchführt und für diese Arbeiten nicht autorisiert ist, kann sich im Falle eines Personen- oder Sachschadens strafbar machen oder auf Schadenersatz in Anspruch genommen werden. Darüber hinaus kann bei einer nicht ordnungsgemäß durchgeführten Arbeit an elektrischen Einrichtungen der Sachversicherungsschutz (z. B. Feuerversicherung) entfallen.

Die unterzeichnenden Institutionen sehen sich daher veranlasst, auf die Einhaltung nachstehender Mindestanforderungen hinzuweisen:

- Elektrische Anlagen dürfen nur durch autorisierte Elektrofachkräfte errichtet, erweitert, geändert und in Stand gehalten werden. Dies sind ausgewiesene Fachleute, die beim Verteilungsnetzbetreiber (früher Energieversorgungsunternehmen) in das Installateurverzeichnis eingetragen sind. Sie übernehmen die Verantwortung für Sicherheit und Funktionsfähigkeit der elektrischen Anlage und beantragen jede Inbetriebsetzung beim Verteilungsnetzbetreiber.
  Dies muss z. B. von Bauherren, Vermietern, Hausverwaltungen und Mietern beachtet werden.
- Elektrische Anlagen müssen mindestens dem Stand der Sicherheitstechnik zum Zeitpunkt der Errichtung entsprechen. Das gilt ebenso für die verwendeten Materialien und Geräte.
- Von Unternehmern sind regelmäßig Instandhaltung, d. h. Prüfung, Wartung und Instandsetzung ihrer elektrischen Einrichtungen zu veranlassen. Dies trägt zu einer Verringerung der Unfallhäufigkeit im gewerblichen Bereich bei und wird daher auch für den privaten Bereich empfohlen. Die erforderlichen Arbeiten sind ausschließlich durch dafür autorisierte Elektrofachkräfte durchzuführen.
- Vermieter sollten zur eigenen Entlastung bei einem Mieterwechsel die elektrische Einrichtung durch eine dafür autorisierte Elektrofachkraft überprüfen lassen, da sie in der Regel nicht beurteilen können, in welchem sicherheitstechnischen Zustand diese vom Vormieter überlassen wurden.

Die Beachtung vorstehender Hinweise verringert das Unfall- und Brandrisiko beim Umgang mit Elektrizität erheblich und fördert die sichere Nutzung elektrischer Energie.

Im März 2006

Berufsgenossenschaft der Feinmechanik und Elektrotechnik (BGFE)

Bundesanstalt für Arbeitsschutz und Arbeitsmedizin (BAuA)

Bundesverband der landwirtschaftlichen Berufsgenossenschaften (BlB)

Aktion DAS SICHERE HAUS (DSH)

Deutsche Kommission Elektrotechnik Elektronik Informationstechnik im DIN und VDE (DKE)

Deutscher Gewerkschaftsbund (DGB)

Gesamtverband der Deutschen Versicherungswirtschaft e.V. (GDV)

Hauptverband der gewerblichen Berufsgenossenschaften

Verband der Elektrotechnik Elektronik Informationstechnik e.V. (VDE)

Verband der Netzbetreiber – VDN – e.V. beim VDEW

Zentralverband der Deutschen Elektro- und Informationstechnischen Handwerke (ZVEH)

ZVEI – Zentralverband Elektrotechnik- und Elektronikindustrie e.V.

Literaturverzeichnis

Urteile

- OVG Münster, 11.12.1987, 10A 363/86
- OLG Koblenz, 06.09.1991, 1Ss265/9
- BayOLG, 30.07.2002, 1ObOWi 15/02
- OLG Hamm, 01.07.2008, 2Ss OWi 494/08
- BAG 23.1.1980; 4 AZR 105/78)
- BGH 22.01.2008 - VI ZR 126/07
- OLG Koblenz 24.03.2009 - 5 U 76/09
- BGH 06.11.2012 – VI ZR 174/11

Gesetze und Verordnungen

- Grundgesetz GG
- Strafgesetzbuch StGB
- Energiewirtschaftsgesetz EnWG
- Arbeitsschutzgesetz ArbSchG
- Produktsicherheitsgesetz ProdSG
- Gewerbeordnung GewO
- Arbeitssicherheitsgesetz ASiG
- Handwerksordnung HwO
- Tarifvertragsgesetz TVG
- 7. Sozialgesetzbuch SGB 7
- Ordnungswidrigkeitengesetz OWiG
- Bürgerliches Gesetzbuch BGB
- Güterkraftverkehrsgesetz GüKG
- Kraftfahrzeugsteuergesetz KraftStG
- Gesetz über die elektromagnetische Verträglichkeit von Betriebsmitteln EMVG
- Gesetz zur Änderung der Handwerksordnung und zur Förderung von Kleinunternehmen
- Drittes Gesetz zur Änderung der Handwerksordnung und anderer handwerksrechtlicher Vorschriften
- Niederspannungsanschlussverordnung NAV
- Betriebssicherheitsverordnung BetrSichV
- Arbeitsstättenverordnung ArbStättV
- Fahrzeug-Zulassungsverordnung FZV
- Erste Verordnung zum Produktsicherheitsgesetz 1. ProdSV (Umsetzung der Niederspannungsrichtlinie 2014/35/EU in nationales Recht)

Technische Regeln

- TRBS 1201 Prüfungen und Kontrollen von Arbeitsmitteln und überwachungsbedürftigen Anlagen
- TRBS 1203 Zur Prüfung befähigte Personen

- Bekanntmachungen zur Betriebssicherheit (BekBS) 1113 – Anschaffungen von Arbeitsmitteln

- Bundesmusterwortlaut Technische Anschlussbedingungen Niederspannung 2019

DGUV Vorschriften

- DGUV Vorschrift 1 Grundsätze der Prävention
- DGUV Vorschrift 3/ DGUV Vorschrift 4 Elektrische Anlagen und Betriebsmittel
- DGUV Vorschrift 17/ DGUV Vorschrift 18 Veranstaltungs- und Produktionsstätten für szenische Darstellung

DGUV Grundsätze

- DGUV Grundsatz 303-001 Ausbildungskriterien für festgelegte Tätigkeiten im Sinne der Durchführungsanweisungen zur Unfallverhütungsvorschrift Elektrische Anlagen und Betriebsmittel
- DGUV Grundsatz 303-003 Bestätigung nach § 5 Abs. 4 der Unfallverhütungsvorschrift „Elektrische Anlagen und Betriebsmittel“
- DGUV Grundsatz 315-390 Grundsätze für die Prüfung maschinentechnischer Einrichtungen in Bühnen und Studios

DGUV Regeln

- DGUV Regel 100-001 Grundsätze der Prävention
- DGUV Regel 115-002 Veranstaltungs- und Produktionsstätten für szenische Darstellung
- DGUV Regel 112-198 Benutzung von persönlichen Schutzausrüstungen gegen Absturz

DGUV Informationen

- DGUV Information 203-001 Sicherheit bei Arbeiten an elektrischen Anlagen
- DGUV Information 203-002 Elektrofachkräfte
- DGUV Information 203-006 Auswahl und Betrieb elektrischer Anlagen und Betriebsmittel auf Bau- und Montagestellen
- DGUV Information 203-032 Auswahl und Betrieb von Ersatzstromerzeugern auf Bau- und Montagestellen
- DGUV Information 203-034 Errichten und Betreiben von elektrischen Prüfanlagen
- DGUV Information 215-310 Sicherheit bei Veranstaltungen und Produktionen
- DGUV Information 215-314 Sicherheit bei Veranstaltungen und Produktionen – Scheinwerfer

VBG-Fachwissen

- Sicherheit bei Veranstaltungen und Produktionen – Prüfung elektrischer Anlagen und Geräte
- Arbeitssicherheit in Übertragungsfahrzeugen – Fernsehen, Hörfunk und Film
- Produktion von Fernseh-, Hörfunk- und Internetbeiträgen

Branchenstandards

- IGVW SQ P4 Mobile elektrische Anlagen in der Veranstaltungstechnik
- IGVW SQ Q1 Elektrofachkraft für Veranstaltungstechnik

Normen (aus Gründen der Übersichtlichkeit sind die Titel teilweise gekürzt)

IEC 60050-161 International electrotechnical vocabulary Chapter 161: electromagnetic compatibility

IEC 60417 Graphical Symbols for Use on Equipment

ISO 8528-Reihe (Stromerzeugungsaggregate mit Hubkolben- Verbrennungsmotoren)

IEEE 519 Recommended Practice and Requirements for Harmonic Control in Electric Power Systems

Engineering Recommendation G5/4 Harmonic voltage distortion and the connection of harmonic sources and/or resonant plant to transmission systems and distribution networks in the United Kingdom

DACHCZ Technische Regeln zur Beurteilung von Netzrückwirkungen

DIN EN 50160 Merkmale der Spannung in öffentlichen Elektrizitätsversorgungsnetzen

DIN 6280-10 Stromerzeugungsaggregate mit Hubkolben-Verbrennungsmotoren – Stromerzeugungsaggregate kleiner Leistung – Anforderungen und Prüfung

DIN 6280-13 Stromerzeugungsaggregate mit Hubkolben- Verbrennungsmotoren – Teil 13: Für Sicherheitsstromversorgung in Krankenhäusern und in baulichen Anlagen für Menschenansammlungen

DIN 14685-1 Feuerwehrwesen – Tragbarer Stromerzeuger ≥ 5 kVA

DIN 14685-2 Feuerwehrwesen – Tragbarer Stromerzeuger < 5 kVA

DIN 14687-1 Feuerwehrwesen – Fest eingebaute Stromerzeuger < 12 kVA, 230 V für den Einsatz in Feuerwehrfahrzeugen

DIN 14687-2 Feuerwehrwesen – Fest eingebaute Stromerzeuger < 12 kVA, 230/400 V für den Einsatz in Feuerwehrfahrzeugen

DIN 15560-104 Scheinwerfer für Film, Fernsehen, Bühne und Photographie - Teil 104: Tageslichtscheinwerfersysteme bis 4000 W Bemessungsleistung und dazugehörige Sondersteckverbinder

DIN 15700 Veranstaltungstechnik – mobile Potenzialausgleichssysteme

DIN 15750 Veranstaltungstechnik – Leitlinien für technische Dienstleistungen

DIN 15765 Veranstaltungstechnik – Multicore-Systeme für die mobile Produktions- und Veranstaltungstechnik

DIN 15766 Veranstaltungstechnik – Einzelleiter-Stecksystem für Niederspannungsnetze AC 400/230 V für die mobile Produktions- und Veranstaltungstechnik

DIN 15767 Veranstaltungstechnik – Energieversorgung in der Veranstaltungs- und Produktionstechnik

DIN 18015-1 Elektrische Anlagen in Wohngebäuden - Teil 1: Planungsgrundlagen
VDE Bestimmungen (aus Gründen der Übersichtlichkeit sind die Titel teilweise gekürzt)

DIN VDE 0100 Gruppe Errichten von Niederspannungsanlagen

DIN VDE 0100-200 Begriffe

DIN VDE 0100-410 Schutzmaßnahmen – Schutz gegen elektrischen Schlag

DIN VDE 0100-430 Schutzmaßnahmen – Schutz bei Überstrom

DIN VDE 0100-520 Auswahl und Errichtung elektrischer Betriebsmittel – Kabel- und Leitungsanlagen

DIN VDE 0100-530 Auswahl und Errichtung elektrischer Betriebsmittel – Schalt- und Steuergeräte

DIN VDE 0100-551 Auswahl und Errichtung elektrischer Betriebsmittel –Niederspannungsstromerzeugungseinrichtungen

DIN VDE 0100-600 Prüfungen

DIN VDE 0100-704 Anforderungen für Betriebsstätten, Räume und Anlagen besonderer Art – Baustellen

DIN VDE 0100-711 Anforderungen für Betriebsstätten, Räume und Anlagen besonderer Art – Ausstellungen, Shows und Stände

DIN VDE 0100-717 Anforderungen für Betriebsstätten, Räume und Anlagen besonderer Art – Ortsveränderliche oder transportable Baueinheiten

DIN VDE 0100-721 Anforderungen für Betriebsstätten, Räume und Anlagen besonderer Art – Elektrische Anlagen in Caravans und Motorcaravans

DIN VDE 0100-740 Anforderungen für Betriebsstätten, Räume und Anlagen besonderer Art - Vorübergehend errichtete elektrische Anlagen für Aufbauten, Vergnügungseinrichtungen und Buden auf Kirmesplätzen, Vergnügungsparks und für Zirkusse

DIN VDE 0105-100 Betrieb von elektrischen Anlagen Teil 100: Allgemeine Festlegungen

DIN VDE 0298-4 Verwendung von Kabeln und isolierten Leitungen für Starkstromanlagen Teil 4: Empfohlene Werte für die Strombelastbarkeit von Kabeln und Leitungen für feste Verlegung in und an Gebäuden

DIN VDE 0701-0702 Prüfung nach Instandsetzung, Änderung elektrischer Geräte – Wiederholungsprüfung elektrischer Geräte

DIN VDE 0661-10 Elektrisches Installationsmaterial - Ortsveränderliche Fehlerstrom-Schutzeinrichtungen ohne eingebauten Überstromschutz für Hausinstallationen und für ähnliche Anwendungen (PRCDs)

DIN VDE 1000-10 Anforderungen an die im Bereich der Elektrotechnik tätigen Personen

DIN EN 60204-1 VDE 0113-1 Sicherheit von Maschinen – Elektrische Ausrüstung von Maschinen Teil 1: Allgemeine Anforderungen
DIN EN 50191 VDE 0104 Errichten und Betreiben elektrischer Prüfanlagen

DIN EN 61140 VDE 0140-1 Schutz gegen elektrischen Schlag

DIN EN 62305-3 VDE 0185-305-3 Blitzschutz Teil 3: Schutz von baulichen Anlagen und Personen

DIN EN 61010-1 VDE 0411-1 Sicherheitsbestimmungen für elektrische Mess-, Steuer-, Regel- und Laborgeräte

DIN EN 61557-16 VDE 0413-16 Elektrische Sicherheit in Niederspannungsnetzen bis AC 1 000 V und DC 1 500 V – Geräte zum Prüfen, Messen oder Überwachen von Schutzmaßnahmen

DIN EN 61439-1 (VDE 0660-600-1) Niederspannungs-Schaltgerätekombinationen – Teil 1: Allgemeine Festlegungen

DIN EN 61439-4 (VDE 0660-600-4) Niederspannungs-Schaltgerätekombinationen – Teil 4: Besondere Anforderungen für Baustromverteiler (BV)

DIN EN 60335-1 VDE 0700-1 Sicherheit elektrischer Geräte für den Hausgebrauch und ähnliche Zwecke Teil 1: Allgemeine Anforderungen

DIN EN 60598-1 VDE 0711-1 Leuchten Teil 1: Allgemeine Anforderungen und Prüfungen

DIN EN 55032 VDE 0878-32:2016-02
Elektromagnetische Verträglichkeit von Multimediageräten und -einrichtungen

DIN EN 61000-3-2 (VDE 0838-2): Elektromagnetische Verträglichkeit (EMV) – Teil 3-2: Grenzwerte – Grenzwerte für Oberschwingungsströme (Geräte-
Eingangsstrom ≤ 16 A je Leiter)

DIN EN 61000-3-12 (VDE 0838-12): Elektromagnetische Verträglichkeit (EMV) –
Teil 3-12: Grenzwerte – Grenzwerte für Oberschwingungsströme, verursacht von Geräten und Einrichtungen mit einem Eingangsstrom > 16 A und ≤ 75 A je Leiter, die zum Anschluss an öffentliche Niederspannungsnetze vorgesehen sind

DIN EN 61000-2-2 (VDE 0839-2-2): Elektromagnetische Verträglichkeit (EMV) – Teil 2-2: Umgebungsbedingungen – Verträglichkeitspegel für niederfrequente leitungsgeführte Störgrößen und Signalübertragung in öffentlichen Niederspannungsnetzen

DIN EN 61000-2-4 (VDE 0839-2-4): Elektromagnetische Verträglichkeit (EMV) - Teil 2-4: Umgebungsbedingungen – Verträglichkeitspegel für niederfrequente leitungsgeführte Störgrößen in Industrieanlagen

DIN EN 61000-4-7 (VDE 0847-4-7): Elektromagnetische Verträglichkeit (EMV) – Teil 4-7: Prüf- und Messverfahren – Allgemeiner Leitfaden für Verfahren und Geräte zur Messung von Oberschwingungen und Zwischenharmonischen in Stromversorgungsnetzen und angeschlossenen Geräten

DIN EN 61000-4-30 (VDE 0847-4-30): Elektromagnetische Verträglichkeit (EMV) – Teil 4-30: Prüf- und Messverfahren – Verfahren zur Messung der Spannungsqualität

DIN EN 61009-1 (VDE 0664-20) Fehlerstrom-/Differenzstrom-Schutzschalter mit eingebautem Überstromschutz (RCBOs) für Hausinstallationen und für ähnliche Anwendungen
DIN EN 61009-2-1 (VDE 0664-21) Fehlerstrom-Schutzschalter mit eingebautem Überstromschutz (RCBOs) für Hausinstallationen und ähnliche Anwendungen

DIN EN 62423 (VDE 0664-40) Fehlerstrom-/Differenzstrom-Schutzschalter Typ F und Typ B mit und ohne eingebautem Überstromschutz für Hausinstallationen und für ähnliche Anwendungen

E DIN EN 50699 VDE 0702:2019-06 Wiederholungsprüfung für elektrische Geräte

VDE-AR-N 4100 Technische Regeln für den Anschluss von Kundenanlagen an das Niederspannungsnetz und deren Betrieb (TAR Niederspannung)

VDE-AR-N 4105 Erzeugungsanlagen am Niederspannungsnetz – Technische Mindestanforderungen für Anschluss und Parallelbetrieb von Erzeugungsanlagen am Niederspannungsnetz

Weitere Quellen

DÄUBLER, W. (2008). BGB kompakt.München: Deutscher Taschenbuch Verlag

Gemeinsame Deutsche Arbeitsschutzstrategie (GDA) Leitlinienpapier zur Neuordnung des Vorschriften- und Regelwerks im Arbeitsschutz

GROSSIGK, K. & KRIENELKE, P. (2015). Veranstaltungstechnik. Formeln und Tabellen. Berlin: xEMP.

KUBIN, S. (2010). Strom zum Anfassen. Elektrotechnik für die Eventbranche. Berlin: xEMP.

BUNDESGERICHTSHOF (2008). Pressemitteilung des Bundesgerichtshofs, Nr. 192/2008

Abbildungsverzeichnis

EXTRA ENTERTAINMENT MEDIA PUBLISHING

Service und Dienstleistungen für Publikationen im Veranstaltungsbereich

Praxisleitfaden Versammlungsstättenverordnung

Die dritte Auflage des inzwischen zum Standardwerk avancierten Klassikers wurde gründlich überarbeitet und an alle aktuellen Regelungen angepasst. Das praktische Nachschlagewerk bietet umfassende Informationen und praxisrelevante Hilfe für die tägliche Arbeit.
3., vollständig überarbeitete Auflage (erscheint in Kürze)

232 Seiten, 34,90 Euro, ISBN/EAN 978-3-938862-20-9

Strom zum Anfassen

Elektrotechnik ist das „Horrorfach" vieler Studenten und Auszubildenden bzw. angehenden Veranstaltungsmeistern.
Dass diese Thematik durchaus anschaulich und „spannend" präsentiert werden kann, zeigt der Praktiker und Dozent Sven Kubin seit vielen Jahren in seinen Aus- und Weiterbildungsseminaren und bildet nun das gesamte Grundlagenspektrum und die praktische Anwendung der Elektrotechnik in der Eventbranche ab.

338 Seiten, 34,50 Euro, ISBN/EAN 978-3938862-18-6

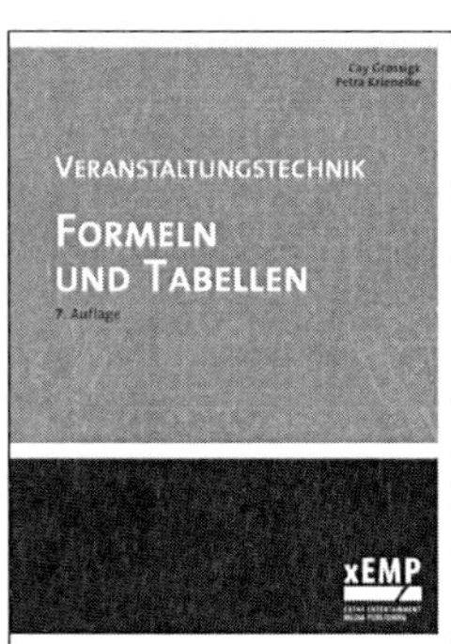

Veranstaltungstechnik. Formeln und Tabellen

Die umfassende Sammlung der relevantesten Formeln aus den wichtigsten Bereichen der Veranstaltungstechnik enthält ein eigenes Kapitel zur Elektrotechnik, das von Sven Kubin geschrieben wurde. Das Standardwerk begleitet Auszubildende, angehende Meister und Praktiker.
7. Auflage

202 Seiten, 20,20 Euro, ISBN/EAN 978-3938862-26-1

xEMP oHG . Treskowallee 101 . 10319 Berlin . t +49 30 50 15 84 87 . f +49 30 50 15 84 86
www.xemp.de . e xemp@xemp.de